〈鞆の浦〉の歴史保存とまちづくり

環境と記憶の
ローカル・ポリティクス

森久　聡

新曜社

目　次

序章──〈鞆の浦〉の歴史をたどる旅のはじまり ……………………1

第一部　歴史保存とまちづくりへのアプローチ　7

第1章　歴史保存とまちづくり　何が問われてきたか ……………9
　　　──多様な学問分野のアプローチ
　1　歴史的環境とは何か
　2　「4W1H」の視点
　3　「4W1H」の視点からみる多様なアプローチ
　4　本書の問題関心の所在

第2章　なぜまちの歴史を保存するのか ……………………………25
　　　──環境社会学・都市社会学・文化社会学のアプローチ
　1　「なぜ保存するのか」という問いかけ
　2　「4W1H」からみる環境社会学のアプローチ
　3　「4W1H」からみる都市社会学・地域社会学のアプローチ
　　　──空間の社会理論と実証研究
　4　「4W1H」からみる文化社会学のアプローチ──記憶の保存と表象
　5　環境（空間）・記憶・政治の社会学──本書のアプローチ
　6　鞆港保存問題の考察に向けて

第3章　地域的伝統を探る──年齢階梯制からみる地域問題……………47

　1　地域的伝統へのまなざし
　2　分析視角としての年齢階梯制社会
　3　地域的伝統の民俗学・社会学研究──「村寄合」にみる話し合い
　4　市民的公共圏論──日本社会の自生的な討論空間との接点
　5　地域問題における〈政治風土〉

第二部　鞆港保存問題に揺れるローカル・コミュニティ　　67

第4章　栄枯盛衰の物語を持つ港町〈鞆の浦〉……………………………69
　　　　──歴史文化的コンテクスト

　1　〈鞆の浦〉の現在
　2　潮待ちの港町・鞆の繁栄──中世から近世まで
　3　近代化から取り残されたまち──明治から昭和まで
　4　年齢階梯制のローカリティ──地域社会の伝統と民俗
　5　鞆の浦の伝統と民俗にみる年齢階梯制

第5章　鞆港保存問題をめぐる地域論争………………………………95
　　　　──鞆港の保存か，道路の建設か

　1　鞆港保存問題の経緯
　2　計画凍結から行政訴訟へ
　3　〈道路建設派〉〈鞆港保存派〉の主張と争点
　4　鞆港保存問題の現在

第三部　鞆港保存問題の社会学的実証研究　119

第6章　鞆港の空間・記憶・政治 …………………………………… 121
　　　　――鞆港保存問題のローカル・ポリティクス

　1　鞆港の空間と記憶
　2　鞆港の港湾整備事業の歴史と支配層の変遷
　3　地域指導者層による道路建設の推進
　　　――埋め立て・架橋計画を支持する論理
　4　「平の浦」からみる利便性――もう一つの漁港のまち
　5　若手男性経営者層による保存運動――「鞆を愛する会」
　6　地方名望家層による保存運動――「歴史的港湾鞆港を保存する会」
　7　女性・主婦層による保存運動――「鞆の浦・海の子」
　8　「保存か開発か」をめぐる政治的実践

第7章　なぜ鞆港を守ろうとするのか …………………………… 149
　　　　――「鞆の浦・海の子」の事例分析

　1　なぜ保存するのか――［why］［who］［what］の問題関心
　2　「保存の論理」の分節化――〈保存する根拠〉と〈保存のための戦略〉
　3　「鞆の浦・海の子」による保存運動――4つの「保存の論理」
　4　「鞆の浦・海の子」の〈保存する根拠〉と〈保存のための戦略〉
　5　地域社会の紐帯としての歴史的環境

第8章　「話し合い」のローカリティ …………………………… 171
　　　　――鞆港保存問題にみる伝統的な〈政治風土〉と地域自治

　1　鞆港保存問題における「2つの問い」
　2　合議制を持つ漁村社会――年齢階梯制社会における意思決定
　3　鞆の浦の地域的特質――話し合いの重要性と年長者の尊重
　4　市民的公共圏と合議制――〈伝統的なもの〉のゆくえ

第四部　〈鞆の浦〉の歴史保存とまちづくり　187

第9章　〈鞆の浦〉の歴史的環境保存——まちの記憶の継承 …………189
　　1　鞆港保存問題の社会学的解明
　　2　環境と記憶のローカル・ポリティクス
　　3　空間の保存と記憶の継承
　　4　「変化しないこと」の社会学

終章——〈鞆の浦〉の歴史をたどる旅のおわり ……………………203
　　1　歴史的環境保存の意味
　　2　残された疑問——なぜ埋め立て・架橋計画なのか
　　3　鞆港保存問題の解決とまちづくりに向けて

補遺　現地調査の実際——〈鞆の浦〉と鞆港保存問題の調査方法 ……217

あとがき　225

参考文献　231
鞆の浦・鞆港保存問題・まちづくり年表　730-2016　244
人名索引・事項索引　275

装幀　鈴木敬子〔pagnigh-magnigh〕

図表・写真一覧

図 4.1　広島県福山市〈鞆の浦〉の位置　70
図 4.2　鞆の津絵巻　81
図 4.3　鞆の浦の町内会と伝統的な生業区分　89
図 5.1　鞆の浦の港湾遺産群と埋め立て・架橋計画地　97
図 5.2　鞆港保存問題における主体連関図　105
図 5.3　福山市が予定する伝建地区選定　107
図 6.1　鞆の浦の伝統的な生業区分と空間的位置　123

表 1.1　歴史保存とまちづくりの問題関心にみる「4W1H」　12
表 1.2　歴史保存とまちづくりへのアプローチにみる「4W1H」　21
表 2.1　歴史保存とまちづくりへの社会学的アプローチにみる「4W1H」　40
表 3.1　村落構造論の指標による年齢階梯制　52
表 4.1　鞆の浦における年齢階梯制の地域的特質　92
表 5.1　〈道路建設派〉〈鞆港保存派〉住民層の特徴　104
表 5.2　〈道路建設派〉〈鞆港保存派〉のおもな主張　112
表 6.1　鞆港の港湾整備事業の歴史　126
表 6.2　社会層ごとの政治的地位，居住地区，空間的記憶　145
表 7.1　歴史的環境保存の社会学にみる「保存の論理」　166
表 8.1　鞆の浦における年齢階梯制の地域的特質と鞆港保存問題　184
表補.1　調査日程と調査対象　221

写真 0.1　鞆城址より鞆の町並みと瀬戸内海を望む　1
写真 4.1　鞆の浦の中心に位置する鞆港　71
写真 4.2　鞆の浦中心部の町並み景観　73
写真 4.3　鞆の浦の港湾遺産群　77
写真 4.4　近世の面影を伝える建造物と町並み景観　81
写真 4.5　鞆鉄鋼団地・平漁港　84
写真 4.6　観光イベントの鯛網漁　87
写真 4.7　漁師が住む江の浦町焚場　87
写真 5.1　鞆町のメインストリート　95
写真 5.2　〈道路建設派〉〈鞆港保存派〉のせめぎ合い　104
写真 5.3　離合箇所ですれ違う自動車　109
写真 5.4　裁判官の現地視察・住民向けの事業計画説明板　115
写真 6.1　埋め立て・架橋計画を推進する平町の町内会　130
写真 6.2　いろは丸展示館　134
写真 7.1　空き家の古民家・御舟宿いろは　159

序　章──〈鞆の浦〉の歴史をたどる旅のはじまり

本書の問題関心──なぜ鞆の浦なのか

　人が環境を守り，環境が人を育てる──人と環境はこうした関係をどのように築くことができるのだろうか。

　人間社会を取り巻く〈環境〉の一つである「都市」は，人間の営みによって日々刻々とその姿を変化させている。そして，都市的な社会生活に関わる多くの課題は，都市を開発し更新する，すなわち「変化すること」によって克服されてきた。そうしたなかで，地域に残る歴史的建造物や町並み景観の保存を訴え，「変化しないこと」を求める人々がいる。なぜ彼らは「変化しないこと」を求めるのか。それは何を意味するのか。本書の問いはここから始まる。

　瀬戸内海に臨む風光明媚な古えの港町──〈鞆の浦〉。本書の舞台はこの港町である（写真0.1）。

　町の中心に位置する鞆港には，近世に建造された港湾施設がほぼ原形に近い形で維持されており，町中には江戸時代に建てられた商家や土蔵が軒を連ね，往時の面影を偲ばせる町並み景観が残されてきた。町の中心にある鞆の港は，江戸時代に瀬戸内海貿易で大きく繁栄した歴史を持つ。そして近世の鞆商人によって改修された往時の姿がそのまま残され，階段状の護岸である「雁木（がんぎ）」，港に出入りする船を案内する「常夜燈（じょうやとう）」，船体の補修をする「焚場（たでば）」，防波堤の「大波止（おおはと）」，そして港を監視

写真0.1　鞆城址より鞆の町並みと瀬戸内海を望む（2008年10月撮影）

する「船番所」といった港湾施設が現存している。さらに当時の商家や民家，当時の建築様式を引き継いだ住宅に住み続ける人々も多く，江戸時代の港町の風情を味わうことができる。

　このように鞆の浦は，一見ゆったりと時間が流れる港町のように見えるが，30年以上にわたって，地域住民の間で争点となり，現在も続いている一つの問題がある。それは，鞆港の湾内を埋め立てて架橋し，県道を建設する計画（事業名称「鞆地区道路港湾整備事業」，以下，埋め立て・架橋計画と略記）をめぐる地域問題である。1983年に福山市と広島県は埋め立て・架橋事業を計画決定したが，地域住民はこの計画をめぐって意見が分かれた。事業主体として道路計画を進める広島県と福山市，そして計画を支持する地域住民は〈道路建設派〉として，一方で埋め立て・架橋計画を中止して，鞆港の現状維持と歴史的な町並み景観の保存を主張する住民は〈鞆港保存派〉として，賛否が分かれた。〈鞆港保存派〉には国内外のさまざまな遺産保存団体や学術団体なども加わり，埋め立て・架橋計画の中止を訴えてきた。このように，鞆の浦の内外に至るまで，埋め立て・架橋計画の是非が争われてきたのである（本書では「鞆港保存問題」と記す）。

　〈道路建設派〉と〈鞆港保存派〉の主張は真っ向からぶつかってきた。

　埋め立て・架橋計画を推進する行政当局と〈道路建設派〉の住民は，道路建設によって交通渋滞の解消や緊急車両の通路の確保を図ろうとしている。また現代の船舶には江戸時代の港湾施設は不要であり，実際に鞆港で積み荷の揚げ下ろしをすることはほとんどない。そこで近世の港湾遺産を移設し，利用されなくなった古い港を道路に造り替えて生活の利便性を高め，同時に観光開発に活かそうというのだ。

　一方，〈鞆港保存派〉の住民は反論する。港を埋め立てて道路を建設することは，騒音や排気ガスなどの悪影響があるだけでなく，学術上価値の高い，世界的な歴史文化遺産を破壊する。そのうえ，観光資源である港町の町並み景観の魅力をかえって減少させるに違いない，と。

　〈道路建設派〉も〈鞆港保存派〉も自らの主張をもとに，それぞれ署名活動や行政当局への陳情などを行ってきた。そして2007年4月に〈鞆港保存派〉の住民が原告となり，埋め立て・架橋事業の行政手続きを差し止める訴訟が起こされた。2009年10月，広島地裁の判決が下り，広島県知事に行政手続き差し止めを命じたことは，全国紙の一面で画期的判決として報道された。

この背景には，時代遅れとなった大型の公共事業が見直されず進められることに世論の批判が高まっていたことがある。長年にわたり無秩序な開発政策に抵抗してきた全国の町並み保存運動に，歴史的勝利と受け止められたのである。この判決を受けた広島県は控訴したが，両派住民が参加する住民協議会を経て2016年2月，県は計画断念を正式に表明した。原告は訴えを取り下げ，この問題は一つの区切りを迎えた。

　鞆の浦の〈道路建設派〉と〈鞆港保存派〉の主張が真っ向から対立するのと同じように，私たちも「歴史的な町並み景観の保存か，地域開発か」について，考え方が二分されがちである。開発支持の立場からは，古い建物を更新することは，都市の発展において「当たり前」ではないか，そうしないと都市は死んでしまう，と考えるかもしれない。しかし，だからといって，保存運動は都市の発展を阻害するとか，単に古い物が好きなレトロ趣味のエゴイズムと決めつけるのは早急である。その前に私たちは次のように問わなければならない。「なぜ保存運動はその『当たり前』に抵抗して，古い物を保存しようとするのか」と。そうすることで，私たちは政治的な対立や都市再開発の「当たり前」から一定の距離をとって都市の現実を見つめ直すことができるのである。

　おそらく本書における鞆港保存問題の社会学的な分析を通じて，私たちは都市が変化することを都市の発展と捉え，それに無批判にプラスの価値を与えていたことに気づかされるだろう。そして古い町並みを好むかどうかは別にして，少なくとも価値を見いだす人々の存在を認め，そのことの意味を真摯に問うこと。ここに歴史的環境保存の社会学の課題がある。

　　鞆が鞆でなくなってしまうって思うたんよ——

　鞆港保存運動のリーダーである女性は，埋め立て・架橋計画に反対して古い町並み景観の保存運動に取り組む理由をこのように話す。この言葉は，地元住民にとってどのような意味を持つのか。そして彼／彼女らが鞆の浦の歴史保存とまちづくりに込めた想いとは，どのようなものなのだろうか。

本書の構成――何を問うのか

以上のような問題関心を出発点に，本書は4部から構成される。

第一部では，本書の問題関心を明確にするために先行研究を整理して，本書の視点，歴史保存とまちづくりへのアプローチが説明される。第二部では，鞆の浦と鞆港の歴史を概観したうえで，鞆の浦の地域的伝統と政治風土を明らかにする。第三部では，本書の問題関心と視点に基づいて，鞆港保存問題の経緯と現状の実証を行う。そして第四部では，第三部までの議論と事例分析を通じて得られた知見を総括する。最後に資料編として，参考文献と鞆の浦と鞆港保存問題に関する詳細な年表を付した。

第一部第1章では歴史保存とまちづくりをめぐる多様な学問的アプローチから，問題関心の所在と主要な研究蓄積を概観する。歴史保存とまちづくりの研究には，理工学分野の建築史・都市計画論，社会科学分野の法学・行政学，人文科学分野の都市論，そして社会学では環境社会学，都市社会学・地域社会学，文化社会学のアプローチがある。これらの特徴を［Why］［Who］［What］［When］［How］で構成される「4W1H」の視点から整理し，これらの学問分野のアプローチとの異同を通して，本書の問題関心の所在を明示する。

第2章では，［Why］「なぜ保存するのか」［Who］「誰が保存するのか」という社会学的問いかけをもとに，歴史的環境保存の社会学，空間の社会理論とその実証である都市社会学の系譜を辿り，第6章へ続く空間と集合的記憶の社会学的アプローチを提起する。一連の先行研究の検討によって，本書の学問上の位置づけと社会学的な系譜を述べ，〈環境・記憶・政治〉という本書の分析軸を示す。

第3章では，鞆の浦の地域的伝統への問いかけをもとに，社会人類学・民俗学における村落構造論の年齢階梯制研究，環境社会学における市民的公共圏論，村寄合などの民俗学的研究を援用して，第8章へ続く地域的伝統と〈政治風土〉の解明に取り組む本書の社会学的方向性を示す。

第二部第4章では，鞆の浦の歴史を振り返り，鞆港保存問題がどのような歴史文化的コンテクストに位置づくのか，地域的伝統の内実に迫ってみたい。鞆港が経てきた歴史的変遷を万葉集の和歌に始まり，中世から近現代まで辿ることは，問題を理解する重要なファースト・ステップである。ただし，これはあくまで予備的な基礎知識である。むしろ重点は瀬戸内海沿岸に存在し

たとされる「年齢階梯制社会」の特徴から，鞆の浦の地域的伝統を探ることにある。

　第5章では，現在まで30年近くこの地域で争点化している「鞆港保存問題」の経緯を描く。埋め立て・架橋計画の発端から訴訟の取り下げまで，「鞆港の保存か，道路建設か」をめぐって揺れる鞆の浦の住民層と意見対立の詳細を論じる。ただし住民はさまざまな社会関係が織りなす地域社会を生きており，そこでは法廷のように明確な形で意見対立が可視化されるわけではない。ここではあくまで法廷の内外で対立する争点を扱い，次章以降の実証分析において，法廷の場に浮上しない曖昧な立場や沈黙も含む，住民間の対立軸を明らかにしたい。

　第三部第6章では，鞆港保存問題の争点が個人の価値観や集団の利害関係ではなく，地域住民に参照される「空間的記憶」にあることを明らかにしたい。そのために，ルフェーヴル＝カステルの空間論を下敷きに，〈道路建設派〉・〈鞆港保存派〉の人々がおもに所属する5つの社会層を分節化し，鞆の浦の地域社会構造と各社会層の社会経済・政治的地位の変遷を視野において，対立する主張や戦略の違いを読み解いていく。

　第7章では，鞆港保存問題において大きな働きをした運動団体「鞆の浦・海の子」に着目する。「海の子」の事例分析を通して，歴史的環境とは地域社会にとってどのような意味を持つのか，社会学的解釈を加えて根源的な議論を深める。「海の子」リーダーやメンバーの語りには，〈鞆港保存派〉の空間的記憶の表象である鞆港が，鞆の浦にとってかけがえのない存在であるとの確信がうかがわれる。伝統を引き継ぐ地域社会の存立条件として，歴史的環境が必要不可欠であり，地域社会の紐帯であることが理解されるであろう。とくに「海の子」の観察データから，保存の論理を「保存する根拠」と「保存のための戦略」の2つに分節化する必要性とその利点を導き，歴史的環境保存の社会学の先行業績にみる保存の論理を検証する。

　第8章では，「地域住民はなぜ話し合いにこだわるのか」「なぜ年長者の意見をとりわけ尊重するのか」という2つの問いを手がかりに，再び地域的伝統としての年齢階梯制社会と「合議制」に着目する。鞆港保存問題は何を意味するのか，鞆の浦のローカルな〈政治風土〉と地域自治を考察する。

　第四部第9章では，各章の議論の概要とともに，現地調査の成果を総合してどのような知見がもたらされたかを振り返る。本書がとくに「海の子」の

保存運動に着目した理由とは何か。彼／彼女らが歴史遺産としての鞆港の学術的・歴史的評価よりも，港町として維持されてきた鞆の浦の共同性・社会的連帯を重視する意味をさらに掘り下げる。

　終章では，本書では検討できなかった論点を含めて，今後の研究上の展開可能性に触れて結論としたい。そして最後に，本書の考察が，現在進行形の鞆の浦のまちづくりの問題解決にどのように資するか，大局的な視野からのコンセプトを述べたい。

　補遺では，鞆の浦における社会調査とデータ収集の方法を述べ，本書が依拠する現地調査の実際を補足説明しておきたい。

第一部　歴史保存とまちづくりへのアプローチ

第1章　歴史保存とまちづくり　何が問われてきたか
　　——多様な学問分野のアプローチ

1　歴史的環境とは何か

風土と町並み

　人間社会を取り巻く気候や地形，資源などの自然環境を一般に風土というが，風土はその地域固有の生活文化にさまざまな影響を及ぼしている。たとえば，海の幸が豊富な海沿いで漁業が生業として成立するとともに漁村や漁師町が形成され，それに適した社会構造や漁師たちの生活文化が生まれる。あるいは，石炭層の上に炭鉱町が形成され，そこで働く炭坑夫たちの生活文化が生まれる。このように，海や川，石炭資源といった自然環境が，その地域固有の産業の発展や歴史文化を生み出す条件となっている。つまり，自然条件が社会の成り立ちを規定するのだ。

　しかしながら，自然環境だけが人間の生業を成立させるのではない。原初の自給自足社会から一定程度の貨幣経済が発展すれば，より広い社会経済的条件が生業を発展させることになる。先のたとえを引き継げば，魚を売買する市場が成立し機能しなければ生業として漁業を営むことは難しいだろう。また石炭産業が生業として成立するためには，石炭需要がなければならない。その社会が石炭を主要燃料とするからこそ，石炭の取引が活発になされ，炭鉱町は活気づくのである。市場という経済的条件によって生業が成長することで，その集落は漁師町として，あるいは炭鉱町として発展し，生業に応じた独特の地域コミュニティが形成され，それが町並みに反映される。

　しかし，それはけっして安定したものではなく，生業と地域社会を取り巻く社会変動によって容易に変化していくのである。漁業の衰退に伴って，漁師町から近隣都市のベッドタウンへ変貌する港町は少なくない。また炭鉱町

は石炭を主要燃料とする時代に大きく繁栄したが，石炭から石油へのエネルギー革命によって石炭需要が激減すると，石炭産業は急速に衰退していった。採算の取れなくなった炭鉱が閉山されると，炭坑夫とその家族が生活した炭鉱住宅や坑道の入口にあった立坑櫓などは取り壊された。こうして炭鉱町としての町並みは失われていく。このように町並み景観とは，その地域固有の経済，政治，社会の集合行為の帰結として生み出されるといえるだろう。したがって，風土や町並みを切り口にして，地域社会の実態を解明することができる。すなわち，風土や町並みは地域社会の観察可能なインデックスに十分なりうるのだ。

　民俗学者の宮本常一が，上空から瀬戸内海の島々を観察するために，機内から眼下に広がる集落を見て次のように述べたことは，本書と共通するところがある。

　　歴史は記録や遺物や生活伝承の中にあるばかりでなく人文景観の中に法則と秩序をもって存在しているのである（宮本，[1965］2001：717）

歴史的環境の保存──「変化しないこと」への問題関心

　本書が取り上げるのは，「歴史保存とまちづくり」をめぐる問題である。ここでいう歴史保存の問題とは，歴史的建造物や町並み景観などの文化・学術的価値判断だけでなく，歴史遺産として保存することが地域社会の生業（経済・社会構造），文化（記憶・規範意識・価値観），政治（地域自治）に影響を与える問題をさす。地域社会のゆくえを住民自らの意思によって決める，いわゆる「まちづくり」において，歴史的建造物や町並み景観を保存することは，どのような社会的意味があるのかを問うことと，換言できるだろう。そしてこの問題設定のもとで，建築史・都市計画論，法学・行政学，都市論などさまざまな学問分野において研究が蓄積されてきた。本書はそのなかで，社会学の立場から歴史保存とまちづくりの問題にアプローチするものである。

　社会学において，歴史保存とまちづくりに関する問題は，とくに環境社会学のなかで「歴史的環境保存の社会学」として位置づけられている。ここでいう歴史的環境とは，昔から残る町並み景観や建造物や遺産などのように，「社会的・文化的につくられてきた環境」のなかで，「特に長期間にわたって

第1章 歴史保存とまちづくり 何が問われてきたか

残ることによって，一定の価値をもつとみなされるようになったもの」（片桐，2000: 1）である[1]。このように自然環境だけではなく，社会的・文化的に形づくられてきた環境も対象におき，環境と人間社会の関係を問うことは，日本の環境社会学の一つの特徴である。また，近年では環境社会学だけではなく，文化社会学においても博物館や資料館などにおける集合的記憶の保存と展示といった観点から，歴史保存に関する研究が増えている。

このように日本の社会学において風土や町並み景観に関する議論は，環境社会学を中心に取り組まれており，一定の層を成してきたといってよいだろう。第2章で詳述するように，環境社会学は環境と人間社会の関係の学として風土や町並み景観の社会的意味を探究してきた。そして地域固有の歴史や風土が生み出す町並み景観を「歴史的環境」と定義し，その保存運動を事例に，まちづくりや都市のアイデンティティを読み取る試みが積み重ねられている。こうした歴史的環境保存の社会学は，発展あるいは衰退によって変化していく都市や地域社会の実態を調査してきた都市社会学・地域社会学に対して，「変化すること」ではなく，「変化しないこと」から捉えようとする学問的挑戦といえよう。

多様な学問分野のアプローチ

これまで，歴史的建造物や町並み景観の保存と地域再生・まちづくりの問題は，建築・都市計画論の工学分野をはじめ，法学や行政学，社会学など社会科学においても研究が積み重ねられてきた。さらには，政治哲学，歴史学，民俗学の空間論として人文科学も関わってきた。歴史保存とまちづくりは一つの社会現象として，多様な学問領域からのアプローチが考えられる。そこでまず工学分野も含む諸科学全般にわたる先行研究を大きく整理し，それを踏まえて社会学によるアプローチを対比したい。

工学・社会科学・人文科学分野にわたる多様なアプローチを検討することで，各分野の研究位相を示すだけではなく，各分野のアプローチの利点と可能性を明らかにすることができるであろう。このことは本書の問題関心の方向性・志向性を定め，さらに本書の位置づけを明確にする上で有益だろう。言い換えれば本章の目的は，歴史保存とまちづくりにアプローチする学問分野の見取図を示すことであるといえるだろう。

以上のような意図から，各分野の学説の系譜に沿って先行研究を検討する

表1.1 歴史保存とまちづくりの問題関心にみる「4W1H」

［Why］	なぜ保存するのか？	根拠をめぐる問題群
［Who］	誰が保存するのか？	主体の正統性をめぐる問題群
［What］	何を保存するのか？	対象をめぐる問題群
［When］	どの時代を保存するのか？	時代をめぐる問題群
［How］	どのように保存するのか？	手続き・過程をめぐる問題群

のではなく，多領域にわたる研究を［Why］［Who］［What］［When］［How］という5つの視点から整理する[2]。この視点をそれぞれの頭文字をとって，「4W1H」と呼ぶことにしたい（表1.1）。4W1Hの視点を導入することで，各分野が通奏低音とする問題設定や傾向を浮かび上がらせ，本書が依拠する社会学的アプローチの問題関心を位置づけたい。

2 「4W1H」の視点

　［Why］**なぜ保存するのか**　歴史保存の根拠をめぐる問題群を問う視点である。ある物が保存される根拠は必ずしも一つとは限らない。たとえば，ある時代の典型的な建築様式をもつ建造物保存のように歴史的価値もあれば，代々受け継がれてきた墓地のように伝統的価値もある。また残された建造物や景観の稀少性や，他に類例がない唯一性（uniqueness）もこの論点に含まれるだろう。

　［Who］**誰が保存するのか**　歴史保存の主体とその正統性をめぐる問題群を問う視点である。行政か市民か，といった主体の問題だけではなく，誰にとっての歴史保存かも含まれる。歴史は多様に解釈しうるが，物や景観の保存の形態はそうではない。ある人々には誇らしくとも，別の人々には屈辱である歴史を残そうとする場合，いずれの歴史保存が正統化されるのかが，非常に大きな問題になる[3]。

　［What］**何を保存するのか**　歴史保存の対象をめぐる問題群を問う視点である。膨大な数の建造物のなかから一部が保存されるべき対象に選ばれる。しかし，建造物や景観自体に保存する価値が内在するというより，建物に「保存すべき価値」が見いだされるのであり，社会全体で合意されて初めて保存が決定するのである。言い換えると，保存対象は私たち人間社会の側が決めるということである。たとえば，全国各地に存在する一般的な建売住宅

第1章 歴史保存とまちづくり 何が問われてきたか

の建築様式は現在は珍しくも，歴史的価値もない。しかし，もしそれが世界で唯一の建物になってしまったら，保存する価値があると見なされよう。現在，歴史保存されている近世の商家は，当時はその町に数多く存在するありふれた建物であったはずである。

また歴史保存とは，ある地域の建造物全体の保存をめざすわけではなく，現実にも不可能である。したがって，何を保存して何を更新するか，社会経済・政治的条件に左右される。日本国内で歴史的な町並み景観が残されたのは，多くが戦後の地域開発政策の対象から外れ，押し寄せる開発の波にさらされることがなかった地域である。建物が更新されなかったために，歴史保存がなされたという，いわば逆説的な帰結なのだ。[What] は，[Why] や [Who] と相互に絡み合いながら，保存の決定に影響を及ぼしているといえるだろう。

そして，新たな保存対象を見いだす動きも，[What] に含まれる。「国宝」や「重要文化財」のように，「優秀」なものだけを保存する方針から，大正期の民家調査によってそれまでの建築史の対象とならなかった民家も保存対象に組み入れるようになったことが挙げられよう（堀川，1991）。また最近では，産業革命直後から現代にかけて近代社会の基礎を築いた炭鉱跡や工場跡などを「産業遺産」または「近代化遺産」として保存対象とする動きも顕著である（伊東，2000b）。

[When] どの時代を保存するのか　歴史保存の時期をめぐる問題群を問う視点である。しばしば歴史を大河の流れにたとえるように，人々の営みは連続性のなかにある。そのため，ある建物を保存することは，その建物が表象する歴史認識を固定化することにほかならない。

たとえば，広島市の原爆ドームは，「広島県商品陳列所」として建設され，広島県の特産品を陳列する広報施設であった。しかしそれが「原爆ドーム」として保存される限り，「ヒロシマ・ナガサキへの原爆投下」という歴史を表現し続ける。このように，ある歴史的な意味に基づいて建築物を保存すると，その建物が表象する歴史認識は固定化され，他の時代における意味が捨象される。これに対して，一定程度の建築物の改変を許して維持する「動態保存」という方策もあるが，このような技術的対応も，[When] に関わるといえるだろう。

ある時代の建造物群を固定することで，現代的な都市インフラの整備が不

自由になることもある。しばしば「利便性と文化的価値の対立」として立ち現れる問題である。つまり保存運動に対して「文化で飯は食えない」という批判がそれである。また，古い建築様式が維持されている地域では，新しい技術導入や設備投資が規制されて生業が成り立たなくなる問題も，[When]に関わるであろう。

　[How] どのように保存するのか　これまでの4Wを踏まえて，具体的に歴史保存を進めるにあたって生じる手続きやプロセスをめぐる問題群を問う視点である。保存対象をどのように決定し，保存のために必要な資金や人材を確保するのか，保存によって生じると予想される正負の影響に対してどのような対策を講じるかなど，その内容は多岐にわたる。景観保護のための法律の整備や条例の制定，景観保護の規制区域のゾーニングも，Howに含まれる。おそらくこの問題群は建築史・都市計画論や法学，行政学が最も得意とする領域である。

　以上，歴史保存とまちづくりの問題群を整理する「4W1H」の視点を示したが，これらは独立して存在しているのではない。保存対象に対する複数の評価が重なり合い相互に影響を与え合うなかで，人々の歴史認識が構成され，歴史保存とまちづくりが問題化される。したがって「4W1H」が扱う問題群は，相互排他的な類型ではなく，複雑に絡み合い，相互作用するいくつかの要素を便宜的に分節化したものにすぎない。しかし，この視点を用いることで，歴史保存とまちづくりをめぐる多岐にわたる問題のそれぞれの位相を浮かび上がらせることができるであろう。

3　「4W1H」の視点からみる多様なアプローチ

　以下では「4W1H」の視点を用いて，歴史保存とまちづくりに対する諸学のアプローチを整理して，特徴を描き出そう。建築史・都市計画論と法学・行政学，そして都市論を取り上げる。

都市政策・まちづくりとしての「保存」──建築史・都市計画論のアプローチ
　建築史および歴史的建造物や町並み景観を対象にした都市計画論の系譜に連なる研究は，現在までに数多く生み出されてきたが，陣内秀信の建築史研究と西村幸夫の都市景観論が代表的といえるだろう。

第1章 歴史保存とまちづくり 何が問われてきたか

建築史 陣内秀信の『東京の空間人類学』は，空間的な開発が進んだ現代の東京において，東京の空間構造の断片から目に見えない重層的な歴史を捉え，「都市の空間史」を読解することをめざしたものであった（陣内，1985）。現在，この研究は南部イタリアのアマルフィや鞆の浦をはじめとする瀬戸内海の港町など国内外の港湾都市の空間構造の読解において継続されている（陣内・岡本編，2002）。また陣内と同様の都市空間の建築史的解読の視点として，鈴木博之の『東京の地霊（ゲニウス・ロキ）』も挙げることができるだろう（鈴木，1998）。

近代以降，集中的に資本が投下され，空間的な開発が進んでしまった東京だからこそ，眼前に広がる近代的な町並み景観の背後にある歴史的な都市空間を読解することに，ある種の知的関心が呼び起こされる。これらの著作は，空間の開発と変容によって次第に見えなくなっていく東京の空間史の魅力を描くことに成功している。しかしこれらの視点は歴史学，民俗学と同じように，「歴史保存」や「保存」そのものの社会的意義を問うことには踏み込んでいないように思われる。むしろ，陣内らの議論は非常に慎重に保存をめぐる政治的問題を避けているように思われる。これらの著作はなぜ空間史が見えなくなっていくのかを問おうとはしない。そして，失いつつある空間を保存するべきだという立場を明示するわけでもない。建築史的価値はいったい誰にとっての価値なのかは問われていないのである。

東京の空間が開発され変容する背後には，必ず社会経済的な過程が存在する。したがって上述した「なぜ失われゆくのか」という問いを立ち上げた瞬間に，きわめて政治的な問題を問わねばならないはずである。しかし，歴史的建造物や町並み景観を保存すべきという政策的主張が，行間から感じられる記述となっている。

建築史的価値があること，それを根拠に保存すること，その根拠に人々が同意し納得すること，の3つはたしかに別の次元の問題である[4]。建築史上価値があるとされる建造物が，耐震性などを理由に建て替えられた事例は少なくないように，建築史的価値が認められても，それを根拠に建物の保存が合意されるわけではないのである。だが，それぞれ密接に関連する問題であることは間違いないだろう。それにもかかわらず，一連の研究は慎重に後者の2つの問いを避けているのである。このような建築史としての歴史保存論は，［What］と［When］にアクセントがあるといえよう。

また建築史のなかでも土木史を専門とする伊東孝は日本各地の産業遺産・土木遺産を取り上げている（伊東，2000b）。文化庁は重要文化財の一つのカテゴリーとして，橋や港湾施設，ダムなど社会の近代化過程の主要なインフラとして機能した土木施設や産業施設を，近代化遺産と設定した。伊東はそれを受けて，産業遺産・土木遺産を新しい保存の対象として論じているのである。これは［What］と［When］の問題関心のなかで，保存する対象の拡張をめざしたものといえよう。

　都市計画論　西村幸夫による，都市景観に関わる都市政策論を挙げることができる。西村の『環境保全と景観創造』（1997），『都市保全計画』（2004）は，環境保全の先駆的な事例であるイギリスのナショナル・トラストなど海外の保全運動を念頭に，国内の歴史的な町並み景観を維持・保存するための都市政策・都市計画論を提示している。そして，日本と海外の制度を比較すると，それぞれの社会における「歴史保存」への認識の違いが制度史および現行制度に反映されていることを読み取ることが可能になるという。このような西村の議論では，おもに［How］の問題として，とりわけ保存政策の制度設計と運用を取り上げることが関心の中心に据えられているといえよう。

　［How］以外の「4W1H」の各視点について，建築史・都市計画論の保存論でも議論がなされないわけではない。たとえば［When］について西村は，人々が現代的な生活スタイルを享受できなくなることを恐れて，保存政策に賛同できないことを「様式の桎梏を人々は恐れている」（西村，1997：1）と表現した[5]。近年，この問題に講じられる対策が「動態保存」という手法である。

　そもそも歴史的建造物の保存の手法は，仏像など国宝の文化財保存をルーツにもつ。そのため，1960年代後半から町並み保存運動が登場するまで，重要文化財などに指定された建造物の保存は，博物館における文化財保存と同様の手法でなされた。具体的には，建物の利用は必要最小限の範囲にとどめ，利用しない部屋の内部は閲覧するだけで立ち入って物に触れられないように入口にロープを張るなど，原状を維持するために厳重に管理するのだ。そのため「博物館的保存」と呼ばれたり，食品のように「凍結保存」という言い方もなされている。

　このような固定的な保存方法に対し，動態保存は建造物の外観やおもな構造は維持しながら，用途の変更や多少の改築を許し，建物の保存と活用をめ

ざす考え方である。たとえば，レンガ造りの倉庫をレストランに改装するために，倉庫の内部にキッチンやトイレを，外部に非常口やエアコンを設置する。つまり，一定程度の変化を許容することで，「様式の桎梏」の問題を克服しようとする。だが，これはあくまで技術的な折衷であり，どの時代を保存するか，［When］に関わる問題の根本的解決策ではない。なぜなら，その建物が表象する歴史的意味を固定化することによって，他の時代が捨象される「歴史的定点」（鳥越，1997：253）の問題を克服できないからである。

また西村は一連の歴史保存の都市計画論を一貫して「まちづくり」と記している。現在，「まちづくり」という言葉は，行政や都市計画の専門家によって語られるようになったが，もとは行政と専門家だけがトップダウン的に住民の生活世界に介入していく都市計画に対抗する言葉であった。人々がボトムアップで地元社会を作り上げることをめざした住民運動の言葉なのだ（田村，1987；1999）。したがって西村が一貫して「まちづくり」と記す背景には［Who］誰が保存するのか，行政ではなく住民主導で保存する視点がおかれていることを理解できるだろう。

政策・制度の設計思想としての「保存」——法学・行政学のアプローチ

次に法学・行政学的アプローチを検討していこう。この法学・行政学的アプローチは，大きく分けて，純粋に法律論的な概念解釈として景観保全を正当化するものと，現実の社会の実態に合わせて法制度の設計や運用を変えるものに区別できる。

前者の法学的アプローチは人間のもつ基本的権利である環境権のなかに，美しい景観を享受する権利として景観権を組み入れようとするものである（高橋，2002）。この基本的権利としての景観権は，おもに東京都国立市で高層マンション建設を差し止める景観訴訟において大きな争点となった。このアプローチでは，現行の法律を再解釈したり，修正したりすることで，良好な景観を守る権利と義務の確立をめざす。

本書が取り上げる鞆港埋め立て・架橋計画差し止め訴訟も，鞆港保存派の住民である原告に景観利益が認められるかどうかが一つの争点となった。そして広島地裁判決では，原告に景観利益を認め，結果的に計画段階の公共事業に差し止め命令が下された（第5章で詳述）。

一方，現実社会の実態に応じた法制度の整備を主張する法学・行政学的ア

プローチは，代表的な論者として五十嵐敬喜が挙げられる。五十嵐は，まちづくりとしての景観保護運動や開発に反対して景観保護を訴える住民運動のように，現実の実践活動を支援する，少なくとも阻害しない法制度の整備と運用を構想する。五十嵐は実際に神奈川県真鶴町の「美の条例」の制定に大きく関与している。また，乱開発を規制できない現状に対して，開発行為をコントロールする法制度の整備と運用の基本理念を主張することも含まれるであろう。もともと五十嵐の問題関心は，無秩序な開発を可能にする日本の都市政策にあった（五十嵐・小川『都市計画』1993）。その一連の研究のなかで，開発を規制する一つのアプローチとして景観に注目したと思われる。そして真鶴町「美の条例」や欧米の都市を景観保護の先行事例として，国立市景観訴訟と鞆港保存問題を，保存と開発の紛争事例として取り上げている（五十嵐・野口・池上，1996；五十嵐，2002）。

　これらの法学・行政学的アプローチのなかで，前者の法学的アプローチは，既存の町並み景観が開発によって破壊されようとする時に，景観保護に法的根拠を与えようとするものであり，［Why］の論点を扱っているといえるだろう。また環境権や景観権を確立することは，歴史保存の制度に対して法的根拠を提供する。そして行政（法）学的アプローチは，法の制度設計や運用として［How］に関わり，都市計画論的アプローチと多くの部分で重なるものである[6]。

都市の原理としての「保存」——都市論のアプローチ

　都市論（urban studies）では「保存」について何を語ってきただろうか。保存論の思想的ベースとして挙げられるのは，J. ジェイコブス（Jane Jacobs）による都市論である。ジェイコブスは『アメリカ大都市の死と生』（原題 *The Death and Life of Great American Cities*）において，近隣住区で日常的に営まれる住民のアクティビティを重視し，スクラップ＆ビルド型の都市再開発や，コミュニティを引き裂く高速道路建設計画は，住民のアクティビティを疎外すると厳しく批判した（Jacobs, 1961＝2010）。

　そして，このジェイコブスの古典的著作をもとに展開された都市再開発論が，R. グラッツ（Roberta Brandes Gratz）の『都市再生』（原題 *The Living City*）である。グラッツはニューヨークの近隣住区コミュニティによる再開発反対運動などを事例に，アメリカの都市郊外住宅地の開発や郊外型大型商

第1章 歴史保存とまちづくり 何が問われてきたか

業施設の建設による都市開発を批判的に論じた（Gratz, 1989＝1993）。1970〜80年代のアメリカでは，都市郊外に住宅地や大型商業施設を建設する開発政策が主流であった。ところが，それによって都市の中心市街地は居住者＝生活者を失い，コミュニティの活力，地元商業の両面で衰退して荒廃した。これに対して，ニューヨークのバナナ・ストリートでは，古い建造物の価値を高め，中心市街地の再生を試みたのであった。

グラッツの再開発論は，建築様式の美しさを生かして古い建造物を修復・修繕することで不動産価値を高めるという，保存運動の手法を示した。さらに，「近隣住区として集住する」空間を郊外移転や道路建設によって保てなくなったとき，その地域の存在そのものが危機に瀕するという，空間とコミュニティの不可分な関係も示唆する。この論考は，単に郊外住宅地の開発が歴史的な町並みが残る中心市街地を荒廃させるとか，古い建物を修復・修繕することで保存と再開発を両立できるという，［How］どのように保存するかの問いに関わるだけではない。グラッツの論考の根幹は，コミュニティの維持のためには物理的な空間形態の保存が必要であることを含意しており，これは［Why］の問いにも応じるものと思われる。

このようなジェイコブスやグラッツの議論をさらに推し進め，より積極的に空間形態が社会意識を支える力に着目し，それを政治的な実践にまで昇華させた作品が，D. ハイデン（Dolores Hayden）の『場所の力』（原題 *The Power of Place*）である（Hayden, 1995＝2002）。

ハイデンによると，これまで語られてきた「歴史」には，女性や労働者，エスニック・グループなど，さまざまな社会的マイノリティが排除されてきたという。社会的マイノリティの記憶をパブリック・ヒストリーとして保持し，それを多くの人々に伝える空間を生産する必要がある，とハイデンは主張する。そして社会的マイノリティの記憶を表現する空間には，彼らの記憶を保持し，人々に伝え，歴史を書き換えていくパワーが備わっており，それこそが「場所の力」なのだ。この思想的意義と実践活動を論じたのが『場所の力』である。

そこでハイデンは自ら代表を務める団体「ザ・パワー・オブ・プレイス」を率いて保存運動を展開する。この運動がめざしたのは，社会的マイノリティの記憶を都市空間上に表現することで，支配的な歴史認識によって都市空間が塗り固められてゆく流れを解体することである。そして強者の「歴史」

からこぼれ落ちた弱者の「社会的記憶」を再び「歴史」へ埋め戻そうと試みる。これは既存の歴史記述に対して社会的マイノリティの記憶を保存する一つの実践である。そこには，書物，言説，歴史認識といった表現レベルではなく，物のかたちとランドスケープを伴った都市空間を再構成しなければ，社会的記憶の保存は完結しえないというハイデンの主張が込められている。社会的記憶は「建物そのものから伝わってくる。それは決して文字や図表では伝えきれないもの」（Hayden, 1995＝2002：58）なのだ。そして同時に，社会的マイノリティの記憶を捨象してきた既存の歴史的モニュメントの保存手法に対抗するオルタナティブも意味しているといえよう。

　またハイデンは社会学者のハーバート・J. ガンズ（Herbert J. Gans）[7]と建築評論家のアダ・ルィーズ・ハクスタブル（Ada Louise Huxtable）の都市と建築の保存の社会的意義をめぐる論争を紹介している。ハイデンは両者の主張を踏まえて，建築家は空間の歴史への政治的視点を置き去りにして，建築意匠や美学的見地から保存の問題をとらえがちであること，一方社会（科）学者は保存の問題を政治的な意思決定や地域社会の利害関係などの社会問題と見なすことはあっても，空間が表象する意味を忘れがちであることを示唆している。つまり，ある空間の保存か開発かの対立を論じる際には，その空間の歴史表象の内実を明らかにすること，そして，保存と開発の是非は，政治的問題として私たちの前に厳然と立ち現れることに自覚的でなければならないという。

各アプローチの特徴

　以上のように，「4W1H」の視点から学問分野ごとに歴史保存とまちづくりへのアプローチの特徴を概観してきた。歴史保存とまちづくりのへの諸分野のアプローチの特徴を，表1.2にまとめた。

　建築史・都市計画論では，建築史において［What］，［When］を問い，都市計画論では［How］が論じられてきた。同じく法学・行政学も保存政策の形成や制度設計に大きな役割を果たしており，［How］が中心課題となっていた。一方で都市論における保存論は，［Why］を問うてきたように思われる。このように歴史保存とまちづくりへの問題関心は，［Why］［Who］を問う分野と，［What］［When］［How］を問う分野に大別できることが見えてくる。

第1章　歴史保存とまちづくり　何が問われてきたか

表1.2　歴史保存とまちづくりへのアプローチにみる「4W1H」

		建築史・ 都市計画論	法学・行政学	都市論
[Why]	なぜ保存するのか？	−	△	○
[Who]	誰が保存するのか？	△	○	△
[What]	何を保存するのか？	○	−	△
[When]	どの時代を保存するのか？	○	−	△
[How]	どのように保存するのか？	◎	◎	○

（注）◎：最も関心があり得意とする，○：関心がある，△：あまり関心がない
　　　詳しい内容は本文参照

　もちろん学問分野ごとに得意とするアプローチがある。建築史・都市計画論や法学・行政学は制度設計と運用の具体的な問題を扱うことに社会的意義がある。都市論では，とくに欧米においては，直接間接に「保存」は主要なテーマの一つであった（Gottdiener and Budd, 2005）。ハイデンの議論は，一読すると新しい保存対象を提示するという点で［What］に関わるようにみえるが，ハイデンの議論のめざす先はむしろ［Who］という保存する主体の正統性を問いつつ，社会的マイノリティの記憶を保存する理由［Why］につながると理解すべきである。したがって住民参加による歴史保存の手法を提示した［How］とだけ捉えるのは，ハイデンの議論の可能性を狭めてしまうだろう。

4　本書の問題関心の所在

　これまでの議論をふりかえって，諸アプローチと比較した本書の関心を簡潔に述べておきたい。これは歴史保存とまちづくりへの筆者の問題関心を示すことにもつながる。

建築史・都市計画論との比較
　建築史は，建築物の歴史的意味や歴史的価値を明らかにすることで［What］［When］を取り扱う保存論であった。また産業遺産・近代化遺産の保存論に代表されるように，新しい保存対象の拡大もめざされる。これも［When］を問うものであるといえるだろう。そして都市計画論的アプローチは，町並み景観保全の制度・政策論として［How］を考察するものであった。

このように建築史・都市計画論的アプローチは,「4W1H」のなかで［Why］を除く視点を網羅しており,さらに［How］は他のアプローチに比べて多様な議論を展開している。また全国で町並み保存運動が生まれた1960年代後半から現在まで,歴史保存とまちづくりの問題を議論してきたことから,先駆的かつ分厚い研究蓄積をもつアプローチといえるだろう。だが,［Who］［What］［When］は,技術的な対処に終始するなど,歴史保存がはらむ根源的な困難さに応える議論は十分に展開されていない。これは,歴史保存が一定の価値をもつことを前提においているからであろう。しかし［Why］を問わないことは,保存か開発か議論が対立する場面で,文化的価値を守るのか経済的利益を追求するのかという,決着の難しい価値と利害の争いにしばしば巻き込まれてしまう。さらに開発側が歴史保存の価値を理解するか否かを問う構図に陥ると,開発側が政策論争のイニシアチブを握る事態を生み,保存側は政治力学のなかで抵抗勢力に固定化されかねない[8]。

法学・行政学との比較

建築史・都市計画論的アプローチと同じ特徴をもつのが,法学・行政学的アプローチである。このアプローチの一つは環境権や景観権の法学的根拠を探究する。もう一つは,行政的な法制度論として,歴史保存によるまちづくり政策の法整備と運用を検討する。前者は［Why］を扱い,後者は［How］を展開するものであった。

この法学・行政学的アプローチは政策志向が強いが,人間の権利として法的根拠を確立するかたちで［Why］に踏み込んでいる点に特徴がある。だが,歴史保存を実践する行為そのものの正統性に言及していないところに根源的な限界がある。歴史的建造物や町並み景観を保存すること自体に価値があることを前提にして,歴史保存に法的根拠を与えようとしており,その前提そのものを問い直すことはないのである。ただし,これらのアプローチは,開発を無批判に是とする時代に生まれたもので,開発側が保存を訴える声に耳を傾けることなく開発事業を迫り,保存側が実施目前に裁判で事業中止を争うという目的で生まれている。そのような時代背景において歴史保存の法的根拠と法整備が必要とされたことを考慮しておかねばなるまい。

都市論との比較

[Why] 建築・都市計画論と法学・行政学のアプローチがそれぞれ固有の限界をもつのに対し，都市論では，より積極的に［Why］を議論している。社会的マイノリティの社会的記憶を保存し，空間的に表現するというハイデンの実践は，［How］と［What］だけではなく，保存する根拠としての場所の力を提示することで，［Who］と［Why］を問うものでもあった。

本書の鞆港保存問題へのアプローチは，アイデアの源泉をこのハイデンらの都市論による空間の保存に負っている。本書は都市論的アプローチを引き継ぎ，それを鞆の浦という地域社会の固有性に応じて社会学的に展開させたといえるだろう。

[Who] アメリカの多民族都市を対象とするハイデンの研究では，保存されることが少ない社会的マイノリティの社会的記憶が問題となったが，本書の事例である鞆の浦では後述するように，同じ地域社会の成員が，さまざまな社会層ごとに異なる記憶を持つために，鞆港と町並み景観を保存すべきかをめぐって意見が対立した。したがって，ハイデンは社会的記憶を掘り起こすことに焦点を当てたが，本書では，記憶の表象をめぐるせめぎ合いに焦点を当てることになった。これは，地域社会の成員をさまざまな社会層として把握する，地域／都市社会学の基本的な視座に則っている。

[What] ハイデンの研究は社会的記憶を保持し，その内容を人々に伝える「場所の力」を理論的・実践的に示すことにアクセントがある。それに対して，本書の関心は，保存された記憶の内容を明らかにすることに留まらない。それが地域社会の成員にとってどのような社会的意味を持つのか，そのことから，物的空間である歴史的環境がどのような「社会的なもの」を支える基盤となるのかを考察する。これは「環境と人間社会の関係の学」としての環境社会学がもつ独自の視座と思われる。

[Why] では，なぜ人は地域の歴史を保存するのか。このことを根源的に解明するために，社会学的アプローチが有効であることを次章で詳細に見ていく。

注
1 さまざまな学問分野において，歴史的環境を維持し変更しないことを，保存・保全・保護と表現する。これらを厳密に区分すれば，保存は "preservation"

に該当し，必要最低限の修理を行い現状を変えずに残すことを意味する。また保全は"conservation"に該当し，修理・修繕に加えて一定程度の変更を許しながら大幅な変更せずに残すことを意味する。そして保護は"protection"に相当し，損失の可能性や緊急性の高いものを，積極的にその危機から守ることを意味することが多い。しかしながら，実際の現場ではもちろん，研究論文や法制度の名称などにおいて，厳密に使い分けられているわけではない。本書の目的は歴史的環境の社会学的意味を明らかにすることにあり，文脈に応じた表現を用いる。

2　もちろん，優れた研究とは先行する研究を十分精査し，乗り越えようとする営みのなかで生まれるものである。したがって学説史的な展開をいっさい無視するわけではない。

3　具体的事例として，旧朝鮮総督府が当てはまるだろう。旧朝鮮総督府の建物は，建築様式の歴史や意匠の美学的見地から歴史的価値があり，貴重であるとの日本の建築史の専門家の声もあったが，植民地時代の屈辱の歴史を乗り越える象徴として解体された（鳥越，1997）。

4　老朽化した建築物の安全性と建築史的価値をめぐり論争になった，東京都文京区の復興小学校校舎の建て替え問題や同潤会アパートの保存問題などの事例を想起してほしい。

5　西村は歴史保存をめざす抵抗の根拠と，歴史保存によって生じる建築学的課題を「様式の桎梏」（西村，1997: 1）と呼び，この視点に近い表現として，鳥越皓之は保存する根拠に関連させて「『歴史的定点』の問題」（鳥越，1997: 255）と呼んでいる。

6　新聞記者であった木原啓吉（1982）は，実践の現場から保存政策論を展開し，その理念的な基礎を築いた。その後，開発一辺倒の時代から，開発に疑問が投げかけられていく時代状況の変化に応じて，保存政策の必要性を説いた（木原，1984；1992）。

7　ハイデン（Hayden, 1995＝2002）では「ギャンズ」と表記されているが，社会学では「ガンズ」と表記することが一般的であるため，本書でもそれに倣った。

8　このことは建築史・都市計画論的アプローチの社会的意義を否定するものではなく，学問分野ごとに異なる社会的要請に応じることで生じる限界とみるべきであろう。むしろ，［Why］をバイパスすることで，とくに［What］と［How］について，先駆的な議論を推し進めることができるのである。

第2章 なぜまちの歴史を保存するのか
―― 環境社会学・都市社会学・文化社会学のアプローチ

1 「なぜ保存するのか」という問いかけ

　第1章で検討した建築史・都市計画論や法学・行政学的アプローチを踏まえて，本章では，歴史保存とまちづくりへの社会学的アプローチとして，環境社会学，都市・地域社会学，文化社会学における保存論を検討する。社会学的アプローチの特徴は，［What］すなわち保存対象への価値づけをいったん保留し，保存そのものを考察するところにある。これまでにみた諸学のアプローチでは，保存対象の建造物や町並み景観には一定の価値があるという社会的認知を議論の前提においていたが，社会学ではこの前提そのものを問うのである。それによって，「4W1H」のなかで，［Why］［Who］［What］［When］を明示的・自覚的に問うことを可能にする。
　［Why］「なぜ保存するのか」という問いかけに対して，日本の社会学では，おもに環境社会学を中心として研究が行われてきた。これは全国で公害問題が頻発するなかで，都市のアメニティや生活環境の破壊は，住民の健康と生命を奪う公害問題に接続すると主張した宮本憲一の影響が大きい（宮本，1989；堀川，1998）。環境社会学の確立に貢献した飯島伸子によれば，環境社会学とは「自然的環境と人間社会の相互作用を，その社会的側面に着目して，実証的かつ理論的に研究する社会学分野」（飯島，1998: 1-2）と定義される。環境と人間社会の関係の学である環境社会学では，手つかずの「無垢」の自然ではなく，人間が働きかけ，利用してきた環境を対象化してきた（たとえば里山，入会地など）。このように環境社会学では，自然と人間社会の両方にまたがる広い意味の環境（＝物的環境）の中で，「歴史的環境」を視野において，歴史保存とまちづくりを位置づけてきたのである[1]。

一方，都市の空間（環境）と人間社会の関係を論じる日本の都市社会学では，欧米の都市空間論などの理論研究が先行し，実証研究に取り組む機会は少なかった。とはいえ，第1章で述べた都市論と密接に関連しながら都市空間の理論を志向してきたことから，歴史保存とまちづくりの理論研究は都市社会学の空間の社会理論の系譜を引き継ぎ，実証研究は環境社会学において展開されてきたといえよう。社会学分野においても，都市計画，都市／地域社会学，環境社会学を横断する多領域の問題とされてきたのだ。

　さらに近年では，文化社会学を中心に，環境の社会経済的側面だけでなく，歴史文化的側面に焦点を当てた研究が増えている（たとえば博物館展示と政治性など）。また，被爆体験などの負の記憶の研究成果も目立つようになってきた。社会学的アプローチでは保存対象の価値づけにコミットしないため，第1章で取り上げた建築史・都市計画論，法学・行政学的アプローチに比べて，「How」の問いかけは薄くなりがちであったが，文化社会学において，保存されたモノの展示方法とその表象をめぐって，「How」の方策が議論されるようになってきた。

　そこで，歴史保存とまちづくりに対する社会学的アプローチを
1．環境社会学：環境と地域社会の関係性
2．都市社会学・地域社会学：都市の変容と伝統のゆくえ
3．文化社会学：記憶の保存と表象，社会的意味

の3つに分類し，それぞれのアプローチの特徴と問題関心を「4W1H」の視点から検討してみたい。

2　「4W1H」からみる環境社会学のアプローチ

環境と人間社会の関係学――環境社会学のアプローチ

　日本の環境社会学では，歴史的環境保存が，「環境と人間社会の関係の学」である環境社会学の領域の一つとして認知されてきた（鳥越・帯谷編，2009）。なぜ公害問題や自然環境と地域社会の関わりを研究対象としてきた環境社会学において，歴史保存とまちづくりが扱われるのか。

　自然環境が地域社会の生業を規定し，その生業に基づいて町並みが形成され，地域社会の盛衰につれて景観も移り変わるのであれば，歴史的環境にはその地域の「社会的なもの」が色濃く映し出されるだろう。たしかに歴史保

第2章　なぜまちの歴史を保存するのか

存とまちづくりの事例は，都市に多く見られる。だが，都市計画論や都市社会学の社会理論からはこうした環境と地域社会の関係性を実態的に捉えることができない。そのため「環境と人間社会の関係の学」として歴史保存とまちづくりを考察しなければならないのである[2]。

価値判断の留保　環境社会学のアプローチでは，歴史保存とまちづくりの[Why]を具体的な現地調査から明らかにすることを第一の課題としてきた。環境社会学においても，保存か開発か対立しがちな対象を扱う場合にはとくに，歴史的環境への価値判断は留保される。当事者がある建築物や町並み景観の保存を訴えたり，歴史・建築の専門家が価値を認めても，社会学はあくまで一つの「考え方」や「立場」が示されていると見なすのである。そして当事者や専門家の価値判断が，どのような社会的現実や認識に根拠づけられているのかを明らかにしようとする。これによって保存をめぐる価値観の対立という，ほとんど解決不可能な隘路に陥ることも回避できる利点が得られる。

M. ヴェーバーによると現状認識と政策論は厳密に峻別しなければならず，社会科学は現状認識において貢献できる営みであるという（Weber, 1904＝1998）。したがって社会学では，保存の規範意識を観察することはあっても，保存対象に学術的価値を認めることはほとんどなく，実際に評価を下してきた歴史学・建築史・土木史などとは大きく異なる。社会学は，専門家による保存対象の評価がどのように人々に受け入れられ，あるいはその評価がどのように社会的現実を動かすのかを観察する。このように環境社会学はきわめて慎重に「環境」への価値判断に距離をおくよう，注意が払われる。

さらに鳥越皓之は，保存の価値評価は必ずしも歴史事実によって決まるわけではないと述べる（鳥越，1997）。沖縄県竹富島では，赤瓦屋根をもつ家屋は歴史的にみれば少数であったにもかかわらず，そうした家屋が近年次々と建てられ，それが「伝統的な町並み」として成立しているという福田珠己（1996）の事例研究を紹介している。福田および鳥越は，これを「創られた伝統」として批判するのではなく，むしろ歴史イメージによるまちづくりの成功事例と捉えるべきでないかと主張する。歴史事実よりイメージによる伝統の保存もありうるということなのだ[3]。

環境社会学が歴史学・建築史・土木史などの学術的価値から距離をおくのは，社会学的アプローチの研究上の戦略でもある。重要なのは，ある「環

境」を保存するのか，棄て去るのかという政策的な判断を行うのは，社会学ではないことである。環境社会学において［What］すなわち保存対象が探求される時にはそのことが強く自覚される。

場所性と重層性——歴史的環境保存の社会学アプローチ

「4W1H」の視点のうち，［Why］の視点による歴史的環境の代表的研究が，堀川三郎による小樽運河保存運動の分析であろう。堀川の一連の事例分析の問いは，大きく［Why］と［Who］に分けることができる。

まず［Why］について堀川は「地域社会に固有の景観としての町並みは，その地域社会に固有の条件や歴史の集合的表現」（堀川，1998: 105）であると述べる。その地域の気候や風土といった自然条件と，生業や都市機能などの社会経済的条件に最も適した家屋や建造物の材質や意匠が選ばれ，それらの集合体である独自の町並みが形成されていく。雪国や港町独自の町並み景観が生まれるのだ。これが歴史的環境である。したがって，町並み景観を維持することは，その地域の歴史文化や生活環境を守ることでもあるという。

そのうえで堀川は小樽運河保存問題を取り上げる。小樽運河を埋め立て，その土地に道路を開発しようとする行政当局と，道路計画を中止させる市民の運河保存運動の団体である「小樽運河を守る会」，それぞれが「小樽運河」という一つの物理的な空間をどのように捉えてきたのかを検討している。そして時間の経過とともに「守る会」が保存のロジックを少しずつ変化させてきたことを手がかりに，運動がどのような内容で［Why］に答えようとしていたのかを明らかにする。さらに運河に対する行政当局と保存運動のまなざしの違いを〈空間〉と〈場所〉という対概念を用いて説明する。

堀川によると，行政当局は，道路を造るために安上がりで交換可能な，無色透明な〈空間〉＝"space"として小樽運河を見ていたのに対し，「守る会」にとって小樽運河とは，小樽の繁栄と衰退の歴史を色濃く反映し，そこでともに生活してきた人々の集合的記憶に彩られた〈場所〉＝"place"であったという。したがって，小樽運河保存運動とは小樽運河のような〈場所〉＝"place"が，固有の歴史や地域の記憶をそぎ落とされた〈空間〉＝"space"と認識されることへの抵抗運動であったと結論づける（堀川，1994；1998）。

以上の論考を踏まえ，堀川はさらに［Who］の問いに迫る。堀川によると都市空間の保存とは，開発を許すか，許さないかを決めるのと同じである。

第2章　なぜまちの歴史を保存するのか

つまり都市空間の保存と開発は，表と裏の関係なのだ。そして地元住民による小樽運河保存運動とは，それまで行政当局が一元的に担ってきた都市空間の保存／開発の決定手続きと権限を，市民の手による，市民コントロールに奪回する運動でもあった。そして堀川は，都市における市民自治・都市ガヴァナンスとして都市空間の保存／開発を捉えることで，[Who]の問いに答えようとした。小樽運河の保存問題から，小樽運河の歴史的な意味づけ，地域再開発の戦略，都市ガヴァナンスといったさまざまな水準の都市問題が，レイヤー（地層）のように積み重なっていることを堀川は示したのである。そして小樽運河保存問題の全体だけでなく，保存運動の内部でも「保存すること」の意味が重層的であったことを踏まえ，社会学における伝統的な分析概念（階層，学歴，保守／革新）だけでなく，「環境」という変数こそ必要であると主張する（堀川, 2010）。

参照点としての歴史事実と歴史イメージ――生活環境主義アプローチ

　環境社会学のアプローチは，[Who]すなわち歴史的環境や自然環境の保存を行う主体の正統性に強い関心を寄せる点が特徴である。環境に対する価値判断を留保し，相対化するのであれば，当然，検討されなければならない論点であろう。

　さらに歴史保存を進める主体が正統性をおく準拠点を歴史事実ではなく，物的環境への関係性から生み出される歴史イメージにおく事例研究がなされている。これは鳥越が生活環境主義の立場から提示した理論を実証したものである。本書ではこれを生活環境主義のアプローチと呼ぼう。このアプローチは [Why][Who] と同時に，[When] に答える可能性を示唆する。なぜなら，生活環境主義のアプローチが保存する根拠と見なす「歴史イメージ」は，正統的な歴史とは限らないからである。ある特定の時代に限定するのではなく，これまで続いてきたトータルな歴史として人々が共有するイメージを参照点とするのは，[When] をどこに定めるかという「歴史的定点」の問題（鳥越, 1997）に対応するものだろう。

　そうした論考として，五十川飛暁（2005）の近江八幡の事例分析に注目しておきたい。五十川は，近江八幡の地元住民が町並み保存の実践に際して，保存の根拠として参照したのは歴史的事実ではなく，歴史イメージであることを明らかにする（[Why]）。そのうえで，行政当局が提示した保存計画を

29

住民が拒否した過程に着目し，行政当局がもつ近江八幡の歴史認識と保存運動の住民がもつ歴史イメージがズレていることを見いだす。そこから，歴史保存における住民のガヴァナンスの実現には，地元住民が自ら歴史的環境の意味を解釈し，歴史イメージを形成できるような関係性が重要な鍵になると論じる（［Who］）。

　歴史事実に依拠した保存の論理は，たった一つの「正しい」歴史事実が存在し，そこから真正性（authenticity）を判定できるという前提に基づく。そのため，歴史的事実に保存の判断基準を設定すると，厳密な――しかし究極的には完璧な判断などできない――真偽を問うことになり，歴史事実と少しでも異なるものは「偽り」として排除されてしまう。そこで生活環境主義のアプローチでは，その地域住民が考える「地域らしさ」を基準に選択することで，住民が主体的に地域アイデンティティを見いだす道筋を幅広さと柔軟さをもって確保しようとする。そこでは，もはや真正性は厳密に問われることはない。

　生活環境主義のアプローチのなかで，［When］という視点を明示的・自覚的に主題化して検討した事例研究は少ないが，松井理恵（2008）と川田美紀（2005）は検討すべき論考である。

　松井（2008）が取り上げる事例は，日本の植民地時代に韓国で建設された日本式家屋の保存運動である。韓国では旧朝鮮総督府に象徴されるように，植民地時代の建造物は，屈辱の歴史の遺物として解体する傾向にある。にもかかわらず大邱(テグ)における町並み保存運動では，「敵産家屋」である日本式家屋も保存対象にしようとしているという。大邱の地域史・郷土史として，日本式家屋を植民地支配後も日常生活のインフラとして利用せざるをえなかったことから，これを歴史的環境とする必要があったというのが，松井の解釈である。言い換えると，韓国国内の正統派の歴史認識からすれば排除されるべき日本式家屋も，そこで生活した人々の経験から歴史イメージを形成するために，歴史的環境として保存する必要があったと理解できよう。当時の記憶が薄れつつある現状において，もし日本式家屋を壊してしまえば，そこで生活した人々の経験も失われることになる，と大邱の保存運動は考えているのかもしれない。

　このような生活環境主義のアプローチは，歴史事実よりも生活者の経験を重視するところに特徴がある。敷衍すれば，保存されている歴史的環境が，

歴史事実と多少異なっても，自分たちにふさわしい，地域らしさがあると地域住民に認知されれば，保存の意義を認めようという考え方である。それは，地元住民が地域らしさを感じることができる範囲で，改変や修復，ときに創造を認めようという方向性を持つだろう。

　川田（2005）は五十川や松井とは異なる角度から［When］への示唆に富む研究を行った。川田が事例に取り上げたのは，神戸市の灘五郷と呼ばれる酒造業が盛んなX地区の一部である。この地区は阪神・淡路大震災で大きな被害を受け，震災前から文化財として評価されていた酒蔵などの歴史的建造物が倒壊した。震災後の乱開発から酒蔵の町並み景観を守り，再建するために，行政的な支援を受けて住民組織と保存政策が確立された。川田は，保存政策から離脱したある自治会に着目し，その理由として一人でも反対したらやらないという自治会の伝統的規範があったことを明らかにする。この自治会は酒造業関係者が多く，彼らによると，古い酒蔵では新しい技術を生かせず，新しい酒蔵の方が良い酒が造られるため古い酒蔵保存は蔵元としての考えと対立するという。この自治会では，身の丈に合った保存政策への協力を住民に求めていたが，震災の影響で協力したくてもできない同業者が多くいる以上，自治会の伝統的規範に従って町並み景観保存には参加しないという選択をしたのである。

　ここでは，保存対象に見いだされた価値とその中で営まれる生活が，ときに相克を孕むことが示されている。さらに，歴史的建造物である酒蔵はいったん震災で失われており，町並みを再建してもそれは震災以前と同じではない。つまり人々が求める保存は，同じ建物が同じようにあり続けるという意味での真正性ではない。むしろ，どの時代を重視し，歴史イメージの参照点として地域アイデンティティを構築するのかが求められる。これも［When］の問いに含まれることが理解できるだろう。

保存する価値の構築――構築主義・交錯論アプローチ

　環境社会学のアプローチの特徴は，保存対象の評価と価値判断の相対化にあることを見てきたが，評価や価値判断は社会的に構築されると見なす「構築主義アプローチ」も展開されている（野田，1996；2000；2001）。野田浩資は平泉町の柳之御所遺跡，京都の景観保存を求める要望を分析する概念として，構築主義の「クレイム申し立て」をベースにおき，「学術評価クレイ

ム」と「経済評価クレイム」に区分して把握しようとした。

また足立重和『郡上八幡　伝統を生きる』(2010) は構築主義アプローチを組み込んだ独自の「交錯論アプローチ」を用いて，無形文化財である「郡上おどり」で知られる郡上八幡でフィールドワークを行った。足立は構築主義が登場する以前の，農村社会学の村落構造分析に代表されるアプローチを「構造論的アプローチ」と呼び，一方，社会構築主義やエスノメソドロジー，会話分析，言説分析の手法を「構築論的アプローチ」と呼ぶ。そして，「構造論的アプローチ」では，当事者による「語り」そのものが持つ社会的作用を捉えきれず，「語り」の持つ意味は地域社会のコンテクストにおいて初めて理解できることから，厳密な「構築論的アプローチ」にも限界があると述べる。そこで足立は「交錯論的アプローチ」を採用する。住民は住民自身の語りを通して現実を動かしており，その現実認識（リアリティ）をさまざまな時空間を行き来する住民の語りから析出し，それがどのような地域的伝統（"民俗的色合い"）をもつのかがこのアプローチによって明らかになるという。つまり，構造だけでも，語りだけでもなく，構造というコンテクストに語りを位置づけ，語りのもつ社会的作用を捉えるアプローチと理解できよう。

足立は，保存団体によって正統化され観光化された「郡上おどり」ではなく，地元のおどりを地域的伝統として継承しなければならないという意識（「伝統というリアリティ」）が形成されるプロセスを描く[4]。そして長良川河口堰建設反対運動団体を含む住民への聞き取り調査から，郡上八幡の地域的伝統として，地域社会の中心的な構成員の基準（「町衆」）と，地域社会の伝統的な意思決定システム（「町衆システム」）を導き出した。そしてそこに地域住民の"生きざま"がどのように現れるかを観察している。

以上のように，構築主義アプローチ，交錯論アプローチとも，歴史保存の［why］（伝統・リアリティ・声）［who］（保存主体である地元住民の範囲），［when］（文化財の起源や景観形成の時代）に深く関わる考察を行っている。

3 「4W1H」からみる都市社会学・地域社会学のアプローチ
──空間の社会理論と実証研究

都市と空間の社会学──ルフェーヴルとカステル

前項でみてきた［why］から［who］への研究の展開には，H. ルフェーヴ

ル（Henry Lefebvre）による都市空間の生産の社会理論から，M. カステル（Manuel Castells）による実証研究に連なる系譜がある。

　フランスの哲学者 H. ルフェーヴルは著書『都市への権利』『都市革命』において，パリの郊外化が進む1970年前後のフランスで「都市計画」という技術が根源的にもつ空間認識の思想を厳しく批判した（Lefebvre, 1968＝1969；1970＝1974）。ルフェーヴルは，土地を，その地域住民にとって何らかの意味を表す空間（表象の空間＝何かを表象する空間）と，特定の意味をもたず，空っぽであることを示すだけの空間（空間の表象＝空間であることだけを表象する空間）という対立概念で捉える。ルフェーヴルによると，「都市計画」とは，土地を「空間の表象」として認識する思想に基づく技術体系であるという。そして建築家・都市計画家には，本来「何かを表象する空間」であった土地を「空間であることだけを表象する空間」へと置き換える認識があるからこそ，道路として利用してこなかった土地にたとえば高速道路のルートを設計することができるというのだ。そしてルフェーヴルは，建築家・都市計画家は地域住民が抱くその土地固有の意味（場所性）を無視するからこそ，次々とその土地に大規模な住宅地を計画することできるのだ，と厳しく批判したのである。つまり，パリの郊外開発を進める都市計画の技術体系には，それまで歴史的に表現されてきた土地の意味内容を失わせることを是とする思想が根源に存在する，と論じたのである。

　さらにルフェーヴルは『空間の生産』（Lefebvre, 1974＝2000）において独自の空間論を展開し，中立的で分割・交換可能な「空間の表象」のなかに，人間と空間の歴史的な関わり合いの具体的な形態として「表象の空間」を再び浮上させる「空間的実践」の弁証法的過程を，空間論の理論枠組みとして提示した。すなわち，失われていく場所性を取り戻すべく，「空間の表象」のなかで，生き生きとした社会的意味を生み出すような「空間的実践」が必要であると論じた。これがルフェーヴルの「空間の生産」の社会理論である[5]。

　ルフェーヴルの問題提起は，M. カステルの実証研究へ受け継がれてゆく。カステルは主著『都市とグラスルーツ』（Castells, 1983＝1997）において，都市的意味を再規定する実践の担い手として，都市社会運動に着目する。カステルは都市を舞台したグラスルーツ（草の根）の住民たちによる都市社会運動の実践をモノグラフとして描き，その内実を明らかにした。カステルの

いう都市社会運動とは，使用価値としての集合消費財，コミュニティに根ざす文化的アイデンティティ，地方都市による中央政府からの政治的自治の獲得，これら3つを希求する政治運動である。そしてグラスルーツによる空間的実践こそが都市を創り出すと結論づける。

人々が都市において生活し，社会的活動を通じて喜びや楽しみを享受するためには，そのための空間が確保されなければならない。都市の空間は，社会的活動のあり方に決定的な影響を与え，人々の生活や社会的活動に利用されることで，生活に根ざした「生きられた空間」となる。しかし，経済活動の活発化が商業地区を生み出すといったように，これまで空間は社会的活動の結果として捉えられてきたが，空間が社会的活動に与える影響は十分検討されてこなかった。生きられた空間がグラスルーツの市民によって絶えず再生産されることで，都市は生きた都市となるのではないか——これがM. カステルの『都市とグラスルーツ』における基本的なアイデアであった。

ルフェーヴルの空間の社会理論の影響は大きく，都市社会学だけではなく現在の都市論にも影響を与えている。先に検討したハイデンの『場所の力』の理論的骨格は，まぎれもなくルフェーヴルの空間の社会理論である。端的にいえば，ルフェーヴルが唱えた「空間が何かを表象する力」を，ハイデンは「場所の力」と表現したと理解できるだろう。また，新都市社会学だけではなく，マルクス主義地理学のD. ハーヴェイの『都市の資本論』（Harvey, 1985 = 1991）のやE. ソジャの『第三空間』（Soja, 1996 = 2005）などに多大な影響を与えており，空間の社会理論における一つの到達点といえるだろう。

このような海外での空間の社会理論の展開に対して，国内でも新都市社会学の台頭とともに欧米の研究紹介と理論的検討が多数なされているが（たとえば吉原〔2002〕など），ルフェーヴル－カステルの問題関心に連なる社会学的実証研究はあまり見られない。確かに「空間」という概念自体は都市社会学に限らず多様な文脈で論じられるようになったが，ルフェーヴル－カステルの文脈では限られるのである。

そのようななかで町村敬志『世界都市・東京の構造転換』（1987）は，新都市社会学の立場から理論的考察を実証研究へと展開させた数少ない作品と思われる。町村（1987；1994）は都市を変える政治経済的諸力から，それに抵抗する住民のまちづくり運動へと研究の焦点を移動させて，世界都市・東京の姿を提示した。また玉野和志『東京のローカル・コミュニティ』（2005）

第2章　なぜまちの歴史を保存するのか

はルフェーヴル−カステルの系譜をより強く意識したものである。玉野はシカゴ学派のモノグラフの記述スタイルを取り入れ、人々の流入と定着によって移ろいゆく間で、さまざまな社会層の都市社会運動によって空間が創造される東京のローカル・コミュニティの社会的世界を描いている[6]。

空間論とローカル・コミュニティ——シカゴ学派

　都市社会学の古典においても、空間論の視点を確認することができる。空間の変容とローカル・コミュニティの関係性を、都市社会学の古典的なモノグラフである、シカゴ学派の作品にみることができる。

　1890年代から1920年代の30年間に、大量の移民がアメリカの都市シカゴに流入した。そのためシカゴの人口は約100万人から約270万人へ急増した。人口が爆発的に増えていく都市を調査対象として、シカゴ大学の社会学者たちは、貧困などの社会的格差、多様な人種やエスニシティをもつ移民たちの社会統合、そして犯罪・青少年非行など大都市シカゴの社会問題の解決をめざして、さまざまな実証研究を行った。彼らは、多くの移民とそれを受け入れるホスト社会において人々がいかに行動するのか、"human nature"を明らかにしようとした。これがシカゴ学派の都市社会学の問題関心である。

　タマスとズナニエツキによる『ヨーロッパとアメリカにおけるポーランド農民』は、後に生活史研究へとつながる系譜を産出した。一方、E. バージェス（Ernest Watson Burgess）は、犯罪、青少年非行、家族崩壊などの社会問題・社会現象を示す統計データを地図上にプロットして、その分布から都市の発展の「法則」を示そうとした。R. パーク（Robert E. Park）は、自分が指導する大学院生を移民の集住地区に送り、彼らの社会生活の詳細な記録を収集させた。このときパークらが院生たちに「諸君、街に出かけて行って、諸君のズボンの尻を『実際の』そして『本当の』調査で汚してみなさい」（中野・宝月編，2003: 16）と説いたことは有名である。こうして獲得した記録を構成したのが「シカゴ・モノグラフ」である。

　バージェスが試みたように、統計データを地図上にプロットするのは、空間という変数を用いて都市を捉えることを意味する。つまり、シカゴ学派は社会現象を空間的に把握する方法を探っていたといえよう。たとえば、H. ゾーボー（Harvey Warren Zorbaugh）の『ゴールドコーストとスラム』（Zorbaugh, 1929=1997）は、高級住宅地とスラム街の社会生活を描き、コ

ミュニティの分断と統合を論じている。当時のシカゴは，人々が階層ごとに集住し，社会層は空間的に偏って分布していたことがわかる。シカゴ・モノグラフでは空間という視点が意識されていたのだ。

そのなかでも，第一次シカゴ学派の最晩年の研究成果であるW. H. ホワイトの『ストリート・コーナー・ソサエティ』(1943)と第二次シカゴ学派の代表作であるH. ガンズの『都市の村人たち』(1962)の作品は，いずれもボストンの中心市街地に形成されたイタリア系コミュニティを事例にしているが，空間論の視点をうかがわせる。ホワイトはソーシャル・サービスが，ガンズは中心市街地の再開発が，イタリア系移民をコミュニティから郊外住宅地へ転出させる機能を果たしたこと，郊外住宅地への転居は，イタリア系移民としてのエスニシティよりもアメリカ的価値観を内面化して，「アメリカ」に同化したことを意味すると述べる。

しかし，都市社会学の古典としてのシカゴ学派は都市空間の視点を持ちながら，第1章で述べたように『ニューヨーク・タイムズ』紙上でのガンズとハクスタブルの論争において，ガンズの議論は都市空間の保存を社会階層の問題として認識したにすぎないと，ハイデンに論評された。シカゴ学派はガンズのように，都市を空間的に把握する視点と方法をもちながら，空間の開発による社会階層の変容を明らかにすることに重点をおき，空間の維持・保存には関心をもたない傾向があったといえよう。

4 「4W1H」からみる文化社会学のアプローチ──記憶の保存と表象

保存が表象するものとは

近年，歴史保存とまちづくりをめぐって，「記憶」を中心テーマに据えた文化社会学的アプローチによる研究が増えてきた。

都市空間の保存か，開発かの政治的対立を解く鍵はどこにあるのだろうか。それはハイデンが物的空間の保存を通じてマイノリティの社会的記憶を保存しようと試みたように，空間と記憶が密接に関連することにあると思われる。そして地域の歴史を映し出す歴史的環境の保存を，地域の集合的記憶の保存と結びつける視点が必要である。この項では文化社会学において「集合的記憶」「保存すること」の［why］［who］［what］を問う研究を検討していこう。

近年，社会学において「記憶」に関する学問的関心は高い。「記憶」への関心が高まる以前の景観の文化社会学的考察としては，W. J. T. ミッチェル「帝国の風景」(Mitchell [1994] 2002a = 1997) が挙げられるだろう。ミッチェルは，風景画を緻密に分析・読解していくことで，風景画に潜む帝国主義的まなざしをあぶり出した。ミッチェルによると，空間の一形態である景観を「美しいから，絵画として記録したい」と作品化したのが風景画であるという。そして近代社会の成立後，とくに帝国主義政策による植民地化が世界中に広がった時代に風景画が発展したことを明らかにした。支配者として植民地に赴いたヨーロッパの人々が，自国とは異なるエキゾチックな光景を風景画として記録したのだという (Mitchell [1994] 2002a = 1997)[7]。

風景画の発展は，植民地で発見された古代の遺物を博物館が保存したことと重なる。風景画は，作者がどこかしら美しいと感じた風景を記録したものであるが，いずれ何らかの形で展示される——それは美術館かもしれないし，作者の自宅の居間かもしれない——からだ。風景画とは言わば，美しいと感じられた景観を保存するものといえるだろう。そして保存という行為は，保存された物の意味を示す展示という行為によって完結するという社会的プロセスをもつ。では，その意味と展示方法にはどのような関係があるのだろうか。この点について，荻野昌弘は興味深い議論を行っている。

荻野は，現代社会はあらゆるモノや出来事が人類の遺産とされる「保存する時代」(荻野, 2000: 200) であると見なす。芸術的価値が認められた文化財だけではなく，日常的に使用された民具もまた保存の対象なのだ。そして，広島・長崎の原爆体験，水俣病などの公害被害，炭鉱の労働災害，強制労働の記憶，戦争遺産や旧植民地時代の建造物までも保存すべきとされる。そうした「負の遺産」の保存は，非常に活発な政治論争を引き起こすが，「保存することの意義それ自体は，あたかもタブーであるかのように，問われることはない」(荻野, 2000: 201) と荻野は述べる。

負の集合的記憶と保存

荻野は，第二次世界大戦中に日本とフランスで起きた大きな歴史的出来事を取り上げ，両国の保存と表象の違いに着目する (荻野編, 2002)。一つは，アメリカ軍による広島・長崎への原爆投下である。広島市にある原爆記念館では，徹底して一個人の存在感を示すものとして，被爆者の遺留品が展示さ

れる。もう一つは連合軍のノルマンディー上陸であり，フランスの博物館ではノルマンディー上陸作戦の資料映像として，広島の展示とは対照的に，名前どころか顔もわからないほど小さな豆粒のように見える兵士たちが，次々となぎ倒されて死んでいく様子が流されるのである。これらは方向性は異なるが，圧倒的な力がもたらした個人の死を展示している。だがいずれの負の記憶も保存されることによって，その出来事がもつ多様な側面が捨象され，一つの物語へと収斂していく過程で「消毒される」傾向があると，荻野は警告を発する。この傾向は近代化遺産を観光資源として，地域再生・まちづくりに利用する動きと重なったときに，より徹底されていくだろう。

　この点について，木村至聖（2009）は，夕張市における夕張炭鉱の歴史の展示と長崎県における端島炭鉱（通称，軍艦島）の保存運動と展示について比較研究を行った。木村はその結びにおいて，炭鉱施設を産業遺産・近代化遺産として保存する危うさを指摘している。木村によると，保存と展示によって炭鉱の記憶が「日本社会の近代化を支えた大事な産業」という大きな物語に回収されてしまい，炭住を中心にした独特な生活経験や，けして少なくない炭鉱事故，激しい労働争議などの炭鉱社会の記憶が，捨象されてしまうというのである。

　文化社会学の保存論は，被爆体験（直野，2010）やジェノサイド，公害被害といったいわゆる負の集合的記憶を研究対象とする傾向にある。負の集合的記憶は，被害者には触れてほしくない，忌まわしい記憶である。また加害企業や行政当局からすれば，自らの罪をさらし続けるだけでなく，新たな被害補償の問題を惹起しかねないため，保存に抵抗する。こうしてすべての当事者にとってデリケートな負の記憶の保存は，しばしば政治論争へと発展する。それでも現実に，負の記憶が保存される事例が存在する。それはどのような根拠によって進められるのであろうか。さらに保存の過程で見落とされるものは何か。この問題関心は「保存すること」の意義を問う［why］に接続する。

　負の記憶はときに当事者が語ることさえ困難であることから，文化社会学の保存論では［what］が問われてきたが，「思い出したくない」「忘れたい」記憶を教訓として保存するために，当事者に「語り継ぎ」を求めることはいかに正当化できるのか。このことは［who］に関わる問いも提起しているといえるだろう。また次なる問題として，被爆者や水俣病患者に代表され

るように,時が流れて当事者自身の語りが実際に困難になりつつある。負の集合的記憶をどのように記録して将来世代に提示できるのか,という[How]が主題化されつつある。

5　環境（空間）・記憶・政治の社会学――本書のアプローチ

　歴史保存とまちづくりへの環境社会学,都市社会学・地域社会学,文化社会学の各アプローチの特徴と知見を「4W1H」の視点からみてきた。これまでの議論を小括し,本書が依拠する環境社会学・都市社会学に沿って,環境（空間）・記憶・政治の分析軸から本書のアプローチを提示してみよう（表2.1）。

保存と価値――環境社会学
　環境社会学では,「4W1H」のなかで,とくに[Why]を中心におき,他の3つのW（[Who],[What],[When]）を問うてきた。それは,「保存すること」の根拠を相対化することによって――明示的,非明示的のいずれにせよ――可能になったといえるだろう。しかし[How]について,具体的な方策を示していない。
　それは社会学が全体として,現状分析を目的として価値判断に関わる政策提言を避ける傾向があるためだろう。そのため歴史学・建築史・土木史などが保存対象を評価してきたのに対して,むしろ学術的評価とは独立して,歴史的環境が地域社会にとって必要不可欠な地域アイデンティティのありかであることに焦点を当ててきた。社会学は控えめな将来予測をすることはあっても,建築史・都市計画のように地域社会の将来像を「設計図」として描くことはない。言い換えれば社会学は空間をデザインする技術をもたないのだ。町並み景観の保存政策においても,制度設計や運用は法学・行政学の領域であり,社会学は保存対象をめぐる社会的な意思決定の過程において,主体間の社会的相互作用がどのように行われ,どのような社会層が包摂あるいは排除されるか,などの制度の社会的影響の解明に向かうことが多い。
　環境社会学にとって,歴史保存の対象である[What]は,物的環境によって支えられる,あるいはそれが保持する「社会的なもの」までを含意している。環境と強固に結びついた「社会的なもの」（共同性や共有された価値

表2.1 歴史保存とまちづくりへの社会学的アプローチにみる「4W1H」

		社会学的アプローチ		
		環境社会学	都市／地域社会学	文化社会学
[Why]	なぜ保存するのか？	◎	○	○
[Who]	誰が保存するのか？	○	○	△
[What]	何を保存するのか？	△	－	○
[When]	どの時代を保存するのか？	○	－	△
[How]	どのように保存するのか？	△	－	○

(注) 表1.2に同じ

観）こそ，［What］の問いに対する環境社会学からの回答であり，その価値を大事にしようとする規範意識が，保存運動を支えているといえる。

環境社会学も他の社会学的アプローチと同様に，歴史的環境そのものの価値はいったん相対化しつつ，物的環境と地域社会の共同性との関係性を問うてきた。それはとくに，歴史的環境が支える「社会的なもの」を明らかにすることを通じて，［Why］の問いに応えるものであり，同時に歴史的建造物や町並み景観の環境社会学的価値を示すことでもあった。

もちろん，環境社会学はどのような価値とも関わらないわけではない。しかしながら，価値そのものは議論の前提とせず，［Why］という問いを通じて探究するものである。

空間と社会構造——歴史的環境保存の社会学

堀川の小樽運河保存運動の一連の研究では，空間／場所の認識論としての［Why］と都市ガヴァナンス論としての［Who］という問いから，小樽運河保存問題が重層的構造をもつことが明らかにされた。さらに市民による保存運動と行政当局の間で問題認識が異なるだけでなく，運動内部の運河をめぐる空間認識のズレも描くことで，社会学の分析概念として「環境」という変数の可能性を開くものであった。

堀川は，町並み景観は「地域社会に固有の条件や歴史の集合表現」であり「形は歴史と無縁には存在しえない」（堀川, 1998: 105）と述べ，小樽運河論争という政治過程の結果，小樽運河の現状が生まれたとする。堀川はこの政治論争において，住民による意味付与がなされた「場所」と都市計画が想定する均質で幾何学的な「空間」との対比を用いて分析しているが，本書は，社会層によって異なる「場所」がせめぎ合う現実を明らかにする。

第2章　なぜまちの歴史を保存するのか

　小樽運河や鞆港などの保存問題は，都市／地域社会学では捉えきれない「建造環境」の変数に注目するため，都市／地域社会学から枝分かれしていく形で，環境社会学とりわけ歴史的環境保存の社会学として研究が展開されている。環境社会学において社会構造を空間に結びつける視点は，公害の理論研究や対象地域の地理的位置づけ（中心／周辺部）にも垣間見ることができる。しかしながら，それらの研究は被害実態の解明と問題解決をめざす点に主眼がおかれるため，自覚的に空間論を展開しているとは言い難い。

　後述する新幹線公害の受苦圏／受益圏（舩橋ほか，1985）では，公害発生源からの距離を踏まえて各圏の分布を地図上に示すことが可能であり，その意味では空間を視野に入れた理論モデルとみてよいだろう。だが，舩橋らは各圏の土地の歴史的背景と地域内の社会的な位置まで踏み込んでいない。本書の焦点は，ある特定の空間に対する集合的記憶とその社会的意味の歴史文化的解明にあり，それに加えて開発計画の効果と影響評価が多様であるために，受苦圏／受益圏の設定そのものが困難で論争的である。このことから，この理論モデルの採用は本書にとって適切ではないと考える。受苦圏／受益圏は，各圏を明確に設定したうえで，公共性として受益への社会的合意形成が困難な問題に，有効な理論モデルといえよう。

歴史的定点と語りの真偽——生活環境主義・構築主義・交錯論

　鳥越皓之は，地元住民の視点を拠り所とする生活環境主義アプローチとして，歴史事実ではなく地元住民が抱く歴史イメージに寄り添った保存政策を提唱する（鳥越，1997）。このようなアプローチは，[When]における難問である「歴史的定点」「様式の桎梏」の問題に対して，ある程度の改変を施して保存する動態保存と理論的に共通し，同じ困難に直面することになる。その困難とは，住民による選択の根拠の正統性はどのように保証されるのか，「地域らしさ」の範囲はどのように設定されるのか，地元住民の判断基準はどのように形成されるのか，社会的マイノリティの歴史や経験はどのようにすくい取られるのか，などである。保存の根拠を住民の生活世界から理解し，そこに正当性を見いだす方法論では「歴史的定点」の根本的な解決にはならない。動態保存と同じように，上で挙げた論点の先延ばしになってしまうのだ。

　評価や価値判断が分かれることが多い歴史的環境では，野田による構築主

義的アプローチには一定の魅力がある。とはいえ，環境社会学は「環境と人間社会の関係の学」であるという前提に立つならば，あらゆる事物が社会的に構築されたものと見なす構築主義的アプローチでは，究極的に物的環境そのものがもつ，社会に対する影響力を捉えることができないのではないか。歴史的環境に対する評価や価値判断の源泉が社会的な関係性に集中してしまい，「環境と人間社会の関係」を明らかにできないおそれがある。つまり，構築主義的アプローチでは物的環境がもつ社会的意味を解明できないのだ。

　交錯論アプローチに立つ足立は，「構造論的アプローチ」では住民の「語り」の真偽を社会構造に託し，社会構造が住民にそう語らしめるという視点をとるため，「語り」それ自体の社会的相互作用の力を捉えられないと批判する。つまり社会構造と矛盾する語りは「無視」され，合致する「語り」は傍証にすぎないというのだ。だが，筆者は足立が批判するほど「構造論的アプローチ」は，スタティックな分析枠組みではないと考える。というのは，住民の「語り」が社会構造に位置づかない，あるいは矛盾する時は，解釈枠組みとしての社会構造の認識自体を修正，あるいは異なる社会構造の仮説を措定するだろう。さらにいえば，住民の「語り」の真偽は，文書資料や慣習や祭礼行事の記録，他の住民の「語り」などの観察データによって判定しうる。村落構造分析では，文書資料を中心に収集されたデータで確認された社会的事実を既存の分析枠組みで検証し，位置づけができない時にはさまざまな仮説や解釈が提示される。そして反論や再検証がなされていくのだ。つまり，社会構造から外れる社会的事実があれば，それを含めて一貫して説明できる社会構造のモデルに修正されたり，あるいは別の社会構造に置き換えられるのである。こうして現実に観察データに沿って社会構造のモデルが形成されてきたからこそ，村落構造分析は地域類型論を展開できたのではないだろうか。

　本書は地域社会そのものを動かす人々の力を捉えることには同意するが，足立のようにその力の源泉を「語り」に求めるのではなく，歴史的環境におきたい。そうすることで，物的環境が支える「社会的なもの」やハイデンのいう「場所の力」をすくい取ることができる。足立のアプローチは，「郡上おどり」のような無形文化財に対して有効であるが，物的環境である港湾遺産群や町並み景観を対象にした歴史保存の事例には適さないと思われるからである。

また本書は当事者の語りそのものを分析対象とするのではなく，語りが指し示す社会的事実を文書資料や他の観察データとともに検証し，歴史的環境に支えられた地域的伝統を明らかにしてゆく。その意味で本書は，足立のいう「構造論的アプローチ」を採用したといえるだろう。

空間と政治——都市社会学

　都市社会学の保存論は，理論的には都市論や都市の社会理論と重なる部分をもつ。前節では，H. ルフェーヴルの空間の社会理論とM. カステルの空間の実証研究を取り上げた。

　都市は多様な社会層によって形成されるため，都市社会学は階層という視点を強く意識せざるをえない。たとえばシカゴ学派のモノグラフでは，階層が強く意識されて，空間の視点は自覚的・積極的に追求されることがなかった。そのため都市社会学の空間論において有効に活かされたのは，階層の視点であった。つまり，「4W1H」のなかで都市社会学は［Who］への接近を得意とするといえるだろう。

記憶の保存——文化社会学

　文化社会学の保存論による問題提起は，いずれも複雑で重要である。だが同時に，議論が問題提起の水準に留まっているか，ある種の保存と展示の方法が特定のイデオロギー性をはらむことを指摘するだけに終わっている。ある社会的行為に内在するイデオロギー性を暴くだけでは，現代社会批評としては成立しても，社会構想の知見には至らないのではないだろうか。いくつかの地域の保存運動に接してきた筆者の経験を踏まえると，保存と展示の方法が特定のイデオロギーをはらむことは，すでに当事者にとっては自明であり，それを承知で保存に取り組んでいると思われるのだ。むしろ自らの思想を表明するために保存運動をしているようにさえ見えるのである[8]。

　もちろん，保存に関わる行政や運動のなかには，保存することのイデオロギー性や限界に無自覚な主体が存在することは間違いない。それが安易な「消毒」作用を推し進め，保存の合意形成過程において少数派の排除や抑圧を生み出している。その意味で文化社会学的な保存論の意義は認められるが，むしろその先に議論を進める必要がある。問うべきは，当事者たちは保存に一定の限界があることを知りつつ，なぜあえて保存しようとするのか，保存

を通じて何を表現したいのか。すべてが保存できないとしたら，彼らは何を保存し何を棄てるのか。これらを切り口に，人々の判断基準や価値観を明らかにし，それらがどのような社会的記憶を反映しているのか，あるいはどのような規範意識に衝き動かされているのかを考える必要がある。「保存すること」という社会現象を社会学が扱う意義はここにあるだろう。

6　鞆港保存問題の考察に向けて

　本書が事例に取り上げる鞆の浦は，近代以降，政治・経済的に日本社会の周辺部におかれ続けた小さな伝統都市である。町村（1994）と玉野（2005）——他の多くの都市空間論にも当てはまるが——が日本社会の政治・経済的諸力が集中的に投下される大都市「東京」を研究対象としたのに対して，本書が対象とするのは一地方都市である鞆の浦であり，経済資本・行政の圧倒的な開発力による空間再編ではない。また，カステル（Castells, 1983＝1997）や玉野（2005）は大都市の空間を創造する「生きられた空間」の実践に主眼をおくが，本書は，周辺部の伝統都市で人々がどのような空間的実践を営んでいるのかを明らかにするために，都市の象徴的空間に堆積した歴史的意味の刷新／存続に主眼をおく。むしろこうした伝統都市でこそ，社会的世界に即した「都市的なものの意味」が高い純度で現れるのではないだろうか。

　鞆の浦では，瀬戸内海沿岸で近世以来維持されてきた港湾都市の地域的伝統を基盤に，現在を生きる人々の社会的世界が成立していた。ところが鞆港埋め立て・架橋という開発計画をきっかけに，保存か開発か，まちのめざすべき将来の方向性をめぐって，意見対立が巻き起こった。これが鞆港保存問題である。

　道路建設によって地域社会の基盤であった鞆港が貿易港としての機能を停止するような事業計画がもたらされた結果，港町の伝統的生活と社会秩序に決定的な変化が生じようとしている。後にみるように，鞆港保存問題において表立って争われているのは，鞆港が持つ歴史文化的・学術的価値を保存するのか，社会生活における利便性を向上させるのかであった。もちろんそれは重要であるが，本書で問いたいのは，保存か開発か，文化的価値か利便性か，という単純な二項対立ではない。住民層に分け入ると，多様な主体によって異なる意味合いをもつ空間に対して，どの意味を選択すべきかが争われ

第2章　なぜまちの歴史を保存するのか

ていることが浮かび上ってくるのだ。「保存された空間」が指し示す集合的記憶の表象をめぐって各主体がせめぎ合っているのが，鞆港保存問題である。本書を通して鞆港保存運動とは，地域住民が固有の歴史の記憶を呼び起こし，それを断ち切る開発行為に懸命に抵抗する営みであることが理解されるであろう。

　本書における鞆港保存問題の考察では，［Who］の重要性を引き受けつつ，［What］にアクセントをおく。しかしそれは，単純に保存対象が何であるのかを問題にするのではなく，その物的環境が表象する意味や規範意識を対象とするのである。これらを検討することで［Why］に応えることができるであろう。

　本書は都市／地域社会学と環境社会学の交差する場に「空間と政治の社会学」として問題を定位し，環境（空間）・記憶・政治を分析軸に据えて考察を進める。その意味で本書の試みは，環境社会学から再び都市／地域社会学へと折り返していくものである。

注

1　人文科学である哲学や人文地理学における環境および空間に関する論考も，社会学的アプローチのなかで触れたい。
2　世界遺産をはじめ，イギリスのナショナル・トラストなどによる「保存」の対象には，自然環境だけではなく，歴史的建造物や文化遺産などが含まれている。その意味でも，歴史的建造物や文化遺産の研究が環境社会学においてなされることは，理に適っているといえよう。
3　このような歴史イメージによる保存運動の事例研究として，五十川飛暁（2005）や松井理恵（2008）が挙げられる。また牧野厚史（1999）は，歴史事実に対して「歴史的経験」というタームを対置することで，同様の位相を析出している。
4　これは，ホブズボウムとレンジャーが，「創られた伝統」（Hobsbawm and Ranger, 1983＝1992）として，伝統の虚構を暴いたことに対して，「かつての姿」と「現在の姿」が同じものであるかどうか，「真正性」を通じて真偽を判断することが無自覚に内在化されている，という批判と解釈できるだろう。
5　ほぼ同じ時期に，フランスの哲学者ロラン・バルトは，土地というものには，それぞれ歴史や地域の住民にとっての意味や記憶が込められているとした。そしてバルトは，都市計画という技術がその土地が固有にもつ意味を無視してい

ると批判し，その土地の意味を記号として読み解く方法として「都市の記号学」が必要であると問題提起している（Barthes, 1971＝1975）。
6 　シカゴ学派のモノグラフ群では「社会経済的な指標を地図上にプロットしていき，そこから社会的・空間的なまとまりを見出していく手法」（玉野，2004：253）が開発され，後に社会地区分析として確立した。日本では倉沢（1986），倉沢・浅川編（2004）の『東京の社会地図』があるが，シカゴ学派の系譜から社会地区分析を引き継いだ日本の実証研究は少ないと指摘されている。
7 　これはミッチェル自身が編んだ論集（Mitchell,［1994］2002b）に収められた一編である。この論文の他に，E. サイードによる論考も収録されている。サイードは，「聖地」イエルサレム郊外に広がる茫漠とした「無」の風景が，この地で長く続く深刻な宗教対立の果てに生み出されたものであることを静かに語る（Said,［1994］2002）。ある特定の景観は，特定の政治過程の帰結によって生まれるわけであるが，イエルサレム郊外の「無」の風景は，その最も悲劇的な帰結の一つなのかもしれない。
8 　いかなる優れた記憶装置を用いたとしても，現実に起こった社会的な営為を丸ごとすべて保存することは不可能である。歴史家の視点から描かれた歴史しか存在しないのだ（Carr, 1961＝1962）。

第3章　地域的伝統を探る
　——年齢階梯制からみる地域問題

　「鞆港保存問題」を深く読み解くためには，どのような分析視角が有効であろうか。鞆港保存問題の背景には，この地域が長年にわたって維持してきた歴史や文化，生活習慣や社会構造などの地域的伝統が存在しており，それらを解明しなければ，なぜ埋め立て・架橋計画が地域社会にとって重大な問題なのか，十分に理解することはできない。そこで本章では鞆の浦の地域的伝統を解明するために，民俗学と社会学の研究蓄積から理論的検討を行う。

　地域的伝統を対象とするさまざまな先行研究が存在するが，本書では社会人類学・民俗学の村落構造論における年齢階梯制を分析視角として採用したい。年齢階梯制は瀬戸内海沿岸地域に存在していた社会制度であるが，これを対象とする村落構造論の知見は，鞆の浦の地域的伝統の理解にとって有益である。

1　地域的伝統へのまなざし

日本の都市社会学・地域社会学と〈伝統的なもの〉

　歴史的環境の社会学が「変化しないこと」から社会を捉えようとしたのとは対照的に，日本の都市社会学・地域社会学は，戦後の社会経済的な成長の中で，都市化によるコミュニティや地域特性において，「変化すること」「新しさ」に関心を寄せてきた。たとえば郊外住宅地の形成に伴って，旧住民と新住民の相互作用を通じて新たな「都市コミュニティ」が生まれることを構想した奥田道大の『都市コミュニティの理論』(1983)は，その古典的な作品といえるだろう。都市社会学ではその後，地域権力構造論争（Hunter, [1953] 1963＝1998；Dahl, 1961＝1988；秋元, 1971）やネットワーク分析（Fischer, 1982＝2002）などのアプローチも導入された。

地域社会学における村落構造分析の系譜では，マルクス主義理論を背景に，地域開発を進める地方自治体の構造と当該地域の社会生活について，緻密な調査データが収集された（福武編，1965；布施編，1992；似田貝・蓮見編，1993，など）。これらの一連の成果も，開発によって変容した地域コミュニティや新たな社会生活を捉えようとしたものである。都市社会学・地域社会学にとって大規模な開発による地域社会の変容は重要な研究領域であり，大きくいえば時代の変化につれてその都度新たな色彩を帯びる都市社会・地域社会の様相を描こうとしてきた。両者は「新しさ」への注目という意味で，同じ方向性にあったといえよう。

　したがって都市／地域社会学では，近代化・資本主義社会の成熟という大きな社会変動に直面したコミュニティを描くうえで，戦前あるいは近代化以前から脈々と継承されてきた〈伝統的なもの〉は，新たな社会構築のいわば阻害要因，「封建遺制」と捉えられてきたことは否定できない。〈伝統的なもの〉がどのように変容し，存続しているか，〈伝統的なもの〉が新しい社会においてどのように活かされるか，という問題関心からの考察は少なかった。「変化しないこと」に関する研究は遅れてきたといってよい。

　そのなかで，玉野和志（1987）は興味深い指摘をしている。玉野は伝統的な商業都市である松阪において，長年生業を営んできた地元商業者たちが自分たちの商店街の再開発に直面し，伝統的な商慣習に基づいて新しい事態に対処する過程を描いた。そのうえで玉野は「各地域社会が個性的に蓄えてきた伝統的な文化システムが，新しい生活スタイルを創造するうえで，いわば在庫目録としての働きをする」（玉野，1987：58）と述べる。玉野はこの知見を松阪のような伝統都市に限られるかもしれないと注釈を付しているが，そうであっても，地域社会が将来像を創造する際に歴史や伝統を参照するという知見は，〈伝統的なもの〉を「封建遺制」と見なすだけでは地域社会の変動は捉えきれないことを示唆している。

　玉野がいうように，〈伝統的なもの〉が「在庫目録としての働きをする」ならば，鞆の浦という地域社会で，その「在庫目録」に記された地域的伝統や文化とは，どのようなものだろうか。そして何がそれをストックしておく「倉庫」の役割を担っているのだろうか。

2　分析視角としての年齢階梯制社会

「年齢階梯制社会」は瀬戸内海沿岸の漁村社会の特徴とされている。これまで社会人類学・民俗学の村落構造論などを中心に伊豆諸島，西南諸島，対馬列島，近畿北陸地域，志摩地方，萩市玉江浦，愛媛県宇和地域などで調査研究がなされてきた。ここでは年齢階梯制社会の研究蓄積を繙き，鞆の浦の〈伝統的なもの〉を明らかにするための準備作業としたい。

年齢による非血縁の社会結合の原理

まず村落構造の分析概念である年齢階梯制社会を紹介しよう。年齢階梯制（age-grade system）とは，「社会成員をいくつかの年齢の階層に区分し，その上位の階層が下位の階層を指揮＝統率するという関係において社会的統合をはかる制度」（江守，1976：144）である。また年齢階梯制社会では，家格や本家・分家関係といった血縁関係よりも，青年・中年・長老などといった年齢で区分された社会集団が中心となって村落構造を形成している。つまり年齢階梯制社会では「非血縁の年齢による構造原理」（高橋，1994：22）によって社会がまとまっているのだ。

より具体的に年齢階梯制社会に特徴的な社会制度を紹介すると，地域自治の組織として，青年，中年，長老の各階梯に相当する年齢集団が地域内に存在し，また異なる姓をもつ同業者が地域ごとに集住して地域組織を形成する。そして地域社会の成員は年齢の上昇とともに，各年齢に応じた階梯組織へとそれぞれ編入され，各階梯組織において祭礼行事や地域生活の面でさまざまな社会的な役割を果たすのである。また，一定の年齢に達することが社会的な意味をもつことから，通過儀礼を伴う祭礼行事が実施され，その祭礼の実施も各階梯組織が分担して担うことになる。そして年齢を重ねた者が地域の役職を離れるための隠居制度とも関連が深い。社会人類学の高橋統一（1958）によると，こうした特徴をもつ地域社会は，瀬戸内海などの西日本の漁村に多いという。

年齢階梯制をもつ地域が漁村に多いのは，年齢階梯制が漁業の生業組織に適していたからであろう。たとえば伊豆諸島の神津島では，一定の年齢に足した男子を若衆宿の集団生活を通じて地域単位で教育することで，集団の統

率力が生まれて時に生死を左右する集団漁法の実施を可能にした（江守,1976）。トカラ列島の場合，「年齢階梯制村落構造が提供してくれる労働組織形態が，半農半漁を事とする生産構造にたいへん適合的であった」（鳥越,1982: 378）という。とくに働き盛りの青年階梯である若者組は，近世以前は戦闘要員を組織する基盤にもなり，防災・消防・自警・治安・祭礼行事・婚姻配偶者の決定，橋梁や堤防の普請などの共同労働といったように，多くの役割をもつ存在であった。そして多少の地域差はあるが青年・中年・長老の各年齢階梯に対応する社会組織が形成されていた。

社会原理の中核に年齢階梯組織をもつことで，集落は「血縁」ではなく「年齢」を社会結合の基本原理とする。もちろんさまざまな共同作業や日常生活の一部の場面などでは，年齢に応じた一定の上下関係が存在するが，同じ地位や年齢の者同士は比較的平等に扱われることや，若者頭などのリーダーや役職などの選出は，家柄ではなく能力主義によることが特徴である。さらに若い階梯は年長の階梯から道徳規範や祭礼行事，性風俗などの教育を受けることから（江守,1976; 加賀谷,2005），経験を積んだ年長者は尊ばれ，何かあれば年長者の意志に従う年長序列の意識が強い。このように年齢階梯制社会は意思決定の権力布置にも関わる一方で，同世代の者同士は比較的対等の関係となる。

宮本常一は『忘れられた日本人』の中で，対馬の村落社会の特徴として村の寄合で村の者全員が合意を得るまで長時間にわたって話し合いを続ける様子を描いた（宮本,1984）。これは漁の成否が生活や生命に直結する漁師たちが，決定に不満を抱えたまま漁に出ることを避けるためでもあり，また同じ世代として平等な扱いを受けた者同士は対等な関係で話し合うことから生じる慣習と考えられる。そして宮本は，年齢階梯制社会の多くが合議制を持ち，集落に寄合の場として辻や集会所となる講堂や庵寮が存在していることを指摘している（宮本,1984）。

年齢階梯制の地域類型論

年齢階梯制という分析視角は，社会学における村落構造論に対する批判の一つであった。にもかかわらず，社会学において年齢階梯制をもつ地域社会は十分に研究されていないという（森岡,1988）。そこでより詳しく年齢階梯制の研究と社会学との関連を述べておこう。

第3章　地域的伝統を探る

　年齢階梯制という考え方を最初に同族制に対置させたのは社会人類学の岡正雄である。岡は農村社会学における福武直の同族結合—講組結合の地域類型（福武, 1949）と法社会学における磯田進の家格型—無家格型（磯田, 1951）に対して, 同族制—年齢階梯制を主張したのだ。岡は, 近代化や都市化によって日本社会の基底にある同族結合が崩れていくとする社会学的な村落構造論の歴史観を批判し,「無」や「非」といった言葉を用いるだけで, 社会学的な村落構造論は, 西南型社会の特徴を捉えきれていないと論じた（岡, 1996）。そして血縁による本家・分家関係などの村落の構成原理に対して, 非血縁の年齢階梯を提示したのだ（高橋, 1998）。ここで重要なのは, 住民が非血縁的に秩序づけられるために「年齢」という原理が用いられたという指摘である。

　ここでは社会人類学・民俗学における年齢階梯制のすべての研究蓄積を学説史に沿って述べることはできないが, 本書で取り上げる年齢階梯制の類型を明確にするために, 地域類型論に若干触れておきたい。

　江守五夫はそれまでの研究蓄積を踏まえて独自の年齢階梯制の類型論を展開したが（江守, 1976）, さらに大林太良（1996）は江守などの論考を基にした類型論を提示している。大林による年齢階梯制の分類は,「I 東北地域」（同族組織）,「II 北陸地域」（親方子方組織）,「III 西日本沿岸地域」（年齢階梯制）,「IV 近畿地域」（宮座）,「V 伊豆諸島南部と奄美」（ルースな社会構造）の5つに類型化される。さらに大林はこの5類型をいわゆる東北日本型に対応する「I＋II」群と西南日本型に対応する「III＋IV＋V」群に大別する。そして「I＋II」群では「I 東北地域」を基本類型として「II 北陸地域」を「III 西日本沿岸地域」あるいは「IV 近畿地域」との接触ないしそれらへの移行の型と見なす。また「III＋IV＋V」群では, 年齢階梯制の「III 西日本沿岸地域」が基本類型で, 宮座型の「IV 近畿地域」は, 基本類型 III が局地的に発展したもの, そして「V 伊豆諸島南部と奄美」は基本類型 III の変種と捉えたのである（大林, 1996）。

　一方で社会人類学の高橋統一は, 越中・五箇山, 岩手・和賀, 志摩, 下灘などの調査を通じて, 年齢階梯制を2つの類型に分類している。一つは宮座など祭祀の面で長老階梯に比重がある長老階梯型で, もう一つは共同漁撈の生産労働の面で青年階梯に比重がある青年階梯型の類型である。高橋の分類は, 大林の分類でいえば, 前者が「IV 近畿地域」, 後者が「III 西日本沿岸

表3.1 村落構造論の指標による年齢階梯制

指標	具体例
(1) 生業構造	漁業・農業など共同作業を伴う生業構造における成員の関係
(2) 地縁組織	非血縁に基づく地域単位における社会結合
(3) 年齢集団	青年・中年・長老の各階梯に対応する年齢集団の存在
(4) 祭礼行事	各階梯ごとの役割分担，通過儀礼の存在
(5) 諸制度	隠居制度と公的役割の関連，宮座における年齢集団の役割
(6) 合議制	話し合いによる意思決定：講堂や庵寮，辻や集会所などの存在

地域」に対応するものと思われる。そして，前者は農村に多く，後者は漁村に多い（高橋，1998）。本書で年齢階梯制を論じる際には，大林がいう「III 西日本沿岸地域」ないし高橋による青年階梯型の類型を念頭におく。

年齢階梯制の6つの分析枠組み

以上の学説史の概要を踏まえ，本書では高橋（1994），鳥越（1982），宮本（1984）などを参考に鞆の浦の年齢階梯制の指標として，次の6点の分析枠組みを独自に設定した（表3.1）。それぞれ順を追って説明していこう。

(1) 生業構造　地域社会の主要な産業を対象におき，漁業や農業など共同作業を伴う生業を中心に検討する。村落構造分析において，生業構造は最も重要な分析枠組みの一つであるが，本書ではそれほど生業構造を重要視しない立場をとる。というのは年齢階梯制において，人々の社会結合の仕方が血縁か非血縁か，が重要であるからである。また漁村から港町へと発展して複数の生業構造が組み合わされてきた鞆の浦の地域的特性を考えると，他の分析枠組みも検討して総合的に判断する必要がある。

(2) 地縁組織　地域を構成する組織を中心に検討する。これは家柄と血縁によって上下関係を形成するのではなく，集住地区ごとに一つのまとまりとなり，その中で家同士が比較的対等に非血縁で結合しているかを確認する。

(3) 年齢集団　血縁に代わって年齢が構成原理であるかを確認する。具体的には，青年，中年，長老の各階梯に相当する年齢集団が存在するか，そして若衆（若者）宿，娘宿といった制度・慣習が存在するかを検討する。筆者の理解では，江守や高橋などの年齢階梯制研究では，この年齢集団は重要な分析枠組みとなっているように思われる。

(4) 祭礼行事　(5) 諸制度　祭礼の実施にあたって，通過儀礼の存在や実行

組織と役割分担を検討するとともに，年齢階梯制と関連が深いとされる隠居制度や宮座などの諸制度の存在も確認する。

(6) 合議制　本書において特に独自性の高い分析枠組みとして，合議制を挙げておきたい。重要事項は話し合いで決めるという合議制をもつか，そして辻・集会所の存在の有無を検討する。これは宮本（1984）から着想を得たもので，保存か開発か賛否が分かれるような地域問題の場において，地域特性を論じる際に参考になると思われる[1]。

年齢階梯制を論証する難しさと現代的意義

年齢階梯制の分析枠組みを設定するにあたって，(3) 年齢集団の存在を確認するように，実際に存在する社会制度の論証が求められる。いわゆる年長序列の社会意識は，日本社会の至る所に存在し，あらゆる日常生活レベルで観察できる。そのため，社会意識だけでは年齢階梯制の存在を判断できないと考えるからである。

換言すれば，年齢階梯制をもつ社会とは，年長序列の意識が昇華して社会の編成原理として制度化された社会ともいえる。

もちろん，近代化が進んでポスト・モダンとすらいわれる現在の日本には，村落構造分析が盛んであった1960年代の社会人類学・民俗学調査で報告されたような年齢階梯制の形態はおそらく存在しないだろう。地域の伝統的慣習を維持していたローカル・コミュニティにおいてもそれらはすでに失われ，変容している（大林，1996）。さらに，地域的な伝統文化を実体験として語ることができるインフォーマントも少なくなった。かつての厳密な意味での村落構造分析に耐えうる観察データを得ることは非常に困難であろう[2]。しかも森岡清志（1988）がいうように，年齢階梯制が社会変動の影響を受けて崩れやすい制度だとすれば，村落構造分析が盛んであった時代と同じ水準で論証するのは，なおさら難しい。

本書が対象とする鞆の浦も例外ではない。しかも，漁村から港町へと発展した鞆の浦の分析に，戦後も漁村であった村落社会を対象とする年齢階梯制を応用して厳密に論証するのは，不可能にみえる。とはいえ，江守や高橋は地域類型の分布のなかで，瀬戸内海沿岸を年齢階梯制の地域と見なしている。江の浦の漁村から近世の港町へと鞆の浦が発展したと考えるならば，漁村の社会基盤であった年齢階梯制を応用しても的外れではないと思われる。厳密

な水準に固執すれば，それに耐えうる観察データを得にくい現代の地域社会に対して村落構造の分析視角を活かせなくなり，次第に失われつつある伝統的な慣習や風習を，断片的であってもすくい取ることすらできなくなる。それでは年齢階梯制研究をはじめとする村落構造分析と接続できず，研究蓄積は過去のものとして埋もれてしまうだろう。

社会学における漁村研究の蓄積

　社会学において「漁村」を対象とした研究は，農山村に比べると必ずしも豊富とはいえない。先に挙げた森岡の事例（1988）は，伝統的な年齢階梯制の存在が知られる伊豆諸島である。この他に「漁村」の社会制度の社会学研究として，能登半島の漁村を対象とした中野卓『鰤網の村の400年』（1996）が挙げられるだろう。能登半島を典型的な年齢階梯制社会と見なす立場もあるが，中野はそれだけではなく，同族団組織や本家分家関係，擬制的親子関係なども取り上げて検討していく。年齢階梯制は崩れやすい社会制度であるという森岡の指摘を踏まえると，漁村地域ではさまざまな秩序原理が重なり合う独自の歴史的展開があったと考えるべきであろう。中野は，年齢階梯制以外の秩序原理も検討する必要性を示唆している（中野，1996）。

　また年齢階梯制社会が多いとされる瀬戸内海の離島を対象として，武田尚子が一連のモノグラフを描いている（武田，2002; 2010）。2003年の町村合併で福山市に吸収された内海町は，明治期から戦前期にかけてフィリピンのマニラに漁業移民を送出した。武田の『マニラに渡った瀬戸内漁民』（2002）は，移民送出母村の社会構造，移民送出過程，移民の実態を丹念に描いたうえで，マニラ移民の仕送りによる家の建て替え，神社の再興，井戸の設置など，村の空間変容を階層変動として読み解いた。さらに近代に入って村の中心産業である漁業の産業構造が変容し，漁民層の階層分化が進んだが，それが村内の集落ごとに異なる点に着目する。そして，内海町に液化石油ガス基地建設計画が持ち込まれると，近代が生み出した「産業の時間」と近代以前から村の生活保障体系を支えてきた「むらの時間」が紛争を引き起こしたことを明らかにしたのである（武田，2010）。

　社会学による農山漁村研究に共通するのは，近代化や都市化によって変容するコミュニティや地域特性，社会構造などの再編において，「新しさ」に関心を寄せてきたことである。本章の冒頭で，玉野の事例研究（玉野，1987）

を示したが，その後，これに応えた研究は少ない。確かに，地域社会学では伝統的祭礼行事などに地域社会の変容を見いだし，環境社会学では地域環境の伝統的利用の変化を主題化してきた（鳥越，1989）。だが，それらの議論に，地域社会が変容する以前のローカルな社会原理を解明する視点は十分に引き継がれていない。また歴史的環境保存の社会学にも，保存対象が表象する生活環境の歴史の内実をさらに深く検討する課題が残されている。このように社会学は，「伝統的なものの変容と存続」においてローカリティを十分に考察できていないのである。森岡（1988）が「社会的時間」としての年齢の社会学研究において，足がかりとして年齢階梯制をおいたように，地域問題分析において年齢階梯制を活用することに現代的意義があると思われる。

一方で，社会人類学・民俗学は「伝統的なものの変容と存続」に固執して，社会変動の影響をほとんど受けず，昔の面影を残す村落コミュニティを調査対象として，「かつての村の姿」を追い求めた。そのため，政治・経済的な社会変動の影響を大きく受けた瀬戸内海沿岸の地域社会では，社会人類学・民俗学のインテンシブな事例研究はなされず，地域的伝統の残る都市の分析は皆無であった。大胆にいえば，本書は社会人類学・民俗学の村落構造分析と社会学それぞれの「研究の不在」を埋めようとする試みでもある。

3　地域的伝統の民俗学・社会学研究——「村寄合」にみる話し合い

以下では，鞆の浦の地域的伝統，とりわけ〈政治風土〉[3]を探るための準備作業を行う。そのキーコンセプトが「村寄合」と「公共性・公共圏」である。

「話し合い」の地域的伝統

「あるく・みる・きく」を実践した民俗学の巨人・宮本常一は，対馬の集落で目にした村の話し合いの様子を次のように描いている。

　いってみると会場の中には板間に二十人ほど座っており，外の樹の下に三人五人とかたまってうずくまったまま話しあっている。雑談をしているように見えたがそうではない。事情をきいてみると，村でとりきめをおこなう場合には，みんなの納得のいくまで何日でもはなしあう。はじめは一

同があつまって区長から話をきくと，それぞれの地域組でいろいろに話しあって区長のところへその結論をもっていく。もし折り合いがつかねばまた自分のグループへもどってはなしあう。用事ある者は家へかえることもある。ただ区長・総代はきき役・まとめ役としてそこにいなければならない。とにかくこうして二日も協議がつづけられている。この人たちにとっては夜もなく昼もない。ゆうべも暁方近くまではなしあっていたそうであるが，眠たくなり，いうことがなくなればかえってもいいのである。（宮本，1984: 13-14）

これは宮本が対馬の集落に関する郷土資料を貸して欲しいと集落の有力者に頼んだところ，大事な郷土資料を宮本に貸与するかどうかを村寄合で決めることになり，そこで行われた話し合いの様子である。対馬の集落では大事な問題ほど，こうした「村寄合」の話し合いによって決めており，この地域と同じように日本の伝統的な村落社会の多くが村寄合の慣習をもっていた。この有名な記述は1950年代のことであったが，その後しばらくこのような寄合の習慣が続いていたことは間違いないだろう。まぎれもなく「戦後」のモノグラフであり，日本社会に話し合いの伝統が残っていたと，ひとまずは理解しよう。

村寄合の民俗学的研究と地域的伝統の社会学

民俗学の関心は地域社会構造にあるために，村寄合が実施される形式やしくみに研究が集中してきた（和歌森，1981）。たとえば家柄の順番と座席の位置，村内の社会的地位と司会者の関係などである。そのため，実際に村寄合における意思決定過程や議決方法に着目した研究は意外なほど少ない。平山和彦は，「村寄合での議決方法に言及した論文は僅少だが，村寄合そのものに関する資料報告も研究論文も多いとはいえない」（平山，1992: 173）と述べる。そのため平山は，先の宮本常一のモノグラフを村寄合の意思決定過程を描いた貴重なモノグラフとして位置づけているほどである。

民俗学は地域社会の〈伝統的なもの〉がどのように変容あるいは存続してきたのかに着目し，生活習慣や社会制度の観察データ収集や，消えゆくものの記録に注力してきたように思われる。そのため，現代社会において〈伝統的なもの〉が制度として失われた後，姿かたちを変えて規範意識や秩序観念

として，どのように現在に影響を与えているかという関心はないのである。

　もっとも，これは民俗学というより，社会学の課題であるだろう。もともと社会学は，有賀喜左衛門をはじめ，農村社会学のイエ・ムラ論，家族社会学のイエ研究など，民俗学と深く関わっていた。むしろ両者は同じように村落構造の研究に取り組んでいた。しかし日本の戦後民主化のなかで，社会学はムラ社会を「封建遺制」と批判的に捉え，西欧近代の社会制度の導入に積極的であった。そのためか戦後の社会学では，村寄合などの伝統的な慣習の研究はほとんど残されていない。

　近年の地域社会学では，伝統的祭礼行事を対象として地域社会の変容が検討されている。そこでは，現在まで維持されたり，復活したり，ときには「創造」された伝統的な祭礼行事が取り上げられている。祭礼行事が地域社会成員の社会的連帯を維持，再編成，あるいは新たに構築する可能性をもつ社会的装置として描かれているのだ（玉野，1990；金子，1996；岡・初沢，2001；竹元，2008）。

　さらに鳥越皓之（2001）は，1990年代後半より地域行政への市民参画の手法として登場した「ワークショップ」を取り上げ，市民同士および市民と行政との間で行われる，話し合いによる計画策定の可能性と課題を論じている。そこで注目したいのは，鳥越が話し合いの場の背後に，ムラの寄合の風習を見ていることである。民俗学的な調査研究を重ねてきた鳥越には，ワークショップという形式が市民社会論的な発想による市民参画の手法ではなく，「日本の庶民の社会に伝統的に見られたもの」であり，「現代の寄り合い」（鳥越，2001：61）と映ったのである。さらに，寄合が「庶民社会に伝統的にあったから最近のワークショップという作業が抵抗なく受け入れられたといえるかもしれない」（鳥越，2001：61）と述べていることは，地域的伝統を探る本書の方法が有効性をもちうることを示唆している。

4　市民的公共圏論——日本社会の自生的な討論空間との接点

平等な市民による討論空間

　1990年代以降，H. アレントやJ. ハーバマスを契機に，公共性・公共圏論は，政治学，倫理・哲学，社会学など多様な学問分野から議論がなされてきた（Arendt, 1958＝1973；Habermas, [1962] 1990＝[1973] 1994）。公共圏論

はいまや一定の研究領域となっている（齋藤，2000）。

そこで民主主義の原点とされる古代ギリシャのポリスと，年齢階梯制社会であった日本の漁村の社会経済的な背景を比較検討し，市民的公共圏と村寄合の接点を探ってみたい。

ポリス（都市国家）において，市民共同体の担い手はとりもなおさず重装歩兵団の兵士であった。そして重装歩兵団はファランクスと呼ばれる密集陣形を戦術にもつ集団戦法が主流であるが，その命運は一糸乱れぬ集団行動に懸かっていた。というのも，一人でも集団行動から外れると，そこから陣形にほころびが生じて，隊列を乱した兵だけではなく隊列全体が危機に陥る可能性があるからである。そのためアテネやスパルタなどでは，一定の年齢に達したすべての男子は兵舎で共同生活を送り，兵士としての鍛練を積む。それによって，集団としての規律訓練を徹底的に叩き込まれるのだ。

こうして重装歩兵団の兵士として，自国の防衛と勢力拡大のために，他のポリスとの戦闘に参加する義務を負う男子のみが，「市民」としてパブリックな領域の担い手となり，政治的討議に参加することが許された。当然，その政治的討議の議題には，他のポリスとの外交と軍事が含まれる（大牟田，1962）。奴隷の結婚を認めなかった古代ギリシャのポリスでは，奴隷の人数が足りなくなると，スパルタのように他のポリスを攻め落として被征服民を奴隷として獲得した。このため市民の外交と軍事の責務は非常に重く，戦闘で命を落とすリスクを背負い，個々の戦意が集団戦法の成否に影響を与えかねないからこそ，意思決定の場はお互いに平等な市民による討論空間となりえた。

年齢階梯制社会の合議制との相違点──〈正当性〉と〈正統性〉の位相

古代ギリシャの市民共同体を起源とする市民的公共圏と年齢階梯制社会で維持されていた合議制の違いを検討するにあたって，両者を同程度の抽象度の水準で描き直す必要がある。そこで〈正当性〉と〈正統性〉の概念を用いて両者を比較してみよう。ここでいう〈正当性〉と〈正統性〉とは，どちらも考え方や言説，意思決定，ある物事が「筋が通っている」ということが社会的に認知または承認されている状態をさすが，それぞれ根拠が異なる。そこで本書では，〈正当性〉は"justice"にあたる概念で，内容的な適切さや正しさで判断されるもの，一方の〈正統性〉は，"legitimacy"にあたる概念で，

第3章 地域的伝統を探る

法的手続きや当事者性などを考慮する社会的な制度・手続きで判断されるものと考えておこう[4]。

まず現代の市民的公共圏論では，自由な立場からなされた発言内容そのものの〈正当性〉を競うような討論空間を構成し，討議のプロセスを経て生まれた結論に〈正統性〉を付与することを志向する。一方，年齢階梯制の合議制がどのような意思決定過程を持ち，何を力の源泉と見なしてきたのかについては，民俗学でもほとんど明らかにされていない。しかしながら一般論として，日本の村落社会の村寄合は，市民的公共圏と同様に，話し合いのプロセスを経て生まれた結論に〈正統性〉があると見なす点で共通している。ただし，発言者の属性や社会的地位から発言に〈正当性〉を与える側面が強いといわれ，そのため村寄合のような伝統的な意思決定では「権力者や実力者による一方的な裁断でことが処理される場合が多く，真の意味の全会一致制や多数決制がとられることはあまりなかったのではあるまいか」（平山，1992：171）という。

古代ギリシャの都市国家＝市民共同体が発言内容そのものの〈正当性〉を競うような討論空間であったのか，それが市民的公共圏にどのように接続しているのかは，アレントによる哲学的な考察だけでなく，歴史（社会）学的な検討を重ねる必要があるだろう。また，年齢階梯制社会の合議制も，それがどのような討論空間であったのか，歴史学・民俗学の研究が求められる。少なくとも，古代ギリシャの市民共同体と日本の年齢階梯制社会の合議制とは，質的に異なる討論空間と見なすことは的外れではないと思われる。

現代の市民的公共圏論においては，発言内容の〈正当性〉を争うプロセスを経ることで決定事項の〈正統性〉が付与されることに加えて，いくつかの社会機能も期待されている。たとえば，古代ギリシャの市民共同体では討論の場に参加できるのは，戦闘能力があり，兵役などの義務を果たした成人男性の市民に限られていたが，市民的公共圏論の理念では，すべての市民に討議の場が公開される開放性が求められる。また，市民的公共圏は価値観や利害関係の対立する主体の間で議論を重ねることで，双方の相互理解がより深い地点に到達することをめざす。さらに個別の政策や社会問題にあたっては，より適切かつ本質的な見識に基づいて少しでも有効性の高い優れた解決策を発見するといった機能が求められる。しかし，こうした社会機能を年齢階梯制社会の合議制の〈政治風土〉——それは古代ギリシャの市民共同体でも同

じであるが——が果たしうるのかは，慎重に論じるべきであろう。

　本書では，これ以上この論点に踏み込むことは難しいが，年齢階梯制がみられない地域の村寄合において，極端な場合には，発言者の地位や属性によって発言内容に〈正当性〉だけではなく〈正統性〉も認めるような歴史・民俗事例もあることを考慮すれば，年齢階梯制社会の合議制が市民的公共圏の理念と同じような社会機能を果たす可能性は低いと思われる。

環境社会学における市民的公共圏の実証研究

　環境社会学は，実証研究として市民的公共圏論に貢献してきたといってよい。その背景には，環境問題の深刻化があり，その解決の必要性が高まってきたことが挙げられよう。

　1970年代の欧米先進諸国を中心に，大量生産・大量消費ではなく，持続可能でエコロジカルな生活スタイルを選択する人々によって「新しい社会運動」が台頭してきた。「新しい社会運動」は，「より善き生」を希求する市民たちが市民社会の実現をめざした運動であった（Touraine, 1980＝1982）。「新しい社会運動」が具体的な政策的争点としたのが，自然保護や反原子力など，まさに環境問題であった。つまり環境問題に取り組む「新しい社会運動」が，市民社会論や市民的公共圏論の理論的探究を要請したといえよう。そのために公害研究を祖とし，問題解決を志向する環境社会学において，市民的公共圏論への接続が強く意識された。長谷川公一『環境運動と新しい公共圏』（2003）が社会運動論をベースに，環境運動や環境NPOの活動を「新しい社会運動」として着目し，反原発運動などの事例分析を通じて，「新しい公共圏」を提起したのはこうした背景があった。経済開発を推し進める国家の政治経済権力に対抗して，市民が政策決定・意思決定を行う市民的公共圏の形成を構想したのである。

　公共圏論に先行して，1960年代以降の住民運動研究を主導した松原・似田貝編『住民運動の論理』（1976）では，公共事業が引き起こした公害問題や環境問題を事例に取り上げ，公共事業における「公共性」を問い直してきた。そして，1990年代に展開された公共圏論において，環境社会学はその一翼を担い多くの研究を蓄積してきた。ここでは，その主要なものを紹介したい。

　舩橋晴俊は『新幹線公害』（舩橋ほか, 1985）の社会学的実証研究において，「受苦圏／受益圏」の概念を用い，新幹線の運行に伴って発生する受苦

第3章 地域的伝統を探る

と受益がどのように分配されるべきかを論じた。そして一部の主体に受苦を押しつける新幹線の「公共性」を問い直した。そして新幹線の社会問題研究は、旧国鉄の債務処理や整備新幹線の運行方針の問題解明へ発展し、理論研究ではアリーナ論およびハーバマスの公共圏論と接続しながら、適切な問題処理を実現する意思決定過程の理論化として、公共圏論を展開した（舩橋ほか，2001）。

さらに舩橋と重なる議論を展開したのが、湯浅陽一（2005）である。湯浅は旧国鉄債務処理、ゴミ処分場建設、整備新幹線を事例に取り上げた。アリーナ論だけではなくJ.ロールズの『正義論』（Rawls,［1971］1999＝2010）に示唆を得て社会的公正としての正義に基づき、新たな規範命題を創造する個人・組織などの関係主体の資質として、「道理性」という概念を独自に提示した。そして行政権力と対置される市民的公共圏との接続を意識して、政府と市民社会が交差する空間に政策公共圏を打ち出している。そこには、ロールズを初めとする分配型正義論や市民的公共圏論は、'the goods'（善ないし財）に適合的だが、財政赤字や廃棄物などの'the bads'（負の財）の「負担」の分配問題には適切な問題解決策を出せないという批判的含意が込められている。

負の財の分配と合意形成の可能性は、土屋雄一郎（2008）が考察を深めた。土屋は産廃処分場などのいわゆる迷惑施設のNIMBY問題を取り上げ、迷惑施設の立地をめぐる紛争から、意思決定過程で生じる困難を明らかにした。そして既存の政策における合法的な合意形成に対し、生活世界に根ざした合意（「透明であたたかな合意」）をオルタナティブとして提示した。

環境社会学と人類学・民俗学（宮内編，2006）、そして環境倫理学（福永，2010）との隣接領域においても、「正統性」を切り口に議論が展開された。環境問題の現場で、問題解決の担い手としてどのような主体に「正統性」が認められるのか、誰がこの問題の当事者として意見表明をし、問題に関与する「正統性」があるのか、といった点が論じられている。

公共圏論は、開放性、参加者の平等な発言権、など手続きを整備した話し合いを経由する意思決定過程に正当性ないし正統性（両者の違いは注4参照）が付与されると見なす。「正統性」をめぐるこれらの論考は、環境社会学における公共圏論に議論を投げかける一つの潮流といえよう。

61

地域的伝統と環境社会学

　地域社会学と交差する研究領域である環境社会学においても，地域的伝統に関わる研究が行われてきた。まず生活環境主義に触れておきたい。

　琵琶湖の水質悪化に注目が集まった1980年代，鳥越皓之・嘉田由紀子を中心とした研究グループは，既存の環境政策論へのオルタナティブをめざすなかで，地域環境の伝統的利用の変化を主題化した（鳥越編，1989）。琵琶湖周辺の村落社会のフィールドワークから，伝統的な水利用形態が失われていったことが地域の水質環境の悪化に結びついていることを明らかにした。安全できれいな水を供給し，排水を浄化するための近代的な上下水道の設備が整備されることによって，地域を流れる川の水を汚さずに利用する伝統的な規範に基づく生活体系が失われ，かえって川と琵琶湖の水質を悪化させる結果につながったのである（鳥越・嘉田編，1984）。そして技術開発による解決をめざす近代技術主義や人間の手による介入を拒否する自然環境主義とは異なり，規範化された地域住民の知恵と工夫といった「生活知」を環境政策に組み入れる「生活環境主義」を提示したのである。

　この議論の前提には，生活環境主義は地域社会の変容以前に機能していたローカルな社会原理の可能性に目を向けていたことがあるだろう。その意味で，先に述べたように，鳥越（2001）が現代の市民参画ワークショップの手法の背後に村寄合の話し合いの慣習を重ね合わせたのは，その延長線上にあると思われる。

　また地域的伝統と地域に残る物的環境の関係には，歴史的環境保存の社会学も関わりをもつ。環境社会学を中心に多くの歴史的環境保存の研究がなされており，それぞれの主題には細かなヴァリエーションがある。それらの共通する方向性は，物的環境を保存することで，それらが表象し保持してきた「社会的なもの」が維持されることへの関心だろう。たとえば小樽運河保存運動は，小樽の歴史文化や生活環境が積み重なった小樽運河の「場所性」を守る運動として理解される（堀川，1994；1998）。

5　地域問題における〈政治風土〉

　本章では，鞆の浦の地域社会に根ざした政治文化＝〈政治風土〉と地域的伝統を探る準備作業として，年齢階梯制を分析視角に取り入れ，民俗学と環

第3章　地域的伝統を探る

境社会学の研究蓄積から，地域的伝統を検討してきたが，本書との関係では，鳥越（2001）によるワークショップの論考に共通する問題関心を読み取っていただけることと思う。

　宮本常一が村寄合のモノグラフを描いてから数十年経ち，1990年代後半から2000年代にかけて，いわゆる「公共圏」に関する議論が最盛期を迎えた。しかし，これまで議論されてきたなかで，古代ギリシャの民主主義・市民社会を祖とする「市民的公共圏」だけが目立つように思える。

　たしかに環境問題をはじめとするさまざまな地域問題の解決・政策提言にあたって，公的な問題に関心を持つ市民が主体的に互いに意見を述べ合い，より充実した問題解決の道を探るための討議空間はきわめて重要な役割をもつ。その意味で，「公共圏」が現代社会にとって必要不可欠であることは間違いない。しかし，こうした議論がアカデミズムを超えて一般社会のいわゆる政治談義のレベルになると，「日本社会には市民的公共圏が根づいていない」として公共圏を支える人々＝「市民」の台頭を待望したり，なかには「日本社会はいまだ未成熟である」と嘆き，社会の成熟を説く論調も少なくない。筆者が違和感を覚えるのはその点である。

　日本の民俗社会は近代以前から，物事を進めたり意見の相違が生じたときに「話し合い」によって解決する慣習を備えており，権力者による一方的な決定もあったにせよ，人々がただ従うだけではなかった。対馬の集落のように，話し合いで物事を決める伝統的な〈政治風土〉をもつ地域社会が存在していたのだ。にもかかわらず管見では，これまでの公共圏論で日本社会において自生的に形成された討論空間として，村寄合を取り上げた議論はほとんどない。村寄合などの伝統的な議決制度・合議制と市民的公共圏論の接続を試みた研究はほとんど皆無といってよいだろう。玉野による「在庫目録としての伝統的な文化システム」（玉野，1987: 58）という問題提起は，日本の戦後民主化論と並走してきた社会学がいまだ十分に応えていない，きわめて重要な問いでもある。

　かつて町並み保存運動が勃興した1960年代後半は，古いものを壊して新しく刷新するのが進歩であり，発展であると当たり前に考えられてきた時代であった。時代に抗いながら町並み保存を進めてきた運動に早くから注目し，〈保存すること〉の社会的意味を明らかにしてきたのが，歴史的環境保存の社会学であった。しかしそこでも，保存の対象となった歴史文化や固有の生

活環境・政治風土などの地域的伝統の解明は，いまだ不十分といわざるをえない。

年齢階梯制が鞆の浦の〈政治風土〉に色濃く残されているのであれば，その地域的伝統を念頭におきながら鞆港保存問題の経緯を検討することで，保存運動が守ろうとしている環境（空間）・記憶・保存をめぐるローカル・ポリティクスへ議論を展開させることができるだろう。本書は，鞆の浦の歴史文化や地域特性の内実から鞆港保存問題における［why］に答えるだけでなく，より一般化，普遍化した「保存すること」の［why］に答えようとするものである。次章では，いよいよ鞆の浦の歴史文化と鞆港保存問題の経緯に分け入っていく。

注
1　ただし，村寄合における多数決や全会一致などの議決法については平山和彦（1992）の論考が代表的であるが，管見の限り合議制と村落構造の関連は宮本（1984）で触れられている程度で民俗学でも十分に検討されていない。そのため，この視角を採用すること自体は意見の分かれるところであるが，年齢階梯制社会の多くが合議制をもつという宮本常一の説に依拠して，年齢階梯制を分析視角の一つとする。本書では，「地域住民はなぜ話し合いにこだわるのか」という問題関心をもつため，この視角は鞆港保存問題の解明に有益である。
2　村落構造分析が下火になったのは，社会変動によって村落構造の指標となる確かな観察データが入手しにくくなったことが背景にあると思われる。
3　地域社会を取り巻く気候や地形，生物資源などといった自然条件としての「風土」は，その地域で営まれる生業構造を規定することで，その生業に基づく地域固有の歴史文化にさまざまな影響を及ぼしている。その一つとして，政治に対する考え方や価値観といった政治文化が挙げられよう。本書は，そうした地域の〈風土〉に根ざした政治文化を〈政治風土〉と呼ぶことにする。
4　この両者を明確に区別しない場合も多い（宮内編，2006）。だが，「〈正当性〉はあるが〈正統性〉がない」あるいはその逆も存在するため，両者は区別すべきだろう。たとえば，ある環境保護に取り組んでいたNPOや地域コミュニティが，制度上政策形成過程への参加が認められない場合，NPOや地域コミュニティの意見は「〈正当性〉はあっても〈正統性〉が認められていない」ことになる。また，定められた手続きを踏んで制定された法であっても，その内容が不公正あるいは道徳的に適切ではないと批判される場合，その法制度は

第3章　地域的伝統を探る

「〈正統性〉はあるが〈正当性〉がない」ことになるだろう。私たちは日常的に「正論であっても筋は通さなければならない」というように，両者の意味を使い分けている。

第二部　鞆港保存問題に揺れるローカル・コミュニティ

第4章　栄枯盛衰の物語を持つ港町〈鞆の浦〉
　　　——歴史文化的コンテクスト

1　〈鞆の浦〉の現在

風光明媚な港町

　瀬戸内海は，沿岸や島々に多くの漁村や港町が点在し，古くから漁業や海上貿易で栄えた海域であった。本書で紹介する鞆の浦も，そうした海洋文化を持つ古き港町の一つである。

　一般的に「鞆の浦」といえば，広島県福山市の南西部に位置し，福山市の中心部であるJR福山駅から14kmほど南下した瀬戸内海に面する鞆港周辺の地域一帯を指す。そしてこの地域は，海に向かって急斜面と背後に山間部を背負っており，狭い平地が住民の居住地となっている。広さは約2平方kmほどで，徒歩なら20〜30分で端まで移動できる。本書で対象とする〈鞆の浦〉とは，1956（昭和31）年に福山市に編入された「鞆町」の範囲を指し，現在の住所表記では「鞆町鞆」と「鞆町後地」となっている地域社会（local community）を意味する（図4.1）。

　鞆の浦には，JR福山駅のバスターミナルから「鞆港」行きの鞆鉄バスに乗って向かう。市立図書館などが立地する市の中心部を抜け，芦田川に架かる片側一車線の狭くて古めかしいコンクリート製の橋を渡ると，バスは芦田川の堤防の上をゴトゴトと進んでいく。堤防を降りた後は，水呑や田尻などの集落を縦断する旧街道を通過する。そして，かつて鞆町と福山市街地を結んだ鞆軽便鉄道の線路跡地を利用した県道を通って，少しくすんだ鼠色の壁が並ぶ鞆鉄鋼団地を左手に眺めながら瀬戸内海へと向かって南下していく。こうしてバスは20分ほどかけて鞆の浦へと近づいてゆくのである。終点の「鞆港」か，その一つ手前のバス停「鞆の浦」で降車すると，港町特有の強

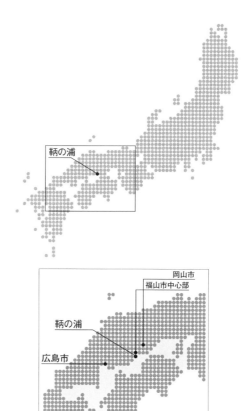

図4.1 広島県福山市〈鞆の浦〉の位置

い磯の香りが鼻をつく。「鞆港」のバス停のすぐ目の前には，漁船や小さなプレジャーボートが係留され，立派な商家や土蔵の町並みに囲まれ，階段状の護岸（雁木），そして大きな石造りの灯籠（常夜燈）を望む。ただ静かにたたずむこの港こそ，鞆港である（写真4.1）。

　江戸時代に建てられ，今も残るそうした古い木造建築は，現代の感覚では意外なほどこぢんまりと感じる。また町中を通る道幅は狭く，クランクや緩やかなカーブを描く道も多いため，方向感覚を失ったり，道を間違えるなど，不慣れな訪問者は思い通りに目的地にたどり着くことができない。これは鞆の浦が城下町であったために，容易に城に近づけないような巧妙な都市構造

第4章　栄枯盛衰の物語を持つ港町〈鞆の浦〉

写真4.1　鞆の浦の中心に位置する鞆港（2008年10月撮影）

を残しているからである。そして鞆港の周辺では，江戸時代に建造された「大波止」，当時の港湾管理施設であった「船番所」，そして船舶を修理するドックである「焚場」などの港湾遺産群を中心に，商家，酒蔵，神社仏閣が創り出す江戸時代の港町の町並みを実体験することができるのである（写真4.2）。

　鞆の浦には鞆港のほかに原港，平港の合計3つの港があり，中世まで同じ集落と見なされていたが，近世に入ると原村，平村，鞆町の3つの集落に分離して統治された。そして明治期に町村制が施行されると，3つの集落を合わせて鞆町となった。こうした経緯から鞆の浦では，鞆港は貿易港，原港と平港は漁港として，港を中心に各集落がそれぞれの生活圏を形成していた（広島県沼隈郡役所，［1923］1972）。現在の町内会では，原村は原町と御幸町，平村は平町，鞆町はそれ以外の町が相当し，港はそれぞれの集落の空間の中心を占めている。また平町出身の歴史学者である沖浦和光によると，現在でも言葉遣いや習慣・祭礼行事などの文化面で地域間に差異が残っているという（沖浦，1998；沖浦・谷川，2000）。

人口・生業

　ここで現在の鞆の浦の地理的特徴を確認しよう。2015年7月末現在，鞆の浦の世帯数は2,072世帯，人口4,275人のうち65歳以上が約45％を占める高齢社会である。日本全体の高齢化率（65歳以上人口の割合）は26.0％（2014年時点）であることを考えると，高齢者が非常に多い地域であることが理解できるであろう。さらに世代別でも75歳以上人口が最も多いことが統計資料からわかる（1,100人，福山市，2015）。

　伝統的な地場産業としては，漁業，鉄鋼加工業，保命酒の製造販売，そして観光関連業が挙げられる。漁業，鉄鋼業，保命酒は後述することとして，ここでは観光業に触れておこう。万葉の時代より，京と九州の間の旅の途中で多くの人々が鞆の浦に逗留してきた。太宰府から京都に戻る際に立ち寄って和歌を残した大伴旅人はその一人である。それ以後も，鞆の浦に立ち寄った朝鮮通信使が瀬戸内海の風景を「日東第一形勝」と褒め称え，あるいは作曲家の宮城道雄が，父親の故郷であり自らも育った鞆の浦をイメージして「春の海」を作曲したように，その自然景観に対する評価は高かった。

　1934（昭和9）年には日本最初の国立公園として「瀬戸内海国立公園」に指定された。戦前より，平地区の伝統的な漁法である「鯛網漁」（4節）が観光イベントとして多くの観光客を引きつけ，瀬戸内海の名勝を抱えた観光地・旅行地として宣伝されてきた（濱本，1916）。

　現在でも，鞆港に近い地区を中心に，特産品である保命酒を含む土産物店が点在している。近世に栄えた旅館の多くは廃業したが，今も旅館やホテルが数軒ほど営業している。また鞆港の東側の仙酔島には国民宿舎と海水浴場があり，夏の花火大会は多くの観光客でにぎわう。しかし，観光地としての鞆の浦は全国的に知られるほど成長することはなく，観光業は地場産業の中心的存在にはならなかった。鞆の浦は福山市周辺でひそかに知られる隠れた名所であった。

　しかしながら現在の鞆の浦において，観光業は成長を期待できる数少ない産業の一つといってもよいだろう。近年のマスツーリズムから個人旅行への観光の変化につれて「過度に観光地化されていない穴場」として鞆の浦への関心が高まり，観光客が増えているのである。そして鞆港保存の運動団体である「鞆まちづくり工房」が「空き家バンク」を始めると，鞆の浦の町中に古民家を改装した飲食店や土産物店が開業し始めた（第7章）。さらにアニ

第４章　栄枯盛衰の物語を持つ港町〈鞆の浦〉

①常夜燈と民家　②江戸時代の商家の町家格子
③商家や土蔵の町並み　④医王寺から鞆港を望む
⑤重要文化財の太田家住宅　⑥保命酒の酒蔵の土壁
⑦夕暮れの常夜燈

写真4.2　鞆の浦中心部の町並み景観（2007〜09年撮影）

メ映画の制作会社スタジオ・ジブリが社員旅行で鞆の浦を訪問したのをきっかけに，監督の宮崎駿氏は鞆の浦に家を借りて数ヵ月間滞在し，次作の構想を練った。こうして鞆の浦を舞台にしたアニメ映画『崖の上のポニョ』（2008年）が制作され，物語の現地を見ようと多くの宮崎アニメファンが鞆の浦を訪れるようになった。

鞆の浦にはいくつかの伝統的な地場産業が残っているが，それらの中で1960年代以後に中心的存在であった鉄鋼業は，1980年代から衰退傾向にある。また観光業も，多くの雇用を生むほど大きく成長しているわけではない。そのため，就学や就労を機に，若い世代が流出する傾向は現在も続いている。平地は少なくそのほとんどが密集した木造住宅地であるため，新たな開発の余地はなく，道路の幅員も狭く大規模な集合住宅の建設も難しい。鞆の浦の人口はほとんど増えず，今後ますます年金生活者が住民の多くを占めていくだろう。

鞆港と町並み

現在の鞆港に目を向けると，貿易港として利用されている気配はない。雁木の側に，荷揚場のために駐車を禁止する旨の看板が立てられているが，実際に物品の積み下ろしを見かけることはほとんどない。鞆港に係留された船の多くは，漁船やプレジャーボートである。鞆港が利用されるのは，大波止の根元部分にある小さな魚揚場で，深夜から早朝にかけて魚を揚げている漁船を見ることができる。だがそれ以外は3～11月の週末に小型の観光フェリーが一日数回出入りする程度で，ふだんの日中の鞆港はじつに静かである。

こうしてみると，鞆港は現在，近世に栄えたような「貿易港」としてほとんど活用されていないといってよいだろう。その一方で「常夜燈」「焚場」「船番所」「雁木」「波止」などの近世の港湾施設群や町並み景観は当時のまま残され，道路や地割りといった都市構造も近世と同じ状態を保っている（谷沢，1991）。鞆の浦は，近世に栄華を誇った往時の面影を今に伝える。その昔，多くの北前船が港に舫い，町家では鞆商人が忙しく立ち働く様が髣髴されるような，風情ある港町が残されているのである。

このように港湾施設群，都市構造，そして町並みが丸ごと残った港町は他に存在せず，「港湾遺産」としての学術的価値や希少性は非常に高いという（伊東，2000b）。そして鞆の浦に近世の町家が残ったのは，後述するように

第4章　栄枯盛衰の物語を持つ港町〈鞆の浦〉

鞆商人が大土地所有を進めたことに由来する（次節）。明治以後，没落した鞆商人の末裔は所有する土地・建物を貸し出して不在地主化したが，借り手を慎重に選び，ゲートキーパーの役割を果たした。そのために鞆の浦の地域社会は長年営まれてきた慣習や習慣を守り，ローカルな伝統，気質，〈政治風土〉などの地域特性（locality）を色濃く残すことができたのであろう。

鞆の浦のような地域社会に伝統的な都市構造が残ったのは，その地域が明治維新以後の大きな変化の波を自力で乗り切ってきた表れである（宮本・安渓, 2008）。その力を持つほど，鞆の浦は近世において栄えていた。次節では，このような発展に至った美しくも古き港町の歴史を振り返っていこう。

2　潮待ちの港町・鞆の繁栄——中世から近世まで

中世まで——漁村から港町の成立

　我妹子が　見し鞆の浦の　むろの木は　常世にあれど　見し人ぞなき
　鞆の浦の　磯のむろの木　見むごとに　相見し妹は　忘らえめやも
　磯の上に　根延ふむろの木　見し人を　いづらと問はば　語り告げむか
　　大伴旅人『万葉集』

大伴旅人は亡き妻を想い，このように歌った。古地図には「鞆の浦」や「鞆津」と記され，地元の人々からは単に「鞆」と称されることもある。「鞆の浦」という地域は，中世より歴史史料にその名が記されてきた。

古代から中世に至るまでの鞆の浦は，瀬戸内海漁業の中心地であった。現在の鞆町南部にある江の浦は，古代から漁民が定住していたといわれ，鞆の浦で最も古い住民層である。彼らが開発した漁法や漁撈形態は，鞆の浦から周辺漁村に伝播していった（宮本, [1965] 2001）。鞆の漁師たちは瀬戸内海漁業を牽引した中心的存在であった。

中世から近世にかけて，鞆港は瀬戸内海の航行の際に必ず通過しなければならない海上交通の要所として，大きく繁栄した。鞆は瀬戸内海の潮の流れが切り替わる境目に位置する。船は満ち潮に乗って大阪あるいは広島方面からそれぞれ鞆港に入港し，引き潮とともに出港していく。風と潮流，そして人力に頼る当時の船にとって，鞆の浦は潮の流れが切り替わるのを待つ，最

75

適な「潮待ち」の港町だったのである。さらに周辺に点在する小島に囲まれ，それによって湾内の波が穏やかなうえ，背後の山間部から海へ続く急斜面の地形のために，喫水の深い大型船も入港できる天然の良港であった。中世の鞆の浦は，漁村から軍事的要衝の港町へ発展していく。鞆の浦を支配下におくことは，戦乱の時代において重要な経済的，軍事的拠点を手に入れることになるからである。たとえば足利義昭が，京都から追放され室町幕府が倒れるまでの間，鞆の浦に「鞆幕府」をおいたと伝えられる（川西，1983）。鞆の浦は，さまざまな歴史の舞台になってきたのである（中山，1989）。

近世――港湾施設群と町並み景観　軍港から商都へ

戦乱の時代が去って近世に入り，社会秩序が安定して経済活動が活発になると，北前船による海上貿易が繁栄する。

1600年代初めに福山藩の領主であった福島正則が，現在の鞆の浦の内陸部の中央にある小山に鞆城を築いた。その際に生じた大量の土砂を利用して，鞆港の東側にあった大可島との間を埋め立てて陸続きにする土木事業が実施された。そして，この土地の町立てが行われ，有磯町（現在の「道越町」）を形成し，江の浦町にあった遊郭が移されて明治期までおかれた。この後すぐに「軍事的要衝としてのまちの性格が次第に薄れていく」（谷沢，1991：271）ことから，鞆城の築城は軍事目的よりも商業都市としての統治目的であったと解釈できる。ここに，軍港から商業港への変容をみることができるだろう。近世の鞆港は，瀬戸内海貿易の要衝となった。

鞆港が貿易港として発展すると，常夜燈，雁木，船番所，波止，焚場などの港湾施設が建設され，経済活動の大きさに見合う港湾に整備されていった（写真4.3）。

❶常夜燈　常夜燈と呼ばれる石灯籠である。小さい灯籠は町中の各所に設置され，夜間照明として利用された。これによって夜間に町中を歩くことができるだけでなく，潮流に合わせて昼夜を問わず多くの船が港に出入りできるようになった。なかでも，港の先端部に置かれたひときわ大きい常夜燈は，地域住民から「とうろどう（燈籠塔）」とも呼ばれ，灯台の役割を果たしただけではなく，現在でも鞆の浦のシンボルとなっている。

❷雁木　階段状に形成された護岸である。これは潮の干満の差が激しい瀬戸内海で工夫された護岸施設である。鞆の浦では干潮時と満潮時で最大で4

第4章　栄枯盛衰の物語を持つ港町〈鞆の浦〉

写真4.3　鞆の浦の港湾遺産群（2011年3月撮影）

mの差が生じる。そのため垂直に護岸を形成すると，もっとも潮が引いた時，陸は海面から4mも上方となり，重い船荷を持ち上げるのは非常に骨が折れる。そこで，階段状に護岸を設置することで，どのような水位でも少ない労力で船荷の積み下ろしができるのである。

❸**大波止**　いわゆる防波堤である。大波止の建造によって，それまで自然条件によって緩やかであった湾内の波をより確実に抑えられるようになった。その代わり，湾内の海底に砂が溜まり，海底が浅くなると喫水の深い船が入港できなくなる。そこで鞆の町民一人につき一文ずつ集める「一文講」を開始し，港内の「掘り浚え」を実施した。しかし大波止の傷みが進み，町民だけでは改修資金を捻出できなくなったため，有力な鞆商人たちから資金を借り入れて，1811（文化8）年，工楽松右衛門の手によって大波止の改修がなされたのである。

❹**船番所**　幕府が港に出入りする船や荷物を監視し，税を徴収する役所である。この船番所の裏手（東側）の岸壁に船を隠しておき，無断で港に出入りする怪しい船があれば，追いかけて取り調べることになっていた。

❺**焚場**　一見すると砂浜のようであるが，焚場（たでば）と呼ばれる，船の修理や手入れのための港湾施設である。満潮時に石組みの側に船を着けておくと，干潮時に船底が露出する。その間に船底に付着したフジツボを取り除いたり，傷んだ部分の修理を行うのである。

こうした港湾施設は，瀬戸内海に点在する多くの港町でも同様に建造されていたといわれる。だが，伊東（2000b）によると，現在多くの瀬戸内海の港町では，常夜燈のみ，雁木のみ，あるいは船番所を除く他の施設のみなど，部分的に残されたものがほとんどである。そしてこれら5つすべての港湾施設が現在まで残されているのは，鞆の浦だけであるという。

江戸期——貿易港の繁栄

江戸時代は鞆港が貿易港として最も繁栄した時期であった。藩政下で町方（町人の居住区）が整備されると鞆町は平村，原村といったん分離する（福山市史編纂会，1968：187）。1711（宝永8）年の人口は7,204人ほどで（福山市史編纂会，1968：762），1802（文化元）年は5,665人で沼隈郡における当時の人口の約10分の1に当たり，沼隈郡の集落の中で最大であった（広島県沼隈郡役所，［1923］1972）。鞆町には本瓦葺きの商家が並び，人々の生活

第4章　栄枯盛衰の物語を持つ港町〈鞆の浦〉

水準は高かったという（芸備地方史研究会，2000a；2000b）。町方には多くの商人や職人が同業ごとに集住し，北前船が寄港する様子が，当時の絵巻物や古地図，文書資料などに残されている。

　港では米，大豆，鯡魚肥，塩，舟用品，特産品の保命酒等が取引され，鞆商人は港のすぐ側に大きな店舗，屋敷，蔵などを構え，それらが文字通り軒を連ねた界隈で，昼夜を問わず出入りする船と船乗りたちに応対した。夜中も灯籠が道を照らし，町内の一角には遊廓がおかれた。参勤交代の大名たちが寄留して鞆の浦に本陣を構えただけではなく，幕府は国賓として招待した朝鮮通信使を，鞆の浦の福禅寺においてたびたび歓待したという。1711（正徳元）年，朝鮮通信使従事官の李邦彦は，瀬戸内海が見える福禅寺の客殿を「対潮楼」と名づけ，その景観を「日東第一形勝」と称賛した（谷沢，1991）（写真4.4①）。町内にはいまも寺社が数多く存在する（写真4.4②）。

　港および港町の活力は，寄港する船舶数に集約される。船が寄港すれば，さまざまな物品が取引される。荷役夫たちが桟橋を忙しく行き来して，多数の積み荷を揚げ下ろしする。船の航行に必要な装備や食料は港で購入され，船を修理する必要があれば，鞆の船大工たちが請け負う。そこでは鞆で生産された錨や船釘が使われたであろう。船乗りたちの多くは，上陸して港の酒屋へ向かう。当時の鞆の浦の酒屋は，自前で酒を醸造して販売するだけではなく，酒食と寝床を提供する宿屋も兼ねていた。船乗りたちは時には遊廓へ繰り出して，つかの間の陸の生活を楽しんだ（写真4.4③）。

　鞆商人は瀬戸内海交易で中心的な地位を占め，大坂商人に比肩するほどの経済力を持っていたといわれる。鞆商人の商法は，現在の「商社」と同じである。製造元から商品を仕入れて店頭で売る一般的な商いではなく，顧客から必要な商品と数量を受注し，それに沿って品物を仕入れて顧客に販売するのである。幕末に，ある外国籍の貿易船が金属製の船の部品を大量に求めてきたが，大坂の商人には必要な品質と個数の品をそろえることができなかった。鞆商人にはそれが可能であったという逸話も伝えられている[1]。

　さらに鞆商人は蓄財した富を投じて，鞆の浦の大土地所有を進めていく。その一方で，喫水の深い大型船を接岸させるために湾内の浚渫工事を実施するなど，鞆港の整備と維持管理の役割を担った。形式上は武家社会であるが，こうした大規模な公共事業は鞆商人の経済力を示すもので，実質的な支配層は彼ら大商人であったといえるだろう。

また鞆の浦には，伝統的な特産品として「保命酒」がある。保命酒とは，もち米から醸造した酒にさまざまな種類の薬草や漢方薬を漬け込んだリキュールの一種である。福山藩は，特産品として保命酒を独占製造する権利を幕府から与えられ，他藩で類似品が製造されると，徹底的に排除していった。そのため，鞆港でさまざまな商品が取引されるなかで，保命酒を醸造・販売した中村家は，町内で最も大きな商いを展開したのである。幕末にペリーが来航した際，幕府との会食で食前酒に保命酒が振る舞われたと伝えられている。このように，鞆の浦の保命酒は日本を代表する産物とされていた。

　しかし倒幕と明治維新によって中村家は庇護を失い，鞆町内の複数の業者が保命酒の製造を開始した。その後，本家本元の中村家は保命酒の製法を秘密にしたまま，廃業してしまう（建物は太田家住宅として保存されている）。現在まで続く保命酒の蔵元は全部で4軒あるが，それぞれ独自の製法によっており，そのために風味や色合いが異なるのである（写真4.4④）。

　さらに鞆の浦では，鍛冶に発する鉄鋼業が，漁業や商業と並ぶ伝統産業の一つである。中世以降，鞆の浦では商業が発展する一方，釣り針，銛などの漁具，鍬や鋤などの農具の製造をきっかけに，船の錨や船釘を製造する鍛冶職人が漁師たちの中から現れた。鞆商人は港の側に店舗や蔵を構えたが，鍛冶職人はそれより内陸に居を構え，鍛冶集団を形成した（森栗，1985）。信仰心の厚い彼らは鞆町内に神社を祀り，祭礼行事を盛んに行った。現在の町内会の一つに鍛冶町という名が残るだけではなく，鍛冶職人の系譜は鉄鋼業者に引き継がれた。彼らは鞆鉄鋼協同組合連合会（以下，鉄鋼連合会）を組織し，鞆の浦の伝統的な地場産業として現在に至っている（森本，1985；森栗，1985）。

3　近代化から取り残されたまち——明治から昭和まで

明治大正期——衰退のはじまり

　明治に入って町村制が施行されると，鞆の浦は隣接する原村，平村を併合して，沼隈郡鞆町として一つの自治体になる。先に述べたように，現在の町内会名では，原町と御幸町が原村，平町が平村，それ以外が鞆町に相当し，現在でも言葉遣いや習慣・祭礼行事等，文化面で差異があるといわれる[2]。

　明治になると，鞆の浦の繁栄に陰りが生じた。近代技術が発展し，海上輸

第4章　栄枯盛衰の物語を持つ港町〈鞆の浦〉

写真4.4　近世の面影を伝える建造物と町並み景観
①対潮楼から見る瀬戸内海（福禅寺，2004年8月撮影）
②町内に残る寺社（阿弥陀寺，2008年10月撮影）
③かつて遊郭があった地区（道越町，同上）
④かつての保命酒蔵元の中村屋（現在の太田家住宅，同上）

図4.2　鞆の津絵巻（木版画，明治15年頃の引札の上部。澤村舩具店所蔵）

送の主力が北前船からエンジンを装着した動力船に移行すると,船は潮流や風向きに左右されずに航行できるようになり(図4.2),潮待ちの必要はなくなった。鞆港に寄港する船舶数は次第に減少していく。しかも明治政府が山陽鉄道(現在のJR山陽本線)のルート策定の際,鞆の浦に駅をおく計画だったが,鞆町議会はこれを拒否した。その結果,現在のように鞆港から14kmほど離れた福山港に近い内陸に,福山駅が建設された。そして鉄道が流通の手段となり,陸上輸送が主流になると,駅から遠い鞆港は立地の上で不利になり,貿易港としての競争力をますます失っていった。

このように日本社会が近代化によって大きく変化する一方,貿易港としての鞆の浦は徐々に衰退していった。それでも大正時代(1913年)にはこの流れに逆らうように,山陽鉄道の福山駅と鞆町を結ぶ鞆軽便鉄道が開通した。これは鞆港が明治以前より港町として繁栄していたことに着目し,福山と鞆を軽便鉄道で結ぶことによって,港湾と鉄道を接続して鞆の港湾としての地位を守ろうとするものであった。

昭和──商業者層の没落

このように鞆町は鞆軽便鉄道を走らせることで,なんとか鞆港の衰退を押し止めようとした。それでも鞆港の利用減少は変わらず,1953(昭和28)年に鞆軽便鉄道は廃線となる[3]。この時点で,鞆港の経済的利点はほとんど失われたといえるだろう。そしてこの廃線は,鞆商人の末裔である名望家商業者層の没落が決定的になったことを意味する。

かつて大土地所有を進めた鞆の商業者層は鞆港の衰退に伴って没落し,鞆の浦の土地・建物を貸し出して自分たちは別の場所に移り,不在地主化が進んだ(青木,1969)。ただし不動産市場に貸地・貸家を流通させず,建物を維持する意志のある信頼できる借り手を選んだ。不特定多数に開かれた不動産市場を介して,地域の実情に合わないよそ者が鞆の浦に流入することを防いだのである。

こうして鞆の浦に近世の港湾施設群と都市構造がそのまま残されたことは,逆にいえば鞆港を一新するような近現代の港湾整備事業が一切なされなかったことを意味する。それは,この地域が戦後も地域開発の波から取り残され,大規模な空間再編を促すような資本投下がなされなかったことを示す。つまり,鞆の浦は,近世に栄華をきわめた政治力・経済力で明治の近代化の波を

第4章　栄枯盛衰の物語を持つ港町〈鞆の浦〉

乗り越えることはできたが，戦後までその力を維持することができなかったのである。

そして，かつての栄光を失った鞆町は福山市への編入を決めた。このように港町・鞆は日本社会の近代化と経済成長による発展と反比例するように衰退したのである。

戦後——福山市への編入と鉄鋼団地造成

　現在，鞆や鞆の浦と呼ばれる地域は，明治期の町村制によって「鞆町」となり，一つの自治体であったが，いわゆる「昭和の大合併」で1956（昭和31）年に福山市に吸収合併され，その一部となった。合併後の福山市のなかで，鞆の浦は南端部に位置する周辺部であり，今でも鞆の浦の地元住民は福山市中心部へ行くことを「福山へ行く」と表現するなど，鞆町と福山市は異なるという意識が根強い。

　福山市と鞆町が合併に至った背景には，日本が高度経済成長期に入る直前の「一全総」による地域開発構想がある。福山市は岡山市や倉敷市と並んで新産業都市の指定を受ける競争に名乗りを上げた。地方都市に大型産業を誘致する新産都市の指定をめざして，全国の立候補地は激しい陳情合戦を繰り広げた。その結果，福山市は新産都市の指定からは漏れたが，立候補地から選出された工業整備特別地区に指定され，企業誘致型の地域開発の道を歩み始めたのである。

　企業誘致を成功させるためには，福山市は市の財政を安定化させる必要があった。そこで福山市は鞆町を含む周辺地域の自治体を吸収合併することによって，市の財政的基盤を確保し，大規模な工業誘致を進めようとした。候補としていくつかの企業の名前が挙がり，それぞれ交渉が進められたが，最終的に福山市は日本鋼管の製鉄工場の誘致をめざした（1961年操業。その後日本鋼管は2003年川崎製鉄と合併し，JFEホールディングス傘下で組織再編）。しかし，鞆町は福山市との合併には消極的で，鞆町内には福山市との合併をめぐって意見対立があった。福山市は最終的に，上水道の整備と工業団地の造成を条件に，鞆町との合併を実現させたといわれている[4]。

　鞆の浦をはじめとする周辺地域では真水を確保することが難しく，水不足に悩まされることが多かった。上水道の整備は長年の課題となっていたのである。そこで福山市は，上水道の整備をはじめ，外港としての鞆港整備や合

写真4.5 鞆鉄鋼団地（2009年8月撮影）　　平漁港（2014年9月撮影）

併後も「中央集権にしない」ことなどの保障を条件に，鞆町との合併話を進めたのである。それでも鞆町は慎重な態度を示す。たしかに水不足に悩まされることは多かったが，長きにわたる沼隈郡最大の港湾都市としてのプライドが，福山市の一部に成り下がることを拒否したのである。そして鞆町議会の内外でこの合併問題の議論が交わされたのち，1956（昭和31）年，最終的に鞆町議会は福山市との合併を選択したのであった。

　さらに1955～65年にかけて，福山市は鞆の浦の北端部を埋め立てて工業団地を造成し，鞆町内の鍛冶屋を移転させた。こうして鞆の浦の伝統産業の一つである鍛冶屋が鉄鋼業者として「近代化」を果たしたのである。生産する商品は，錨，船釘などの漁具や農具から，滑車やボルトなど，船舶関連の部品に変化した。鞆の鉄鋼加工業の主力は鉄くず，解体材，仕損じ品の鉄製品を再度加工する伸鉄であった。伸鉄は，朝鮮戦争による全国的な特需と高度経済成長の波に乗って，一時は国内シェアでトップを占めるまでに成長する（福山市教育委員会編，1979）。このように鉄鋼加工業が経済的に成長し，衰退の一途をたどる商業全般に代わって鞆の浦の地域経済を支える中心的産業となった。鉄鋼業は，鞆中心部に比べて貧しく漁村の生活様式を色濃く残していた平町に労働力を求めた。平町は福山市街地からみると，鞆港を挟んで西端部分に位置する。平町の地元住民は，鉄鋼団地の雇用によって漁業以外の現金収入を得ることができた。このように鉄鋼団地の埋め立て開発事業は大きな成功を収め，鞆の浦全体の生活水準の向上に大きな役割を果たしたといわれる（写真4.5）[5]。

　しかし1980年代に入ると，円高不況の影響で日本の鉄鋼業全体が不況に陥り，鞆の鉄鋼業にも影響を与えた。その後鞆の浦では，これに匹敵するほど

の産業の発展はなく，現在に至っている。現在，鞆の浦の鉄鋼業はかつての勢いを失ったままである。

4　年齢階梯制のローカリティ——地域社会の伝統と民俗

鞆の浦の地域社会の伝統と特質——年齢階梯制の分析視角

前節では，鞆の浦という地域社会の歴史について，時系列に沿って記述を進めてきた。本節ではそれを踏まえて，鞆港保存問題がどのような歴史文化的コンテクストにおかれているのかを明らかにする。

鞆の浦のように地域社会が長い歴史を持ち，維持されている事例では，地域社会の固有性や歴史文化的コンテクストに沿って地域社会で生じる社会的事象を読み解かなければならない。そうでなければ，年長者と若者の意見の相違による世代間闘争であるとか，歴史的に形成された価値観の相違や利害関係の対立といった短絡的な枠組みで，地域問題を捉えかねない。鞆港保存問題の背景にある歴史文化的コンテクストにおいて，鞆の浦の地域社会構造を秩序づける編成原理を理解する必要がある。

本書では，鞆の浦の地域的伝統を明らかにするために「年齢階梯制社会」の分析視角を導入した。年齢階梯制から鞆の浦の歴史民俗を検討し，本書の仮説を論証することで，鞆港保存問題を読み解く鍵となる地域社会の伝統と特質が明らかになるであろう。

鞆の浦の社会構造を秩序づける編成原理

第3章において論じたように，年齢階梯制社会とは，「非血縁の年齢による構造原理」（高橋，1994：22）を編成原理とする社会のことである。高橋（1958）によれば，年齢階梯制社会は瀬戸内海沿岸などの西日本の漁村に多いといわれており，中世に瀬戸内漁業の中心であったことから，鞆の浦もその可能性が高いと想定される。江守五夫（1976）は，若者組の加入・脱退をめぐって年齢階梯制を持つ地域を列挙するなかで，沼隈郡を挙げたほか，宮本（[1965] 2001）や大林（1996）のように，瀬戸内海沿岸を年齢階梯制社会とみるのは共通認識のようである。ただ，厳密な水準では，瀬戸内海沿岸に年齢階梯制の事例が多いから鞆の浦もそうであると判断するのは早急であろう。

そこで，村落構造論の研究蓄積から年齢階梯制の指標として設定した本書の分析枠組み（表3.1）から（1）生業構造，（2）地縁組織，（3）年齢集団，（4）祭礼行事，（5）諸制度，（6）合議制を検討する。鞆の浦の地域社会構造を秩序づける編成原理が年齢階梯制であるのか，論証していこう。

(1) 生業構造

　鞆の浦は中世から近世にかけて鞆港を中心に港町として発展したため，漁業，商業，鍛冶など多様な産業が展開した。その結果，近世の段階では鞆の浦全体を包括する単一の生業構造は成立していない。とはいえ歴史を遡ると，江の浦の漁師たちはこの地域に最も古くから定住したとされ，深沼漁場の中心である鞆の浦は瀬戸内海漁業の中心であった。彼らは繰網打，帆引網，延縄などの漁法の開発に始まり，江戸期の寛政から文政にかけて建網，底引網漁を開始している。漁が大規模化し大網漁が発展すると，とくに鞆の鯛網（写真4.6）は春の風物詩として有名になった[6]。鯛網とは，4～5月にかけて実施される大規模な共同漁法で，数十人の漁師によって親船2隻に小舟数隻を従えた船団を形成して数百メートルにわたって網を張り，蓋をするように小舟を環状に並べ，魚が逃げないように水面や舷を棒で叩いて網に追い込むものである（広島県沼隈郡役所，［1923］1972）。このように漁師たちは漁法の開発だけではなく，その腕を買われて周辺の漁村へと移り住むこともあった（宮本，［1965］2001）。

　歴史は下って鞆港が貿易港として発展するなかで，鞆の浦には商業や鍛冶など，さまざまな同業集団が生まれた。森栗（1985）によると，鞆の鍛冶屋で最古参といわれる江之浦屋は，江の浦の漁村から鞆の鍛冶町に移り住んだという。この江の浦の漁村集落が年齢階梯制であり，漁師たちの生活体系のなかから鍛冶屋が生まれて鞆の町内に移り住んだのであれば，鍛冶屋集団に年齢階梯制が伝播したと考えられる。鞆の浦の漁民以外の集団にも，年齢階梯制をもとにした社会制度と意識が強く反映された可能性を否定できないであろう。

　村落社会における社会構造は，生業に基づいて形成されるのであるから，生業構造は年齢階梯制社会の重要な指標である。しかし，住民が非血縁的に結合するところに年齢階梯制の核心があるとすれば，生業構造が単一かどうかはそれほど重要ではない。むしろ町内単位で形成される非血縁的な集団に注目しなければならない。

第 4 章　栄枯盛衰の物語を持つ港町〈鞆の浦〉

写真4.6　観光イベントの鯛網漁（昭和初期の絵葉書）

写真4.7　漁師が住む江の浦町焚場（たでば）（2009年8月撮影）

(2) 地縁組織

　現在の鞆の浦の町内会は，各町内会を統合する組織である町内会連絡協議会の下に，各町とそれが細分化された町内会で構成されている（図4.3）。近世では町内ごとに漁業，鍛冶，商業などの同業集団が集住し，同業集団ごとに祭礼行事や信仰など個別の生業構造が形成された（森栗，1985）。そこでは居住地区と職業集団が重なるため，家同士に血縁の続柄はなく，結合は非血縁的であったと思われる。もっとも，藩政下の鞆町では，町方の町内ごとに半官半民の「宿老」がおかれ，たとえば家屋の修繕許可を藩に取り次ぐなど，宿老が町内の住民生活を厳格に管理する統治形態がとられていたという（原田ほか編，1976）。これは，血縁関係を持たない，姓の異なる人々による共同生活を示唆する。同業集団で集住する非血縁者たちを統治するには，年齢という社会結合の原理は都合がよいからである。ただ同時に，典型的な年齢階梯制の漁村にはない歴史的特性として，藩政下の統治であることを考慮すべきことを示している。

(3) 年齢集団

まず青年階梯の指標となるのは，若者組や若衆宿の存在である。鞆小学校に残された1886（明治19）年以降の文書を収録した來山千春『実録　鞆小学校昔話』(1993) には，1903（明治36）年に沼隈郡役所から鞆小学校の校長に，鞆町内の若者組の数と成員数について問い合わせがあり，当時の校長がそれについて回答した書簡が収められている。それによると鞆の浦では青年団が組織される以前から，若者組または若連中と呼ばれる組織が各町内に1組ずつあり，江の浦町と平町に2〜3組，合計12組の若者組があったという（來山，1993: 98）。若者組には15〜30歳の男性が入組し，各組には3〜4名の若者頭がおかれた。また『沼隈郡誌』によると，沼隈郡では古来より若連中と呼ばれる組織が各字で自然と組織されており，消防・防災や治安，祭礼行事などを担ったほか，学校教育とは別に地域の慣習や性風俗を「教育」する機能を持っていたと記されている（広島県沼隈郡役所，[1923] 1972: 373）。

古来の若者組は，地域の教育機関であると同時に，消防と防災，治安維持，橋梁や堤防の普請などの共同労働を担っていた。だが明治期の近代化によって，それまで若者組の担っていた業務の多くが警察や消防，自治体などの行政機構に遂行されるようになったために，若者組の役割は次第に縮小していった。そのため年長者から飲酒，賭博，遊廓通いなど「悪風」を学ぶ場になり，若者組がいわゆる愚連隊となってしまうことも少なくなかった。そこで沼隈郡千年村出身の教師・山本瀧之助は事態を憂慮し，社会教育の一環として若者組を「青年団」へと改組して若者組の「更生」を図ったのである。沼隈郡出身の山本がこうした事業に着手したことは，同郡の各地に若者組が存在し，それが地域社会で大きな役割を果たしてきたことを示唆するだろう[7]。

若衆宿については，大正生まれの郷土史家 IR 氏は実際に見たことはないが IR 氏の青年時代までは若衆宿の話を聞いていたと述べる。そして若衆宿が縮小して祭礼行事に残ったのが，御弓神事の際，弓を引く役目に選ばれた男たちだけが生活を共にする慣習であったという。IR 氏によると7日間，当屋（とうや）と呼ばれる施設で寝泊まりし，その期間の食事などの身の回りの世話はすべて男性の手によるという。そして当屋での生活の最中に遊廓での「遊び」の手ほどきを受けることもあったそうである[8]。

次に中年階梯・長老階梯は，御弓神事，御手火神事などの祭礼行事を担う「祭事運営委員会」があり，これには40代を中心に各町内から選ばれた人物

第4章 栄枯盛衰の物語を持つ港町〈鞆の浦〉

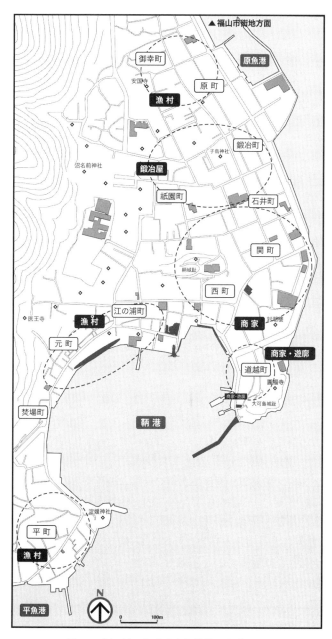

図4.3 鞆の浦の町内会と伝統的な生業区分

が加入する。委員には年齢制限があることから，中年階梯に対応する可能性があるだろう。一方，長老階梯は現在「鞆老人クラブ」という組織が存在するが，組織の成立時期などは明らかではない。これらをすぐに中年階梯・長老階梯に結びつけるのは慎重にすべきであろう。

　地域指導者層への聞き取り調査では，必ずといってよいほど「生徒会長」「PTA 会長」といった経歴が話題に上る[9]。鞆の浦の地域指導者には非常に重要なステータスのようである。というのは鞆の浦には公立小学校・中学校は一つずつしかなく，鞆の浦に住むすべての子どもたちが同じ学校に通う。学校は一定の年齢制限があり，学年という形で年齢別に構成されるため「生徒会長」はその学年のリーダーになる。同じように「PTA 会長」も同世代の保護者のリーダーを示す。したがって鞆の浦では「生徒会長」「PTA 会長」の役職経験は，同世代に選ばれたリーダーを意味する。そのリーダーが年齢と経験を重ねることで地域指導者へ成長するのだ。大林太良が述べるように，年齢階梯制の意識が「会社，学校その他の生活分野において形を変えて存続し続けている」（大林，1996：14）ならば，かつての若衆宿や若者組が若者頭などの同世代リーダーを輩出する役割を担ったように，学校文化のなかにそうした役割が写し取られたのかもしれない。そのために「生徒会長」「PTA 会長」の役職は，鞆の浦の地域指導者に欠かせない経歴なのであろう。

(4) 祭礼行事

　鞆の浦では先に述べた「御弓神事」「御手火神事」のほかに，年間を通じて約30種もの祭礼行事が行われる。そのなかで通過儀礼に近いものとしては，「雛祭り」や「八朔の馬出し」など子どもの成長を願う祭礼行事がいくつか実施されている。また祭礼行事のなかで最も大規模なものは「チョウサイ」と呼ばれる秋祭りで，旧鞆町の7つの町内会が輪番で当番を務める。子どもたちには，山車の上で笛・太鼓を演奏する役割が与えられる。郷土史家のIR 氏によると，このような通過儀礼的な行事はかつて厳格に存在していたが，現在ではかなり崩れているという。

(5) 諸制度

　隠居制度，宮座などの諸制度と年齢階梯制との関連では，近世の鍛冶屋集団をルーツに持つ住民の間で，親分・子分関係の存続が確認できた。鞆の浦にも本家・分家関係は存在するが，親分・子分関係の方が生活においては重

視されているという[10]。とはいえ親分・子分関係と年齢階梯制がどのような関係にあるのかは，詳細に確認できなかった。また祭礼行事に関わる宮座について IR 氏に尋ねると，鞆の浦では戦後すぐに祭礼行事の実行組織を祭事運営委員会という形式に改革したが，「鞆のものは，宮座と呼べるほど立派なものではない」[11]という。また近世の鞆商人の間でつくられた株仲間や武士階級による「宿老」が年齢階梯制から派生した制度であるのかは，史料的に確認できなかった。

(6) 合議制

最後に辻・集会所など，社会人類学・民俗学的な指標について検討しよう。鞆の浦の各町内会には集会所があり，神棚が祀られていることもある。こうした集会所が御弓神事で当屋になるのだが，これが寄合で利用されてきたのかは，厳密には確認できなかった。しかし最古参の漁師たちが住む江の浦町では，古くから町内会長を選挙で選ぶという。これは町内の有力者によって予め会長が選ばれるのではなく，全員が意思決定過程に参加し，納得して物事を進めるという意味で，合議制を引き継ぐものと考えられる。

5　鞆の浦の伝統と民俗にみる年齢階梯制

本章では，鞆の浦の地域社会は年齢階梯制社会であるという仮説から，6つの分析枠組みを設定してそれぞれの指標の検討を重ねてきた。次章の鞆港保存問題に進む前に，これらを小括しておきたい。

表4.1は鞆の浦の地域的特質を社会人類学・民俗学の村落構造論の年齢階梯制の指標から分析した，前節までの議論をまとめたものである。村落構造分析で用いられる厳密な水準で論証できたわけではないが，少なくとも鞆の浦がかつて年齢階梯制社会であった高い可能性が見いだされた。

鞆の浦の中心的存在である鞆港は，中世から近世にかけて貿易港として発展したため，鞆の浦ではさまざまな生業が共存し，村落構造と生業構造が合致せず，集落全体を貫く生活体系は見いだせなかった。しかしながら，非血縁の社会結合を重視するならば，漁業，鍛冶，商業などの生業ごとに集住し，同業集団が形成されたことは注目すべきであろう。

年齢集団は重要な指標の一つであり，若者組の存在が史料的に確認できたほか，若衆宿の存在も郷土史家から聞き取ることができた。だが中年階梯と

表4.1 鞆の浦における年齢階梯制の地域的特質

指標	具体例	未確認例
(1) 生業構造	・多様な生業による港町の形成 ・先住していた漁師の生活体系が波及した高い可能性	
(2) 地縁組織	・地域単位で同業者が集住 ・藩政下の町方の統治として宿老がおかれた	
(3) 年齢集団	・かつて若者組が存在＝青年階梯 ・御弓神事における当屋＝若衆宿の名残り ・中年階梯としての「祭事運営委員会」？	・長老階梯の組織
(4) 祭礼行事	・祭礼行事の通過儀礼，役割分担の名残り	
(5) 諸制度	・鍛冶集団の親分・子分関係の存在	・隠居制度との関係
(6) 合議制	・各町内ごとに集会所が存在 ・漁師が先住していた町内会では，町内会長が選挙で選出される	・寄合の場

長老階梯の年齢集団は確認できなかった。もっとも「若者集団しか存在しなかったといっても，この事例を年齢階梯制の事象から除外することは適当ではない」(江守，1976：150)。ここで高橋(1994)の長老階梯型と青年階梯型の区分に従えば，鞆の浦では若者組・若衆宿の存在が確認できたが，宮座や祭事運営委員会の存在が薄いのは，鞆の浦が瀬戸内海の漁村を起源とするからであると推測できる。

多様な生業を持つ鞆の浦では，先住していた漁村の構成原理であった年齢階梯制が，地域単位の同業集団に波及した可能性は高いと考えられる。前述した通り，鞆町，平村，原村の3つの集落は藩政下でいったん分離したのち明治の町村制で再び合併したこと，漁師たちの漁法・漁撈形態が伝播したこと，江の浦の漁師の一部が鍛冶集団になったこと，江の浦にあった遊郭が有磯町に移されたこと，さらに各町内におかれた若者組は漁師たちが住む江の浦町と平町で特に数が多いことなど，漁師たちの生活体系が周辺に広がった可能性を示唆している。そして沼隈郡では若者組を母体に，いわゆる青年団が組織されたことによって，年齢階梯制の意識は形を変えて存続したのかもしれない。

他にも祭礼行事の役割分担や当屋の存続，「生徒会長」「PTA会長」の意義，選挙による町内会長の選出などが確認された。さらに鞆の浦の個別の集落ごとに年齢階梯制社会の特徴，すなわち隠居制の存在や祭礼行事，漁法の変遷，婚姻形態などを詳細に検討する必要がある。

第4章 栄枯盛衰の物語を持つ港町〈鞆の浦〉

　ここまでの結果をみれば，少なくとも鞆の浦の地域社会のルーツは年齢階梯制を持つ漁村であった蓋然性が高く，現在の鞆の浦は，かつて存在した年齢階梯制がローカリティとして存続する社会といえるのではないだろうか。

注
1　鞆町内にて継続的に行ったS氏へのヒアリング（2004～2006年）。
2　なお，後の第6章で，現在の平町住民を政治的リーダー層や旧名望家層と並ぶ一つの社会層として把握するのは，このような歴史文化的な差異を根拠としている。
3　当時，鞆軽便鉄道を運行していた鞆鉄道株式会社は，鉄道事業から撤退した後，バス会社として活動を続けた。現在も鞆地区と福山市街地を結ぶ路線をはじめ，福山市内を中心に路線バスを運行している。バス会社であるが，社名にかつての鉄道事業の名残りをとどめているのだ。
4　注1と同。
5　同上。
6　鯛網は現在でも観光イベントとして残っているが，その鯛網を実施するのは平町の漁師である。おそらく鯛網を始めたのは，藩政下で鞆町と分離していた平村の漁師と思われる。その意味では，厳密にいうと鯛網は鞆の漁師の漁法ではない可能性がある。だが，平村と鞆町は明治の町村制で合併するほど隣接しており，それほど近い距離で大きく社会制度が異なることは考えにくい。ここではさしあたり，同じ性格を持つ集落として扱うことができるだろう。
7　山本による青年団の組織化は，沼隈郡から全国の自治体へと広がっていった。このようにして生まれた青年団は，明治から戦前にかけて社会教育組織として機能する一方，天皇制ファシズムを支える機関の一つとして役割を果たした。そのために青年団への歴史的評価は分かれている。
8　鞆町内における郷土史家IR氏へのヒアリング（2009年8月23日）。
9　鞆町内におけるO氏へのヒアリング（2004年8月21日）および福山市内におけるH氏へのヒアリング（2006年8月23日）など。
10　鞆町内における郷土史家IK氏へのヒアリング（2007年6月7日）。
11　注8と同。

第5章 鞆港保存問題をめぐる地域論争
―― 鞆港の保存か，道路の建設か

1 鞆港保存問題の経緯

鞆港保存問題の発端

 栄枯盛衰の長き歴史を持つ鞆の浦で，現在まで30年以上にわたって地域住民の間で論争になっているのが，「鞆港保存問題」である。本書では図5.1に示したように，鞆港の湾内を埋め立てて架橋し県道を建設する計画，事業名称「鞆地区道路港湾整備事業」（以下，埋め立て・架橋計画）の賛否をめぐる地域論争を，鞆港保存問題と呼ぶ。ここでは，鞆の浦の現状だけでなく，将来を左右する鞆港保存問題の歴史的経緯を振り返ってみたい。
 この問題の発端は，鞆町と福山市が合併する直前に策定された都市計画道路（当時は県道関江の浦線，現在は県道関松永線の一部）に遡る。1950（昭和25）年，広島県は鞆町内を横断する都市計画道路（県道関江の浦線）を策定した。計画は鞆の中央部の道路を拡幅整備するものであったが，この道路は沿道に商家の歴史的建造物が立ち並ぶ，江戸時代からのメインストリートであった（写真5.1）。当時，町並み景観はそれほど評価されなかったのである。しかし沿道は借地借家など権利関係が複雑であったため，この事業計画は進捗せず，策定から25年が経った。
 1975年に文化財保護法が改正

写真5.1 鞆町のメインストリート（県道関江の浦線，2008年10月撮影）

され，重要伝統的建造物群保存地区（重伝建地区）の選定にあたって，文化庁は江戸時代の港町の町並み景観が残る鞆の浦を，最初の候補地の一つとした。そこで福山市教育委員会は国の補助を受けて，鞆の浦の町並み調査を数回行うが（福山市教育委員会編，1976），結局，福山市は重伝建地区の選定を受ける申請を見送った。理由は現在でも明らかになっていないが，いずれにせよ現在も鞆の浦は重伝建地区に選定されていない。だが，この重伝建地区制度をきっかけに，鞆の浦の町並み景観に対する関心が高まり，都市計画道路と鞆の浦の住民意識にそれぞれ影響を与えていくのである。

もし都市計画道路の事業計画に沿って拡幅整備を進めると，歴史的建造物が取り壊されるなど，町並み景観に大きな影響を与えることになる。歴史文化的に高く評価された鞆の浦の町並み景観を残すために，この事業計画の実施は難しくなった。そこで代替案として浮上したのが，海上に道路を建設する道路計画，すなわち埋め立て・架橋計画であった。この計画は約4.6haの埋め立てと約300mの道路建設として，1983年福山港地方港湾審議会において承認された。そして広島県の1986年度予算に計上されたのだが，一部地元住民の反対と利害関係者である鞆の浦漁協の同意が得られず，計画は頓挫してしまった。

埋め立て・架橋計画とまちおこし運動

このように都市計画道路の事業計画に影響を与える一方で，これを機に鞆の浦住民の間で，鞆の浦の町並み景観の歴史的価値だけではなく，それを含む鞆の浦というまちの魅力にも注目が集まった。それが1980年代後半の「鞆を愛する会」による若者たちのまちおこし運動へと結実する（第6章で詳述）[1]。「鞆を愛する会」は，「鞆クラブ」を前身とする，鞆小学校のPTA会長経験者である若手の自営業者層によって結成された団体である。「鞆を愛する会」は鞆港の沖合で沈没したといわれる坂本龍馬の「いろは丸」の海中調査・引き揚げプロジェクトや鞆の浦の歴史を振り返るシンポジウムなどを開催して，鞆の浦の地域再生をめざした。歴史ロマンを感じさせるテーマ性を持つことから，若者たちによるまちおこし運動としてマスメディアにも取り上げられ，大きな話題になったのである（亀地，1996; 2002）。

このようなまちおこし運動をきっかけに，明治以降，衰退の一途を辿り続けてきた鞆の浦を再生しようとする機運は，鞆の浦全体に広まっていった。

第5章 鞆港保存問題をめぐる地域論争

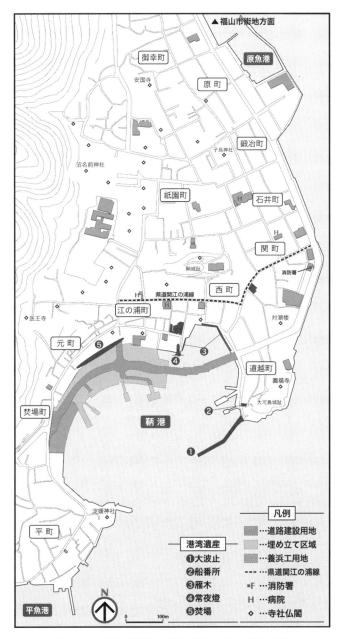

図5.1 鞆の浦の港湾遺産群と埋め立て・架橋計画地

しかし，埋め立て・架橋計画による「地域開発」の機運が高まると，その賛否をめぐって住民は鋭く対立することになった。町内会の統合組織である鞆町内会連絡協議会，地元同業者組織である鞆鉄鋼協同組合連合会（以下，鉄鋼連合会），鞆医師会などの有力者層が，まちおこし運動に触発されて，これまでストップしていた埋め立て・架橋計画をあらためて推進するように福山市・広島県（以下，行政当局）に要望したのである。行政当局は，それに応えて埋め立て・架橋計画の推進に取り組むようになった。

　しかし，再び鞆の浦の地元住民の間から埋め立て・架橋計画に反対の声が上がる。1980年代にまちおこし運動を担った「鞆を愛する会」などの若手自営業者層，女性・主婦層，港に近い江の浦町住民，船具店や保命酒蔵元などの旧名望家商業者層によって，いくつかの団体が結成された。

　鞆の浦のまちおこし運動を進める「鞆を愛する会」は埋め立て・架橋計画に反対意見を表明した。さらに埋め立て・架橋計画の代替案として，山側にトンネルを建設する計画案を提示した。「鞆の自然と環境を守る会」も埋め立て・架橋の反対運動を行い，「歴史的港湾鞆港を保存する会」や「鞆の浦・海の子」などの保存運動団体も加わった。鞆港のそばに居住する漁師を多く含む町内会では，計画を支持する町内会連絡協議会とは異なり，反対の立場をとった。こうした保存運動団体や一部の町内会など〈鞆港保存派〉の住民は，地元住民だけではなく，外部の福山市民からも埋め立て・架橋計画反対署名を集めるなど，さまざまな保存運動を展開した。

　こうした動きに対して先述した地元有力者層は，鞆の浦が長年抱えているまちづくりの問題を同時に解決する手段として，埋め立て・架橋計画の実施を要望した。彼らは〈道路建設派〉として結集し，ローカルな政治力を生かして福山市長や広島県知事と何度も面会し，町内会組織を利用して集めた署名や要望書を提出して陳情した。〈道路建設派〉住民は埋め立て・架橋計画の早期実施をめざして行政当局に要求を繰り返し，精力的に活動した[2]。

2　計画凍結から行政訴訟へ

〈道路建設派〉と〈鞆港保存派〉の対立

　埋め立て・架橋計画に対する賛否が交錯するなかで，1993年，行政当局は埋立面積を約半分（2.32ha）に変更したが〈鞆港保存派〉住民による計画

第5章　鞆港保存問題をめぐる地域論争

反対の声は収まらず，両者の意見対立はさらに激しくなった。対立は時に日常生活に影を落とすこともあり，ついに毎年開催される町内運動会で，実行委員会に〈鞆港保存派〉の住民が含まれていることを理由に，〈道路建設派〉が多い平地区の3町内会が運動会をボイコットする「事件」が起こるまでに至った。こうした事態に対して1995年1月，当時の藤田雄山広島県知事は，両者の意見調整の場として「福山市鞆地区まちづくりマスタープラン」（以下，鞆地区マスタープラン）の策定を提案する。しかし，〈鞆港保存派〉は委員会の人選や町並み景観の調査が「道路建設ありき」で，〈鞆港保存派〉の意見を汲み取る場ではないと反発して策定作業には参加せず，県知事によって設けられた合意形成の機会は不発に終わる。

その後，行政当局は埋立面積をさらに縮小し（2.0ha），町並み景観に配慮して架橋の橋脚の高さを下げ，江戸時代の風情のある意匠に変更した妥協案を提示した。この案は，埋立予定区域に港湾遺産の一つである「焚場」が含まれる可能性が高いという広島県教育委員会の焚場跡の遺跡調査結果を受けて，埋立面積を縮小したものである。〈道路建設派〉住民や行政当局によれば，この変更は〈鞆港保存派〉の意見に「最大限の配慮をした」という[3]。さらに2001年には魚揚場の代替施設を建設することを条件に，鞆の浦漁協が埋め立て・架橋計画に同意した。それでも〈鞆港保存派〉の住民は計画反対の姿勢を崩さず，対立は硬直化していった。

埋め立て・架橋計画の凍結

このような状況のなかで，〈鞆港保存派〉の住民は，埋め立て・架橋計画を進める行政当局の法的手続きにおいて，決定的ともいえる不備を見つけ出し，計画実施をいったんストップさせた。それは，公有水面埋立事業の許可に関わる手続き上の不備である。

一般的に，海や河川などは国が所有する公有水面とされているが，他方，公有水面への排水口を利用してきた住民や事業者には「排水権」が認められてきた。これは，排水ができないと生活や事業が成り立たないことによる，法的権利である。自宅トイレの水を流せなくなることをイメージすれば，この権利の重さが容易に想像できるだろう。排水権は公有水面埋立事業において重要なポイントになる。というのは，公有水面は国の所有物なので，埋立は国が許可するが，埋立で陸地部分が広がると，排水していた住民や事業者

は生活できなくなってしまう。そこで公有水面の埋立事業は，排水権をもつすべての権利者が計画に同意するという条件を満たした場合のみ，国交省が事業者（ここでは広島県）に許可する。これは法制度上，全権利者の同意を義務づけるものではなかったが，公有水面埋立事業の許可制度を運用するうえで長年の慣例となっており，これまで全権利者の同意なしに許可された事業はなかった。ところが鞆の浦では，埋立予定区域に面する「鞆町鞆江浦町浦方組」名義の共有地において，共同所有者全員の計画同意が得られていないことが判明した。国会で鞆港保存問題が取り上げられた時に，国交省は事業許可には慣習通り，全権利者の同意が必要であると述べた[4]。

しかし，埋め立て・架橋計画に同意しない排水権者はごく少数であったため，当時の三好章福山市長は同意しない権利者の自宅に直談判に行くなど，あからさまな政治的圧力を加えた[5]。そこで運動団体の「鞆の浦・海の子」は権利者を励まして支援を続けた。

以下は第8章でも触れるが，この権利者たちが居住する町内会では，個別の住民説明会の開催を行政当局に要求した。だが行政当局は要求を受け入れず，2001年8月，鞆地区の全住民を対象とした説明会が開催された。しかも〈道路建設派〉の住民が大量に動員され，約450人の参加者のほとんどを占めた。説明会は圧倒的な数の論理で少数派の意見を抑え込もうとするかのような雰囲気であったが，開会冒頭で〈鞆港保存派〉の町内会長は，個別の住民説明会がなかったことに抗議して，全住民対象では説明会と認めることはできないとして，会場を退出した（『造景』編集部，2002）。このやりとりのなかで，〈道路建設派〉と〈鞆港保存派〉双方の怒号と罵声が飛び交い，会場は大荒れとなってしまった。のちに〈鞆港保存派〉のある住民は「あれほど面と向かって罵声を浴びせ合ったことはない。ショックだった」と言うほど，その時に生じた軋轢は長く尾を引いている[6]。

こうして住民説明会での「決別」によって，排水権を持つ〈鞆港保存派〉が埋め立て・架橋計画に同意することは，決定的に難しくなった。慣習に従えば，行政当局は埋め立て・架橋計画を推進できなくなったのである。そのため，三好市長は，埋め立て・架橋計画の推進を断念することを記者会見で明らかにし（『中国新聞』2003.9.3），藤田県知事も事業の凍結を正式表明した（『中国新聞』2003.9.23）。こうして埋め立て・架橋計画はいったん「凍結」されたのである。

第5章　鞆港保存問題をめぐる地域論争

埋め立て・架橋計画の復活と差し止め訴訟

　しかし2004年9月，鞆地区の出身で〈道路建設派〉住民の後援を受けた羽田皓候補が福山市長に当選すると，凍結されていた埋め立て・架橋計画が実施に向けて動き出した。羽田福山市長は当選後の記者会見で，前市長が断念した埋め立て・架橋計画を復活させ，推進することを明言した。そして2005年，計画推進を目的に「鞆町まちづくり意見交換会」を数回開催して，情報公開や意見収集等に取り組んだ（福山市土木部港湾河川課，2005）。だが，「推進ありき」の意見交換会には〈鞆港保存派〉の住民は参加せず，〈道路建設派〉と〈鞆港保存派〉の住民間で再び争点化され，意見対立がいまだ根深いことが明らかになっただけであった[7]。

　少数の地権者が同意しないために事業が進まない事態に直面して，福山市は過半数の住民が埋め立て・架橋計画の実施を望んでおり，生活環境改善の利点は大きいとして，全排水権利者の同意なしで事業を許可するように国交省に強く求め，広島県に計画実施の行政手続きを進めるように働きかけた。広島県もその準備を始める方針を表明した（『中国新聞』2006.3.2）。

　このような行政当局の動きに対して，〈鞆港保存派〉の住民は埋め立て・架橋計画の完全中止を求め，道路建設の代替案を改定して提示したり，計画再考を求める住民1万人以上の署名を提出して対抗した。しかし，行政当局はそうした根強い反対意見を押し切って測量調査を実施するなど，いよいよ行政手続きが実行に移される日が迫ってきた。

　ついに2007年3月〈鞆港保存派〉の9つの運動団体は「鞆の世界遺産実現と活力あるまちづくりをめざす住民の会」を結成し，外部の学者・文化人も支援組織を立ち上げた。4月24日，〈鞆港保存派〉の住民約160名が原告となり，広島県知事を相手取り，計画実施の行政手続き（埋立免許交付）を差し止めるよう広島地裁に提訴した。この「鞆の浦埋め立て・架橋計画行政手続差止訴訟」は，計画段階の公共事業差し止めを可能にする法改正がなされた後，全国で最初の行政訴訟となった。

差し止め訴訟の争点

　第一審の広島地裁では，大きくいえば次の3点が争われた。
　第一は，原告住民の景観利益の認定と保護についての争点である。原告住民が，長年にわたる鞆の浦の生活のなかで，美しい歴史的景観という利益を

享受してきたのか，原告住民に原告適格や景観利益があると認めるかが争われた。そして，仮に原告住民にそれらを認めるとしたら，埋め立て・架橋計画は原告住民の景観利益を損なうか，さらにその景観利益は保護されるべき，あるいは損失に対して補償されるべき価値を持つかも争われた。

　第二は，行政当局による埋め立て・架橋計画の決定についての合理的根拠の争点である。後述する争点の (2) 交通政策にあるように，原告住民が独自の調査結果に基づいて反対意見を主張したため，行政当局が依拠する調査結果に信頼性があるかが問われた。また争点の (3) 救命・防災の計画，(4) 下水道整備の工法の検討，そして原告住民による (9) 代替案である山側トンネル案との比較などを通じて，行政当局は，埋め立て・架橋以外の都市インフラ整備の可能性を十分検討したのかも問われた。コスト，事業効果，負の影響などで，他に優利な方法が存在するのであれば，埋め立て・架橋計画を選択する合理的な根拠はなくなるからである。

　第三は，行政手続きの進め方についての法的妥当性の争点である。これまでの公有水面埋立事業許可の慣例では，全排水権利者の同意が必要という条件があるが，それを満たさないまま，広島県知事が事業許可手続きを進めることは合法的かが争われた。また，埋め立て・架橋計画そのものは計画段階で，実際にはまだ実施されていない。そのため損害が生じる前に事業を差し止めることができるかという法の運用面の争点もあった。

　また原告住民らはこの訴訟と並行して，2007年9月，埋め立て・架橋計画の仮差し止め請求訴訟も起こした。これは，行政当局が本訴訟期間中に埋め立て・架橋計画を実施に移しても法律に反しない。実際に，広島県と福山市は差し止め訴訟の提訴後，県知事に対して埋立免許を申請し，行政手続きを進めようとした（『朝日新聞』2007.5.24）。そのため，裁判の審議が長引く間に事業が着手されて工事が進んでしまうと，事業による利益損失を防ぐという原告住民の提訴理由（訴訟利益）がなくなり，裁判は打ち切られてしまう。そこで判決が出るまでの間，埋め立て・架橋計画を進められないように，行政手続きの仮差し止めを請求するものである。

　この訴訟は，単に裁判手続き上の戦略であるだけではなく，今後の裁判のゆくえを占う，いわば前哨戦である。原告適格や上記の争点を間接的に争い，裁判官が鞆港保存問題をどのように考えるのかを推測できるからである。

　2008年2月，広島地裁は行政手続きの仮差し止め請求を認めなかったもの

の，原告住民のほとんどに原告適格を認める判断を下した。そのため，原告住民や原告代理人は記者会見で，今後の裁判の進行にある程度の手応えを感じたと述べた。

次節では，鞆港保存問題の経緯からいったん離れて，住民の聞き取りや訴訟をめぐる観察データをもとに[8]，〈道路建設派〉が埋め立て・架橋計画を求める理由，〈鞆港保存派〉がそれに反対する理由，そして行政当局や外部主体などがどのようにこの鞆港保存問題に関わってきたのか，詳細に検討しよう。

3 〈道路建設派〉〈鞆港保存派〉の主張と争点

住民層の特徴

鞆港保存問題には地元住民だけではなく，行政や専門家などさまざまな主体が関わっている。また〈道路建設派〉〈鞆港保存派〉もそれぞれ一枚岩ではない。では，この鞆港保存問題では何が争点であり，どのような人々が〈道路建設派〉〈鞆港保存派〉を形成しているのだろうか。表5.1，写真5.2は〈道路建設派〉および〈鞆港保存派〉の住民層の特徴と町内でのせめぎ合い，図5.2は，両派の住民組織と計画実施を推進する福山市と広島県，鞆の保存を求める外部専門家との関連を示したものである。

表5.1の〈道路建設派〉の住民の特徴であるが，マスメディアの意識調査によると〈道路建設派〉は住民全体の6〜9割とされており，正確な数字は不明だが，少なくとも多数派であることを自認している。地域組織である鞆町内会連絡協議会，地場産業の鞆鉄鋼協同組合連合会，鞆医師会，鞆老人クラブなどの年長者組織など，鞆の浦の地域政治をリードする有力者層が中心になっている。また「明日の鞆を考える会」や「鞆地区道路港湾整備早期実現期成同盟会」は上の組織を母体に結成された運動団体である。その他には，平町に〈道路建設派〉の住民が多いことが特徴となっている。

鞆港埋め立て・架橋計画の中心的な事業主体となる行政当局は，広島県である。行政当局は一貫して埋め立て・架橋計画を推進する立場を貫いてきた。この計画は，湾内の埋め立てと架橋による県道建設をおもな事業とするが，福山市は，計画に付随して実施される下水道整備事業などの部分的な事業主体として関与しており，地元住民から計画への合意を得る役割も担っていた。

表5.1 〈道路建設派〉・〈鞆港保存派〉住民層の特徴

	〈道路建設派〉	〈鞆港保存派〉
団体	鞆町内会連絡協議会，鞆鉄鋼協同組合連合会，鞆医師会，鞆老人クラブ，明日の鞆を考える会，鞆地区道路港湾整備早期実現期成同盟会	鞆を愛する会，鞆の自然と環境を守る会，歴史的港湾鞆港を保存する会，鞆の浦・海の子（鞆まちづくり工房），江の浦元町一町内会
年齢層	高齢者層	20代～60代前半
居住地区	鞆町周辺部，旧平村（現平町），旧原村（現御幸町）	港湾施設周辺部（鞆町中心部）
社会的地位	地元産業経営者，政治的リーダー層，旦那衆，漁師	若手男性経営者層，名望家商業者層，女性・主婦層，漁師
行政・外部団体・専門家	広島県，福山市	大学研究室，芸備地方史研究会，建築家，中国新聞社説，World Monument Watch（USA）

（出典）森久（2005a: 77）をもとに作成

写真5.2 〈道路建設派〉〈鞆港保存派〉のせめぎ合い（2008年10月撮影）
保存運動拠点そばに立つ計画実現の幟（左）計画に反対し世界遺産登録を訴える横幕（右）

両派のなかで，町内会連絡協議会が埋め立て・架橋を要望してきたことから，福山市は計画推進を「地元住民の総意」，すなわち鞆の浦の地域住民は計画実施を求めているとして，埋め立て・架橋計画の推進に取り組んできた。また，福山市は広島県より積極的で，広島県に計画の推進を強く要望したり，国交省に早急に埋立事業の許可を出すよう陳情してきた。

行政当局と〈道路建設派〉住民の動きの一方で，〈鞆港保存派〉の住民によって，先述した保存運動団体が結成された。〈鞆港保存派〉の大きな特徴として，外部団体が保存運動を支持していることが挙げられる。たとえば映画監督や文化人などによって，鞆港保存運動を支援する団体が結成されたほか，全国の郷土史・歴史学の学術団体から埋め立て・架橋計画中止の要望が

第 5 章　鞆港保存問題をめぐる地域論争

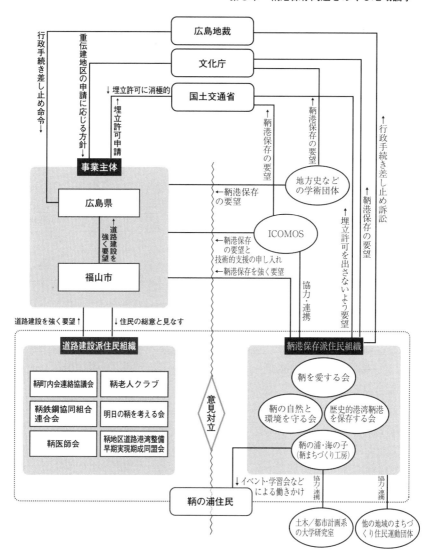

図5.2　鞆港保存問題における主体連関図

行政当局に何度も提出された。さらに，ICOMOS，World Monuments Fund などの世界的な遺産保存団体から，道路計画の見直しを求める要望が福山市に宛てて出されるなど，鞆の浦の外部から保存を求める声が大きく上がった。また2008年1月から〈鞆港保存派〉が計画中止と世界遺産登録を求める署名活動を開始したところ，鞆以外の福山市民や観光客などから同年10月までに10万人以上の署名が集まったことも，保存への要望の大きさを示している。

こうして〈道路建設派〉住民・行政当局と，外部主体も含む〈鞆港保存派〉住民・専門団体の間で「保存か開発か」の地域論争が巻き起こり，地域社会は二分されていった。鞆港保存問題への両者の主張を，9点に集約することができる。これらを手がかりに鞆港保存問題の争点を確認していこう。

鞆港保存問題の争点
(1) 重伝建地区

鞆の浦を重伝建地区に選定して町並み景観を保護することと，埋め立て・架橋計画は両立するかをめぐる争点である。福山市および〈道路建設派〉の住民は，1950年に策定されたものの進捗していない都市計画道路（県道関江の浦線）の代替道路として，埋め立て・架橋による道路建設が必要であるとする。したがって，埋め立て・架橋計画の実施と重伝建地区の選定はワンセットでなければならないというのだ[9]。そのため，埋め立て・架橋計画を実施しなければ，鞆の浦を重伝建地区として指定できないと結論づける。

これに対して〈鞆港保存派〉は，町並み景観保存と埋め立て・架橋計画は別々に是非を問うべきであり，鞆の浦が重伝建地区として保護される理由は，港町の歴史遺産に由来するのだから，鞆港を埋め立て架橋すれば，歴史的価値が下がってしまうと反論する。したがって重伝建地区と埋め立て・架橋計画は相入れないと主張し，計画を中止して，鞆の浦の重伝建地区選定を申請して保存するよう求める。

こうした批判に対して福山市は，鞆の浦の町並み景観を保存するために，重伝建地区選定と同様，埋め立て・架橋計画も必要とする立場をとる。さらに，重伝建地区とは別に，鞆の浦に残る歴史的建造物の保存政策においても福山市の方針は同じである。そのため，埋め立て・架橋計画を実施できないことを理由に，個々の建造物保存を助成する制度を廃止している。これに対して〈鞆港保存派〉は，助成制度をいわば「人質」にしていると福山市を強

第5章　鞆港保存問題をめぐる地域論争

く非難した。福山市教育委員会は，歴史的建造物を一件ずつ文化財に指定して保存を進めているが，それにも限度があるという。

この争点は，重伝建地区の選定範囲にも広がった。2008年3月，福山市は鞆の浦中心部の約8.6haを自治体が指定する「伝統的建造物群保存地区」（伝建地区）とした（図5.3）。伝建地区のなかから，自治体の申請に応じて文化庁が重伝建地区選定を許可するため，これは重伝建地区をめざす準備の一つである。しかし福山市はその一方で埋め立て・架橋計画も推進している。福山市は1950年以来の県道関松永線（旧県道関江の浦線）の都市計画道路を完全に廃止した。これは将来，重伝建地区に選定されると，沿道の拡幅工事ができなくなるために断念し，港湾

図5.3　福山市が予定する伝建地区選定

の海上部分を重伝建地区の対象外において，埋め立て・架橋計画が実施できるようにする手順の一つといってよいであろう。福山市の立場はあくまでも埋め立て・架橋計画と重伝建地区選定をセットにすることであった。

このような福山市の準備作業に対して，〈鞆港保存派〉から，海上部分が指定範囲に含まれず，内陸部分も町の中心部に限られて範囲が狭すぎるという声が上がった[10]。福山市の方針は，埋め立て・架橋計画の推進を最大の目的として，最低限の町並み景観を保存することで議論を封じ込めようとしていると批判したのである。

また，2007年には〈鞆港保存派〉の運動団体と外部の住民も含む団体によ

って「鞆の世界遺産実現と活力あるまちづくりをめざす住民の会」が組織された。同会はユネスコの世界遺産認定に関わる国際機関であるICOMOS（国際記念物遺跡会議）の総会で，埋め立て・架橋計画への反対声明が二度にわたって決議されたことを受けて，埋め立て・架橋計画を実施することで，世界遺産級といわれる鞆の浦の価値が失われてしまう，と主張した。加えて，鞆の浦の世界遺産認定の可能性がなくなるだけではなく，こうした開発を許す日本社会のあり方が世界から問われ，今後，日本各地の世界遺産認定と保護に悪影響を与えかねないと警告した。

(2) 交通政策

先述した埋め立て・架橋計画差し止め訴訟においても，争点の一つとなった。広島県と福山市は，計画推進の正当性の証拠として，鞆町内のさまざまな交通量を調査していた。また道路建設が地元住民の生活環境に悪影響を与えないという環境影響調査の結果も示した。

そして〈道路建設派〉は，特に朝夕の通勤時間帯に交通渋滞が発生し，沼隈町および平町から福山市中心部へ向かう通過交通量を処理しきれないこと，町内の道路の幅員が狭く，離合箇所以外で車のすれ違いが困難になる問題を解消するために，港側に道路建設が必要とする。また，現状では休日に散策する観光客が危険にさらされ，自家用車で訪れる観光客は離合箇所を知らないため，渋滞の原因にもなるという（写真5.3）。

ところが，〈鞆港保存派〉はまったく逆の主張をする。町内の交通渋滞や通過交通量は，ライブ映像や沿道住民の生活実感から，それほど深刻ではないという。福山市による調査や予測は，埋め立て・架橋計画を正当化するために，交通量の増加を過剰に見積り，集計場所も意図的に選択するなど不公正であると批判する。そして〈鞆港保存派〉の住民が独自に交通量を計測し，鞆の浦の町中を通過に要する時間の検証実験を行った結果，同じ移動時間は計測できず，福山市のデータは実証できないと反論するのだ。

(3) 救命・防災

交通政策とも関わる争点である。前節で述べたように，鞆の浦は高齢者が多く，海と山に囲まれ，少ない平地に木造家屋が密集している。そのため緊急車両（救急車・消防車）の通行を確保することは，人命救助と防災の観点から，鞆の浦のまちづくりにおける重要な課題の一つである。〈道路建設派〉は，港側に大型車両が通過できる片側一車線の道路を建設することで，

第5章　鞆港保存問題をめぐる地域論争

緊急車両のスムーズな通行が可能になり，救助や消火が速やかに行えるという。また，埋め立て地の造成や橋の建設は，高潮被害への対策にもなると主張する。

一方，〈鞆港保存派〉は，緊急搬送先の病院のほとんどが鞆町内にあるので，緊急車両が鞆町内を通行することには変わり

写真5.3 離合箇所ですれ違う自動車
（2014年9月撮影）

がなく，時間は短縮されないと主張する。そして鞆町内の多くの地域では，救急搬送には海上の道路を通行しない。さらに消防・消火活動では，町内には大型車が通過できない狭い道路が多く，大型消防車で消火できる区域は限られているため，海上に道路を建設しても，問題は解決しないという。そして小型消防車を数多く配備したり，町内の要所に消防用水槽を設置するなど，別の方法で対処可能であり，これは防火の「戦術の問題」である，という福山市消防署員の証言（『朝日新聞』1996.3.10）を引き合いに，〈道路建設派〉の主張を批判する。

(4) 下水道整備

埋め立て・架橋計画に含まれる都市インフラ整備に関わる争点である。福山市は，埋め立て・架橋計画の一環として埋め立て予定地域の下水道を整備できるだけでなく，町内全体の下水道整備ができるようになる，と主張する。その理由は，旧県道関江の浦線（現県道関松永線の一部）の代替道路が新たにできれば通路を確保できるので，鞆町内を通行止めにして下水道整備ができる，というものである。これに対して〈鞆港保存派〉は，現在，工事中も通行可能となる最新の工法が開発されており，道路建設の理由にならないという。したがって，下水道整備は必ずしも埋め立て・架橋計画と一体でなければ実施できない事業ではなく，別に対処可能であると反論する。

(5) 駐車場

埋め立て地と観光開発に関わる争点である。鞆の浦では，地域住民が使用する自家用車の駐車場を確保することが，長年の課題であった。〈道路建設派〉は，埋め立て・架橋計画によって駐車場用の土地を造成すれば，こうし

たニーズに応えることができるという．また，観光客の車や大型観光バスを停める駐車場も観光開発に必要なインフラの一つだという．だが〈鞆港保存派〉は，駐車場は別の場所で十分に代替可能であると主張する．たとえば「歴史的港湾鞆港を保存する会」のＳ氏は，消防署の前を南北に走る道路沿いの防波堤部分に，櫛形に立体駐車場をおくことを提案した[11]．ここは計画では，鞆港の旧魚揚場の代替地として埋め立てる予定の海域である．なお，Ｓ氏が埋め立てに賛成しないのは，ちょうど対潮楼から見たこちら側の景色（写真4.4①）が「日東第一形勝」と称賛されてきたからであろう．

(6) 観光開発

埋め立て・架橋計画の目的に関わる争点であり，両派の考えは異なる．〈道路建設派〉は，道路ができることで，多くの車や大型バスの通行が可能になり，埋め立て地に駐車場も整備するため，鞆の浦の中心部に容易にアクセスできるようになる．さらに，埋め立て地に観光施設を整備し，「迎賓都市・鞆」を創出することで観光開発を促進することが目標である．それに対して〈鞆港保存派〉の住民は真っ向から反論する．鞆の浦の観光地としての魅力は，近世の港町の佇まいを残す港湾施設群と町並み景観にある．埋め立て・架橋計画は鞆の浦の主要な観光資源を損ねてしまい，観光地としての魅力は失われてしまうという．

(7) 自然環境・生活環境

とくに埋め立て・架橋計画差し止め訴訟において争点となった．〈道路建設派〉は，計画実施とともに下水道を整備し，海へ直接生活排水を流すことがなくなるため，自然環境に配慮しているという．一方，〈鞆港保存派〉は，通過する車の排気ガスが住民の健康に悪影響を与えると述べ，環境コンサルタントによる独自の調査結果をもとに住環境・生活環境が悪化する可能性が高いと訴える．また，埋め立て予定地や鞆港の湾内には，スナガニをはじめとする貴重な海洋生物が豊富に生息しており，埋め立て・架橋工事によって，それらの自然環境が失われると主張する．

(8) 町並み景観

この争点も両者の意見は大きく分かれる．〈道路建設派〉は，計画では，道路の橋脚の高さを極力低くし，町並みに合う意匠に変更したと評価する．だが〈鞆港保存派〉は，12年間にわたる工事期間中，海の見える生活ができなくなり，港に橋が架かると，港町としての町並み景観だけではなく，瀬戸

第5章　鞆港保存問題をめぐる地域論争

内海を臨む美しい景観も台無しになると主張する。橋脚の意匠も，鞆の浦と縁のない無関係なもので，鞆の浦の歴史文化に合致しないという。

(9) 代替案

〈鞆港保存派〉が提示した代替案と埋め立て・架橋計画との比較と評価に関わる争点である。〈鞆港保存派〉は，埋め立て・架橋計画に対抗して，鞆町内の通過交通量の処理と交通渋滞の解消のために山側にトンネルを建設する代替案を提示している。独自に土木工事のコンサルタントに試算を依頼した結果，山側トンネル案の方が，建設費も安く，建設期間も短くて済むという。また道路建設予定地の海底にトンネルを掘るという代替案も外部から寄せられている。これに対して福山市と〈道路建設派〉の住民による試算では埋め立て・架橋計画が優位であり，かつ，山側トンネルは，上記の(3)救命・防災，(4)下水道整備，(5)駐車場，(6)観光開発の問題を解決できないという。また(7)自然環境・生活環境も，トンネルの出入口に排気ガスが溜まる問題があるという。福山市と〈道路建設派〉は，埋め立て・架橋計画は(3)〜(6)のような諸問題を一挙に解決できる総合的な優位性があると主張するのだ。

〈道路建設派〉と〈鞆港保存派〉の対立点

以上のような〈道路建設派〉と〈鞆港保存派〉のおもな主張をまとめたものが表5.2である。どの争点においても両派は真っ向から対立している。意見対立は次の3点に集約できるだろう。

第一は，埋め立て・架橋計画が地域再生の切り札なのかという点である。〈道路建設派〉は，観光バスで多くの観光客を招き入れるようなマスツーリズム型の観光開発に大きな期待を寄せている。それは地場産業のなかで成長を期待できる数少ない可能性といってよいかもしれない。また福山市は，1950年の都市計画道路は重伝建地区選定のために廃止したのだから，その代替となる埋め立て・架橋計画は必要である，と主張する。歴史保存を進めるためにも，道路建設は切り離せないというのが〈道路建設派〉と行政当局の考え方である。

一方，〈鞆港保存派〉は鞆港の港湾遺産と町並み景観を「世界遺産級の価値」と評価する。そして，港に架橋すると瀬戸内海の美しい風景が破壊されて価値が失われ，かえって観光客は減ってしまうと主張する。先述した

表5.2 〈道路建設派〉〈鞆港保存派〉のおもな主張

争点	〈道路建設派〉	〈鞆港保存派〉
(1) 重伝建地区	1950年の都市計画道路は沿道に歴史的町並みが残っており、重伝建地区選定を受けるためにこれを整備拡幅することはできない。埋め立て・架橋計画による代替道路の建設が必要	町並み保存と埋め立て・架橋計画は別々に是非を問うべき問題である。港の埋め立て・架橋は重伝建地区としての価値を下げ、港町の歴史遺産や町並み景観保存と矛盾する
(2) 交通政策	沼隈町と平地区から福山市中心部へ向かう通過交通の処理と、鞆町内で生じる交通渋滞の解消に道路建設が必要	通過交通・交通渋滞はそれほど深刻ではない。しかも交通量調査が十分なされていない
(3) 救命・防災	緊急車両（救急車・消防車）を通行可能にして、人命救助・消火活動を速やかに行う。高潮被害対策も含む	病院は鞆町内にあり、救急車は建設された道路を通行しない。消火活動は、小型の消防車両の配備など地域の事情に合ったやり方で対処可能
(4) 下水道整備	下水道の整備も同時に行うことができる。また町内を通行止めにして下水道工事をするために代替道路が必要	最新技術の工法を使えば、通行止めにしなくても下水道整備は可能
(5) 駐車場	住民のニーズに応える	埋め立て予定地と別の場所で代替可能
(6) 観光開発	「迎賓都市・鞆」を創生する。インフラ整備で観光開発を促進する	埋め立て・架橋は、かえって観光資源の価値を下げる
(7) 環境	生活排水を海に直接流入させないよう、自然環境に配慮している	鞆港の湾内に生息する貴重な海洋生物が影響を受ける。通過車両の排気ガスによって生活環境が悪化する
(8) 町並み景観	架橋の低い橋脚と意匠で町並み景観に配慮している	架橋によって、港町の町並み景観も瀬戸内海の風景も、台無しになる
(9) 代替案	山側トンネル案、海底トンネル案は、予算的に難しく、上記の別の地域の課題を解決できない	通過交通の処理・交通渋滞の解消には、山側トンネル建設で対応できる。予算も問題なし

（出典）森久（2005a: 77）をもとに作成

ICOMOSは反対声明を出して、計画を中止して鞆の浦の町並み景観の保存事業に取り組むのであれば、何らかの技術的支援の準備がある、という書簡を福山市長宛に送っている。

〈道路建設派〉も〈鞆港保存派〉も鞆の浦の観光開発を念頭においているが、それぞれのスタイルは大きく異なる。〈道路建設派〉の観光開発は、駐車場や大型道路を利用する自家用車、大型観光バス乗り入れを課題としていることから、旅行会社のパッケージツアーなどのいわゆるマスツーリズムといってよいだろう。一方、〈鞆港保存派〉の観光開発は、近年広がりつつある個人観光を念頭においていると思われる。第7章でみるように、「空き家

第5章　鞆港保存問題をめぐる地域論争

バンク」で開業した店舗は，地元住民と観光客が同じように利用できる店づくりをめざすものが多い。「鞆まちづくり工房」（旧鞆の浦・海の子）のMH氏は，以前，鞆の浦を訪れた観光客に「何もないのが鞆の良いところなんです」と語るなど，鞆の浦には土産物店や観光スポットのような典型的な観光施設は必要ない，という考え方を示している。

　第二は，埋め立て・架橋計画は生活環境およびインフラ整備の手段として合理的な政策かという点である。〈道路建設派〉と福山市は，(2)(3)(4)の生活環境とインフラ整備を道路建設によって実施する必要性があると述べる。ある住民は「もう，ちょんまげ，大八車の時代じゃない」（『朝日新聞』1996.2.27）として，この計画が時間的・財政的に最も効率がよく効果も高いため，他の方法は考えられないという。またインフラ整備への要望がとくに平町で高いのは，平町から鞆鉄鋼団地や福山市街地までは，車で鞆町内を通過しなければならないからである。平町には鉄鋼団地に通勤する労働者が多く，その他に沼隈町から福山市街地に向かう車も多いため，通勤時間帯に鞆町内の狭い道路は渋滞するのだという。

　それに対して〈鞆港保存派〉は，港湾近辺の長年にわたる生活環境として，海が見える景観と鞆港を保存すべきであると考える。そしてすでに述べた通り，埋め立て・架橋計画には(2)(3)(4)の生活環境とインフラ整備の政策として合理性はないと真っ向から反論している。

　第三は，計画実施に関わる行政手続きの公正さの点である。行政当局は，〈道路建設賛成〉が住民の大多数を占め，地元住民の合意は得られたと見なしてこれを計画推進の正当性の根拠とした。しかし2001年に一部の排水権利者が同意していないことが判明し，〈鞆港保存派〉は，行政当局はこの計画で最も影響を受ける地域住民への説明責任を果たしていないという。また町内会の回覧板を使って「踏み絵」のようにして集めた計画賛成の署名は無効であると主張する。

4　鞆港保存問題の現在

　〈鞆港保存派〉の提訴から10年近くを経て，2016年現在，鞆港保存問題はどのような事態に至っているのだろうか。再び鞆港保存問題の動向に戻って経緯を追っていこう。

広島県の埋立免許申請と国交省の対応

〈鞆港保存派〉住民が埋め立て・架橋計画差し止め訴訟を起こした直後の2007年5月，広島県と福山市は，計画実施に必要な手続きである埋立免許交付を，藤田県知事に対して申請した（『朝日新聞』2007.5.23）。翌2008年6月，県知事は国交相に対して，公有水面埋立事業の許可を申請した（『朝日新聞』2008.6.24）。だが，国交省中国地方整備局は，全排水権利者の同意を満たさない異例のケースであるとして，8分野30数項目の補足説明を求める質問書を広島県に送った。通常の事業申請であれば数ヵ月の審査期間を経て許可するところ，国交省は結論を出さずにいたのである。これに対して広島県と福山市は，それぞれ国交省を訪問して早期の許可を要請したが，金子一義国交相は「埋め立て・架橋計画への国民的な合意の必要性を強調し」，羽田福山市長に「反対派との対話を進めない限り計画の認可は難しい」と回答した（『中国新聞』2009.1.30）。仮差し止め請求訴訟では住民の請求は認められなかったが，実際の行政手続きの過程において国交省が難色を示したことで，埋め立て・架橋計画は進展のない状態が続いたのである。

広島地裁判決と控訴審

その間の2008年10月，埋め立て・架橋計画差し止め訴訟では，広島地裁の裁判官が現地視察を行い（写真5.4），翌2009年2月に結審した。提訴から2年6ヵ月後の2009年10月1日，広島地裁の判決が下った。判決は，原告の地元住民のほとんどに原告適格を認め，原告住民は景観利益を保持しているとした。さらに，埋め立て・架橋計画によってその景観利益が損なわれるだけではなく，鞆の浦の景観は，その歴史文化的価値を考慮すれば，特別に保護すべき公共的な価値があると一歩踏み込んだ判断を下した。さらに，行政当局は調査検討が不十分なまま計画を推進しようとしており，埋め立て・架橋計画は合理的根拠を欠いていると見なした。そして広島県知事に対して，埋め立て・架橋計画の埋立免許交付を差し止める命令を下したのである。つまり原告の主張のほとんどが認められた判決であった。公共事業差し止め訴訟の歴史において，画期的な判決であった。

広島県と福山市は，この判決を不服として広島高裁に控訴した。しかし，控訴直後の広島県知事選で，新たに湯崎英彦県知事が誕生した。それまで埋め立て・架橋計画実施に積極的であった藤田知事に代わって，湯崎知事は慎

第5章　鞆港保存問題をめぐる地域論争

写真5.4　　裁判官の現地視察　　　住民向けの事業計画説明板
　　　　　　（2008年10月撮影）　　　　（2014年9月撮影）

重な姿勢を示した。記者会見などで計画を中止するとは明言しなかったものの，新知事は〈道路建設派〉〈鞆港保存派〉行政当局を交えた話し合いの場として「鞆地区地域振興住民協議会」（以下，住民協議会）を設置し，継続的に意見調整を行う意向を明らかにしたのである。

　一方，広島高裁の控訴審では，裁判官，原告・被告，双方の代理人を交えた非公開の円卓会議で，今後，裁判をどのように進めるのか協議を重ねていたが，基本的に新知事が設置した住民協議会のゆくえを見守ることになり，実質的な審議には進まなかった。〈鞆港保存派〉の原告住民は，このような継続的な話し合いを歓迎したが，〈道路建設派〉の住民は，埋め立て・架橋計画の推進を求めて行政当局に陳情を行うなどの対抗手段をとった。

　これまで強く計画を推進してきた羽田福山市長は，控訴審と住民協議会は別々に進めるべきであるとして，控訴審の早期審議を求めて広島県に働きかけ，計画推進の姿勢を崩さなかった。また福山市は訴訟と並行して，計画実施の準備作業として，鞆の浦中心部を重伝建地区に選定する準備を進めていた（3節）。

広島県の計画断念と裁判の終結

　住民協議会では，2010年末から弁護士を仲介者として，県知事，副知事，

〈道路建設派〉〈鞆港保存派〉の住民代表などが参加して会合を重ねてきた。1年8ヵ月にわたって計19回開催された住民協議会では，(1) 重伝建地区，(2) 交通政策，(3) 救命・防災，(4) 下水道整備，(5) 観光開発など，毎回争点を設定して〈道路建設派〉〈鞆港保存派〉双方の住民が意見交換し，対応策・代替案などの検討が進められてきた。広島高裁の控訴審はこの議論を踏まえて，協議会を設置した広島県知事の判断を待つこととなった[12]。

2012年6月25日，広島県知事は計画を撤回し，景観への影響が小さいとされる山側トンネル案を推進する考えを表明した。福山市長には会談でその意向を伝えていたが，市長は強く反発し，〈道路建設派〉の住民も広島県の方針転換を批判した。これまで埋め立て・架橋計画を推進し〈鞆港保存派〉の住民を説得してきた広島県は，今度は計画撤回と新しい案を推進するために〈道路建設派〉の住民を説得する立場となった。

そして2016年2月15日，広島高裁の控訴審で，広島県は県知事に対する埋立免許の交付申請を取り下げる意向を示し，これに応じて〈鞆港保存派〉の原告団も訴えを取り下げ，裁判は終結した（『朝日新聞』2016.2.15）。

1983年に計画策定されてから30年以上続いた鞆港保存問題は，広島県の計画断念によってここに大きな区切りを迎えたのである。

注

1 「鞆を愛する会」によるまちおこし運動の具体的な展開と内容は，片桐（1993；2000）；亀地（1996；2002）を参照。

2 どちらの立場にも「鞆をより良くしたい」という問題関心があることはいうまでもない。ここで問うべきは，同じ関心を持ちながら，なぜ一方は観光開発と道路建設を主張し，もう一方は鞆港の保存を訴えるのか，ということである。すなわち，本書の目的は正反対の立場を生み出した歴史文化的コンテクストと地域社会構造を解明することなのだ。

3 鞆町内にて「明日の鞆を考える会」（2004年9月22日），福山市庁舎にて福山市港湾河川課へのヒアリング（2004年10月15日）。

4 国交省はその一方で，一定の条件を満たせば全権利者の同意がなくとも事業許可は法律上可能であるとの見解を，広島県と福山市に示した（『中国新聞』2005.2.3）。

5 2009年に〈道路建設派〉の運動団体が，「わずか数名の権利者が計画に同意しないために事業がストップしている」ことを，新聞折り込みチラシで広報す

第 5 章　鞆港保存問題をめぐる地域論争

るほどであった。
6　第 3 回現地調査（2004 年 8 月18日～21日）におけるフィールドノート（「海の子」メンバーとの会話メモ）。
7　第 6 回現地調査の鞆公民館における「鞆町まちづくり意見交換会」（主催：福山市，2005 年 8 月30日）のフィールドノートおよび福山市土木部港湾河川課（2005）による。
8　ここでの観察データには，埋め立て・架橋計画差し止め訴訟の公判傍聴や原告団の記者会見で配布された資料なども含まれる。
9　広島県福山地域事務所にて広島県港湾課（2004年10月13日），および福山市庁舎にて福山市港湾河川課へのヒアリング（2004年10月15日）。
10　京都府伊根町は舟屋の町並み景観が残されていることで有名だが，伊根町は海洋部分も含めて重伝建地区の選定範囲を申請した。文化庁もこれに応じて海洋部分も重伝建地区に選定しており，歴史的な建造物が立地している陸上部分だけに限られない。
11　鞆町内にて継続的に行った S 氏へのヒアリング（2004～2006年）。
12　「鞆地区地域振興住民協議会」の内容については，藤井（2013）を参照。

第三部　鞆港保存問題の社会学的実証研究

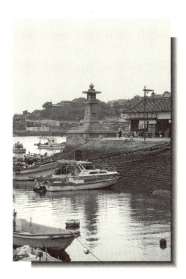

第6章　鞆港の空間・記憶・政治
　　　──鞆港保存問題のローカル・ポリティクス

1　鞆港の空間と記憶

社会過程の帰結としての空間形成

　都市のあらゆる空間は，何らかの政治的・経済的・社会的過程を経て形成される。たとえば，ある住宅地が存立するのは，ディベロッパーが宅地を開発し，その土地の購入者が住宅を建てたからであり，初めから住宅用に用意された空間が存在するわけではない。同様に，一つの商店が同じ場所で存続するには，商店を維持するための経済活動が必要であり，売り上げがその水準に達しなければ，店は潰れてしまうだろう。あるいは，ある一戸建ての住宅を二世帯住宅に建て替える時は，別居していた親子の世帯が一緒に暮らすなど，何らかの家族構成の変化を伴う。このように都市空間がある形態を持ちうるのは，それに先立って何がしかの社会的な行為の過程が存在するからである。つまり，都市空間の形態は社会過程の帰結なのだ。

　しかしそれとは逆に，空間のあり方は社会を維持したり，変化させる物理的条件でもある。たとえば，東京近郊では宅地の地価や鉄道路線，企業や商店の立地などの条件によって，社会階層の同質性の高い人々が集住する傾向がある。また時には，現在暮らしている住宅では子ども部屋が足りないという理由から出産を控えるように，住宅の広さという空間的条件によって家族構成が規定されることさえある。空間が社会構造を規定する力はけっして弱いものではない。

　D. ハイデン（Hayden, 1995＝2002）が一人の黒人助産婦の埋もれた歴史を掘り起こしたとき，そのモニュメントをロスアンジェルスの一角においたのは，「場所の力」によって初めてその埋もれた歴史の再評価が完遂すると

考えたからではないだろうか。あるいは，M. カステル（Castells, 1983＝1997）がサンフランシスコのゲイ・コミュニティの政治活動を都市社会運動として描いてみせたのは，ゲイの人々が集住することが，ゲイというアイデンティティの解放だけではなく，政治的勢力の結集を意味していたからではないだろうか。

このように空間と政治的実践は相互に連関しており，この知見を地域社会の空間と社会構造の水準に当てはめれば，空間と地域政治（local politics）の問題（＝地域問題）となろう。西村幸夫は言う。「都市の象徴的な空間は政治的な覇権が自ら表現した都市の姿である」（西村 2005: 10）と。

鞆港保存問題において，地域住民の意見は対立してきた。〈道路建設派〉の住民は，生活環境の諸問題を解決し，観光開発の手段として，埋め立て・架橋計画に賛成している。その主張には，鞆港を道路用地の空間として利用したいという期待がある。一方，〈鞆港保存派〉の住民は近世の港湾施設群と町並み景観を残すために，計画に反対して中止を訴えてきた。その主張には，鞆港が今後も港であるために空間を保存するべきだという認識がある。

あらためて考えてみると，一つしか存在しない「鞆港」の捉え方がこれほど対立するのはなぜだろうか。埋め立て・架橋計画への意見対立の背景には，鞆の浦という土地の歴史的変遷と地域政治が深く関わっているのではないか。

社会層と空間──分析視点

本書の第2部では，鞆の浦の歴史文化的コンテクストを踏まえて地域的伝統の特質を探り，鞆港保存問題の経緯を検討してきた。本章では，上記の問いを起点に，鞆港保存問題に焦点を当てて，空間（環境）・記憶・政治への社会学的アプローチによって鞆の浦の地域問題に迫りたい。

鞆の浦の人々が空間をどのように捉えてきたのか明らかにするには，玉野（2005）が用いた社会層という視点が有効である。そこでまず〈道路建設派〉〈鞆港保存派〉を5つの社会層によって把握し，各社会層の政治的地位の変動と地理的・空間的な再配置を，鞆港という空間の歴史的変遷のなかで描出する。これらを検討する理由は以下の通りである。

社会層とは，年齢（世代）・性別・家業として引き継いできた職業・政治的地位などを指標とする，集合的なまとまりである[1]。近世の鞆の浦は交易の要衝として繁栄し，鞆港を中心に同業者が集住し，居住地区による身分と

第6章 鞆港の空間・記憶・政治

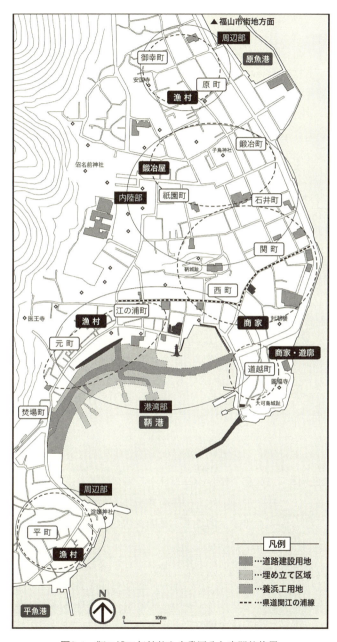

図6.1 鞆の浦の伝統的な生業区分と空間的位置

政治的地位が可視化されていた。近世の都市構造が色濃く残る鞆の浦では，港湾部・内陸部・周辺部など居住地区による社会層の住み分けが現在も観察され，商家・鍛冶・漁師などの生業の系譜に対応している（図6.1）。

〈鞆港保存派〉〈道路建設派〉それぞれの住民層を，歴史社会的な意味をもつ社会層ごとに，居住地区，政治的地位，鞆港との関わりについて考察していこう。

具体的に分析対象となる5つの社会層は，次の通りである。〈道路建設派〉には，計画を強く支持する2つの社会層が含まれる。一つは現在，政治的リーダーの役割を果たす地域指導者層，そしてもう一つは，鞆港を挟んで福山市街地の反対側に位置する平町に住み，道路開通の恩恵を最も受ける人々である。一方，〈鞆港保存派〉には3つの社会層が含まれる。1980年代にまちおこし運動を始めた若手男性経営者層，名望家層の血を引く自営業者，そして反対運動として大きな成果を上げた女性・主婦層を中心とした保存運動団体の3つである。

空間的記憶と政治の社会学

現代に生きる鞆の浦の人々は，各社会層がもつ歴史イメージ，すなわち鞆港に関わる歴史的に堆積した経験を現在の鞆港に投影させて見つめている。これがすなわち「空間的記憶」[2]である。空間的記憶は，各社会層の生業を通じて堆積しており，居住地区によって異なる。それゆえに，社会層は居住地区と空間的記憶から検討する必要があるのだ。

さらに本章で問うのは，鞆港保存問題における空間の政治である。鞆の浦の歴史を港湾整備の土木事業と港湾機能の特徴に着目して振り返ると，空間の変容と政治体制の変動の関係が浮かび上がってくる。年齢性別・職業・政治的地位としての社会層は，鞆港の港湾機能の変化と密接に関連している。したがって社会層ごとの政治的地位とその変化が，鞆港の歴史イメージと空間的記憶の相違となって表れると考えられる。したがって「鞆港保存問題」は空間的記憶と政治の視点からも検討しなければならない。

言い換えれば，本章の課題は鞆港保存問題の解明を目的に，空間的記憶と政治の相互関係を解明することである。それは「鞆港保存問題」を切り口に，鞆の浦という地域社会の像を描くことにもなるだろう。

次節では，鞆港の港湾整備事業の歴史と支配層の変遷を概観し，3節以降

第6章　鞆港の空間・記憶・政治

では具体的に鞆の浦の5つの社会層の鞆港との関わり（空間的記憶）を検討する。これらを通して，鞆港保存問題における意見対立がなぜ顕著になったのか，鞆の浦の地域社会において，鞆港保存問題は何を意味するのかを明らかにしたい。

2　鞆港の港湾整備事業の歴史と支配層の変遷

鞆港の歴史とは，港湾整備事業の歴史でもある。表6.1のように歴史を振り返ると，時代ごとに支配者や指導者が大規模な港湾整備事業を実施してきたことがわかる。そして鞆の浦の港湾機能と港町としての性格および主要産業も変化している。鞆の浦の歴史は第4章で詳しく述べたが，あらためて確認しておこう。

港湾整備の履歴と政治構造の変動

1600年代初めに福山藩の領主・福島正則が，現在の鞆の浦の内陸部に鞆城を築き，鞆港の東側にあった大可島との間を埋め立てた（現在の道越町）。この築城と埋め立ては，江戸幕府の成立と戦乱の終息とともに行われた港湾整備事業であり，鞆港の機能は軍事から交易へと変容した。鞆のまちは貿易港としての鞆港を中心に，商業の盛んな港町に性格を変えた。

鞆商人による支配が絶頂期を迎えたのが，1700年代以降のことである。鞆商人や保命酒の蔵元は，防波堤である大波止を改修し，町中に常夜燈を設置して商家や酒蔵を次々と建築した。これは多くの伝統都市と同じように，形式上は武家社会であったが，大商人が実質的な支配者であったことを示す。このように貿易港としての基礎が固められたのちに，鞆は商都として大きく発展し，瀬戸内海交易の経済的中心地という地位を獲得したのである。

明治維新後も，港湾整備事業は続いた。1913年，鞆商人の末裔にあたる名望家商業者層は，明治期以降，衰退する商業に歯止めをかけようと鞆町と福山駅の間に鞆軽便鉄道を開通させた。鉄道の建設は港湾そのものの開発ではないが，鞆港の利用を目的とした大規模な土木事業であった。しかし，その輸送強化をもってしても鞆の浦の衰退をとどめることができず，1954年，鞆軽便鉄道は廃線となる。この一連の展開によって，鞆港の繁栄は過ぎ去り，鞆商人と港湾部の衰退は決定的になった。これを機に旧名望家商業者層は不

表6.1 鞆港の港湾整備事業の歴史

時代	実施・推進主体	事業内容	空間構造の変化	政治的変動
1600年代初め	領主・福島正則	鞆城の築城 大可島埋立事業	軍事的要衝の港から交易の要衝の港へ	武士階級から商人・職人階級の支配へ
1700年代以降	大商家 保命酒蔵元 西町の商人	大波止の大改修 常夜燈の設置 商家の建築	貿易港の形成 商都・鞆の発展 経済的中心地の繁栄	商人・職人階級の支配の絶頂期
1913～53年	鞆商人の系譜 名望家商業者層	鞆軽便鉄道(鞆－福山間)の開通と廃線	港湾部＝経済的中心地の決定的衰退	鞆商人の不在地主化 政治力の衰退
1955～65年	鍛冶屋の系譜 鉄鋼業者	鉄鋼団地の埋立造成 福山市との合併	鉄鋼団地＝地場産業の中心地の繁栄 福山市との合併＝政治の中心地移動	鉄鋼業経営者の台頭＝地域政治の担い手
1985年～現在	町内会長 政治的有力者層	鞆港埋め立て・架橋計画	〔鞆港の港湾機能停止〕	―

(注) 青木 (1969)；谷沢 (1991)；陣内・岡本編 (2002) を参考に作成

在地主化して，地域経済を支えていた政治力を失っていく。

1955～65年には，鍛冶屋の系譜にあたる鉄鋼業者が，福山市との合併に合わせて，鉄鋼工業団地の造成事業を実施した。その成功によって鉄鋼業は鞆の浦の中心的な地場産業となり，鉄鋼業経営者は地域指導者として台頭した。また福山市と合併したことで，制度上の政治の中心地が，鞆町から福山市中心部に移動した。鞆の浦の地域政治は「自治権」を失い，「外部」であった福山市に統治されることになったのである。

こうした港湾整備の履歴の延長上にあり，1985～2016年まで町内会長や政治的有力者層が支持し，推進してきた大規模な港湾整備計画が，鞆港埋め立て・架橋計画である。

この計画の最大の特徴は，鞆港の港湾機能を完全に停止させるところにある。これまで実施されてきた事業は港湾機能の変更や強化を目的としたものであったが，埋め立て・架橋計画は鞆港を横断する橋を架けることによって，港を利用できなくなるのが決定的な違いである。

では，この事業計画を推進する〈道路建設派〉の2つの社会層とはどのような人々であるか，確認しよう。

第6章　鞆港の空間・記憶・政治

3　地域指導者層による道路建設の推進
―― 埋め立て・架橋計画を支持する論理

K氏と「明日の鞆を考える会」

　道路建設派のK氏は「明日の鞆を考える会」（以下，「考える会」）や羽田福山市長の後援会の中心人物である。「考える会」は鞆老人クラブを母体として，町内会連絡協議会[3]や鉄鋼連合会など地域指導者層の組織の連絡役として，埋め立て・架橋計画を推進するまちづくり運動団体である。その意味でK氏は地域指導者層の一人に数えられる。だが一方でK氏は「福山市立鞆の浦歴史民俗資料館友の会」において中心的役割を担い，郷土史家として積極的に活動している。郷土史家であれば，学術の専門家が主張する鞆港の歴史的価値や希少性を理解して埋め立て・架橋計画に反対すると思われるが，実際はそうではない。なぜだろうか。

　「先達に敬意を示した形の事業である」とは，K氏が埋め立て・架橋計画を説明する際に強調していた言葉である。そして湾内に生活排水を直接流し，無造作に漁船が舫っている鞆港の風景は，観光客を迎える「迎賓都市」においては「恥ずかしい」「みっともない」と述べる。K氏にとって，貿易港であった港町から「観光都市」を創出する埋め立て・架橋計画は，鞆の浦の指導者が時代の変化に応じて実施してきた伝統的な政策の一つと認識されている。つまり地域指導者層が敬意をもって先達から受け継ぐ仕事こそ，埋め立て・架橋計画という港湾整備事業なのだ。そして計画によって鞆港の港湾機能は失われるが，近世の港湾施設群はすべて破壊されるわけではない。それらは港湾施設としての役割を終え，博物館のガラスケースの中で展示されるモノのように，鞆港の繁栄を象徴する「遺産」として残される。したがってK氏にとって埋め立て・架橋計画は，鞆港の港湾整備事業の履歴の延長として，貿易の港町から「迎賓都市」への転換と近世の港湾施設群の保存を両立させる事業なのである[4]。

鉄鋼連合会

　K氏とは異なる立場から地域指導者層の役割を担ったのが，鍛冶職人の系譜を持つ「鉄鋼連合会」である。近世の鍛冶屋は，鞆港から商品を出荷して

いたが，鞆商人を凌ぐ規模ではなかった。しかしながら鍛冶職人の政治的地位は鞆商人に次ぐもので，独自の祭礼行事や信仰の厚さなど，特色ある社会集団であったといわれる（森栗，1985）。そして明治以降，鞆商人が没落していったのに対し，鍛冶屋の子孫たちは鉄鋼業者として生き残った。そして1950年代中頃より鞆の浦の北部に鉄鋼団地を造成し，伸鉄の生産は一時国内シェアでトップを占めた。鉄鋼業者は，平町や旧沼隈町の住民を従業員として抱え，衰退する旧名望家商業者に代わって，地域経済の活性化と生活水準の向上に貢献したのである。

内陸部に居住する鉄鋼業者は，伝統的に商業者層とは異なる祭礼や信仰を持つほか，今でも祭礼行事を取りしきる。このように鉄鋼業者は，政治経済的，社会的地位の上昇移動を果たし，彼らを中心とした地域指導者層は，行政当局の政策決定に影響を与えているのである。

鉄鋼団地は鞆の浦の北部に建設されたため，鞆港に直接の利害関係を持つことはなかった。鉄鋼団地開発が成功しても，彼らが鞆港を利用する目的で何らかの港湾整備事業を実施するには至らなかった。その結果，近世の鞆商人の繁栄が空間に映し出された鞆港は，昔のまま残されたのである。歴史文化・政治経済の両面で，鉄鋼連合会と鞆港の関わりは薄いといえる。逆にいえば，鞆港の埋め立て・架橋計画に対して，鉄鋼連合会のなかで抵抗は生まれにくかったと考えられる。

鉄鋼業者が計画を支持するのは，平町や沼隈町に住む鉄鋼団地の従業員が，長年にわたって鞆町内の交通渋滞に不便さを感じてきたためである。従業員の通勤上の利便性を考えて，計画に賛成する経営者も少なくない。また，かつての鍛冶職人の親分・子分関係を背景に，経営者が従業員を庇護するために，計画を推進している可能性も考えられる。

さらに，主力商品である船舶関連用品の取引相手が沼隈町内の造船業者であるために，埋め立て・架橋計画によって鞆港を横断して平町へ抜ける道路が建設されれば，迂回せずに商品を納入できるようになる。トラック輸送の経路として道路開通のメリットは大きいという経営者もいる（福山市土木部港湾河川課，2005）。

鉄鋼連合会は，実際に鉄鋼団地開発によって地域活性化に貢献した経験を持つ。さらに鍛冶職人の末裔である彼らには，生業として直接鞆港と結びついた歴史的記憶がなく，鞆港とは鞆商人が支配した江戸時代の政治的中心地

という意識をもつにすぎない。これらの歴史文化・社会的条件が、鉄鋼連合会に、鞆港の港湾機能を断ち切る事業計画を推進させたと考えられる。

　以上のように、この計画が実施されると、地域指導者層の政治構造にどのような変化が生じるのかを予想することは難しいが、現在の地域指導者層の意識には、これまで各時代の指導者層が実施してきた港湾整備や埋め立ての土木事業の履歴が刻まれているのである。

4　「平の浦」からみる利便性——もう一つの漁港のまち

道路建設を推進する平町

　鞆町に隣接する平村と原村は、藩政下で鞆町と分離した後、明治の町村制施行に伴って合併した経緯をもつ。それぞれ平港と原港という独自の港を持ち、漁村として生活が営まれていた。現在でも沖合から平町と鞆町を眺めると、港に向かい合うように建物が並び、各港を中心に集落が形成されていることが確認できる。こうした歴史から、地域住民は平町と鞆町は生活文化が異なると認識する一方で、同じ鞆の浦という意識も持っている。こうした複雑なまち意識から、他の社会層に比べて非常に強く埋め立て・架橋計画の推進を主張するのが、平町の住民である。

違う町／同じ町の意識を持つ住民

　平町と鞆町で生活文化が異なる様子は、たとえば祭礼行事で確認することができる。平町では参拝し祭礼を行う神社は淀姫神社であるが、鞆町は沼名前神社である。そして祭礼行事に参加できるのは、同じ地域社会の成員に限られるため、平町の住民は鞆町の祭りには決して参加しないという。もちろん、鞆町の住民も平町の祭りには参加しない。平町出身の歴史学者・沖浦和光によれば、平村は平家一族の系譜にあたり、言葉遣いさえ異なるという（沖浦, 1998）。沖浦はある対談で、「あなたの故郷である鞆の浦についてですが…」と問いかけたインタビュアーに対して、「私の故郷は鞆の港から歩いて15分のところにある平の浦です」（沖浦・谷川, 2000: 11）と答えている。このように、鞆町と平町は違う町という意識が存在している。

　それでは両者は完全に別の地域社会かというと、そうではない。鞆の浦で毎年行われる町内運動会には、平町の町内会も参加している。そして、鞆港

写真6.1 埋め立て・架橋計画を推進する平町の町内会（2014年9月撮影）

保存問題の対立が顕著に現れたのが，1994年に平町の3町内会が町内運動会をボイコットしたことであった。平町と鞆町が一定程度の社会的連帯を持つことを示す出来事であった。またお互いの祭りの準備でも目立たない裏方の仕事であれば，個人的に手伝うことがある。筆者は秋祭りのイベントと同時に開催された全国町並みゼミの準備を参与観察した際に，一緒に作業をしていた平町の住民に，「それでは平町と鞆町はまったく違う町と思って良いのですか？」と尋ねたところ，「いや，同じ町だという意識はありますよ」[5]との答えが返ってきた。これは鞆町でも同じで，「平町と鞆町は違う町」と言いつつも，「一つの同じ町」とも語る。

　このように「同じ町」と「違う町」という2つの対照的な表現が混在するなかで，両者の関係をみると，平町は政治経済的に周辺的な位置におかれてきたといってよいかもしれない。鞆の浦が最も栄えた江戸時代の支配構造は，鞆町から平村を分離したうえで，港町の鞆町は「町方」，そして漁村集落であった平村は「浦方」として差別化されて統治されてきた。たとえば，比較的裕福な鞆町の住民は米食であったのに対し，平村の住民は「平のいも食い」と揶揄されてきたと，沖浦は述べる（沖浦・谷川，2000）。また鞆町の住民によると，昔は平町の住民は鞆町内に出向くことを「町に行く」と表現していたという。こうした言い回しのなかに，平町の経済的地位と平町と鞆町の間に現在も存在する複雑な距離感を見てとれる。

　以上のようなまち意識の違いは，平町住民が埋め立て・架橋計画の早期実現を強く望む意見に現れている（写真6.1）。平町から鞆鉄鋼団地に通勤したり，福山市街地に向かう車は鞆町内を通過するが，通勤時間帯は渋滞するという。平町からすれば，鞆港は道路用地として最適な空間なのだ。したがって港，習慣，祭礼行事などの独自の伝統と文化を持つ平町にとって，鞆港保存は「周辺的」な問題にすぎないのである。ある鞆港保存派の住民が道路推進派の平町住民に，もし埋め立て・架橋計画が平港ならば我慢できるのかを

問うたところ,「平港だったら黙っていない〔計画に賛成できない〕」と答えた,という。このエピソードのように,平町と鞆町の人々のまち意識の中核には港があり,港が異なると「違う町」と見なす傾向がうかがえる。

5 若手男性経営者層による保存運動——「鞆を愛する会」

ここからは,〈鞆港保存派〉の社会層に目を向けよう。〈鞆港保存派〉には3つの社会層がある。最初に検討するのは次代の地域指導者層として期待されながら,埋め立て・架橋計画に反対した「鞆を愛する会」(以下,「愛する会」)である。

次世代の地域指導者層による社会組織

進学でいったん鞆の浦を離れた後に帰郷してきた若者たちが,地域社会を活性化し,まちおこし運動を展開したのは,1980年代のことであった。「愛する会」は,次世代の地域指導者に期待された男性の若手経営者層[6]によって構成された組織である。コア・メンバーのO氏らのまちおこし運動は,マスメディアにも注目されて大きなムーブメントに成長したが,埋め立て・架橋計画の反対運動を展開することになった。

「愛する会」はO氏(「鞆クラブ」=PTA会長経験者によるボランティア団体の設立者,リーダー的存在,食品加工製造販売業経営者)とH氏(「鞆鉄鋼青年部」のリーダー,鉄鋼業経営者)とM氏(「鞆観光事業研究会」のリーダー,観光ホテル経営者)を中心に結成された。O氏とH氏は東京都内の大学を卒業した後,鞆の浦に戻って家業を引き継いだ,いわゆるUターン組である。そして彼らと同じ世代の観光ホテルの若手経営者がM氏である。「愛する会」はこうした若手の地元自営業者を中心に構成され,メンバーの主力には同業者の青年組織の役員や,PTA,JC等の地域組織の要職に就いた経験者が含まれている。

会長のO氏は,1940(昭和15)年に鞆町内の家に生まれる。祖父は石工であったが,両親は豆腐屋を営むことで生計を支えた。両親が懸命に働く後ろ姿を見て育った,とO氏は語る。働き者の両親が経営する豆腐屋は,その工夫と努力の甲斐もあり着実に成長していった。O氏が生まれ育った1940～50年代は,鞆軽便鉄道が廃止になるなど,鞆港が衰退して商業者層が没落して

いく時代であった。家計の苦しい彼らは，蔵に収められていた掛け軸や壺などの調度品・骨董品を古物商に売り払ったため，O氏の両親は貯えの中からそれらを少しずつ買い取り，大切に保管していたのだった。

当時の鞆小学校は県内有数の規模を誇っていたが，O氏は広島県内の小学校が参加する大規模な校外行事で，学校代表に選ばれたり，小中学校で生徒会長を務めるなど，リーダー的な存在であった。東京の私立大学に進学して鞆の浦を離れ，東京都内で会計士の職をめざしたが，「他人の会社の経理をやるより，自分で会社を経営したほうが面白いぞ」という先輩の一言で，鞆の浦に戻って両親の豆腐屋を継ごうと決めた。その後，豆腐製造販売業は順調に事業を拡大して，工場・店舗を町外に移すまでになる。またO氏は重要文化財である太田家住宅をボランティアで維持管理する「太田家住宅を守る会」の会長になり，太田家住宅の保存・公開が決定すると，調度品を提供して住宅内部で展示した。太田家住宅内には調度品の類いは一切残されていなかったが，O氏の両親が鞆商人の末裔たちから買い集めた品々が残されていたのである。その後O氏は鞆町内の自宅と複数の工場・店舗，そして太田家住宅を行き来する日々である。

O氏は「愛する会」や「太田家住宅を守る会」の会長以外にも，地域社会のさまざまな役職を引き受けている。なかでも鞆小学校でPTA会長を経験したことは，重要な意味を持つ。というのは鞆小学校・中学校は，鞆町で唯一の公立学校であるため，PTA会長は，鞆に住む子持ち世代のリーダーを意味する。同様に，かつて生徒会長であったことから，O氏は世代別リーダーとしての社会的地位を得ている。そのO氏がPTA会長を務めた後，これまでの歴代PTA会長を組織したのがボランティア組織「鞆クラブ」である。O氏は「鞆クラブ」でも会長として指導的地位に就き，鉄鋼業と観光業が下り坂にあり沈滞ムードに包まれた鞆の浦を何とかしなければ，と考えたのであった。そして同時期に同じ思いを抱いていたのがH氏であった。

H氏は，O氏からみると後輩ではあるが，同世代に近い。H氏は鉄鋼加工業を営む家に生まれた[7]。鞆小学校・中学校では生徒会長を経験する。さらに進学した私立高校では生徒会長，私立大学ではラグビー部の主将を務めている。その後，都内の企業に入社すると，そこでも同期入社社員の代表格となった。本人によると「自分はその気がなくとも，いつの間にか周りがリーダーにしてしまう」のだという。H氏は長男で，家業の鉄鋼加工業を引き継

第6章　鞆港の空間・記憶・政治

ぐために帰郷した。H氏が経営する鉄鋼会社は大きく成長し，鞆町内に「庭付き一戸建て」の自宅を構えた。これは「猫の額」ほどの平地しかない鞆町内では異例のことであり，鉄鋼業の若手経営者としてのH氏の経済的な成功を示している。H氏もO氏と同じくPTA会長に就き，異例の2期の任期を務めた。他にも町内会長や鞆体育会会長などの地域組織の役職も担った。鉄鋼連合会では青年部長，のちに役員職も経験した。少年ラグビーの指導者や高校のラグビー部OB会でも活動している。

　鞆の浦で観光ホテルを経営するM氏，そして先のO氏とH氏の3人は，鞆の浦において地付きで会社経営に携わる人物である。それぞれが鞆の浦を活性化したいと考えるなかで，この3人は引き寄せられるように出会い，「鞆を愛する会」が誕生した。1980年代の鞆の浦は，円高によってそれまで地域経済を支えていた鉄鋼業が最盛期の勢いを失い，重苦しい雰囲気にあった。これを打開するために「愛する会」は動き出したのである。

まちおこし運動と埋め立て・架橋計画

　鞆の浦の歴史と伝承を描いた中山善照『出逢いの海・鞆の浦』（中山，1989）という一冊の漫画本が出版される。それをきっかけに「愛する会」のメンバーは鞆の浦に伝わる歴史・伝承に興味を持ち，鞆港の港湾建造物群と歴史的な町並み景観に，親世代とは対照的な意味を見いだした。親世代である地域指導者層にとって，これらは近代化以降の衰退の象徴でしかなかった。しかし彼らはこれらの「歴史遺産」が鞆の浦の歴史・伝承の舞台であることを利用して，まちおこし運動を始めたのであった。

　その一つが「いろは丸」引き揚げプロジェクトである。鞆港の沖合で坂本龍馬が乗船した「いろは丸」が別の船と衝突して沈没したというエピソード（中山，1989）は，鞆の浦の人々の間で昔から語られていた。ところが，実際に「いろは丸」がどの海域で衝突して沈没したのか誰も検証しておらず，引き揚げられたという記録もない。そこで年配の漁師や古老たちへの聞き取り調査の結果，O氏は沈没したと想定される海域を特定して，1988年に海底調査を実行した。その結果「いろは丸」らしき船体と船舶のさまざまな部品が発見され引き揚げられた（「いろは丸」本体はまだ引き揚げられていない）。その後，「愛する会」は常夜燈前の広場に設置されていた魚揚場を移動させ，その広場に面した蔵を改装して「いろは丸展示館」をオープンした（写真

133

写真6.2 いろは丸展示館
「鞆を愛する会」がオープンした
（2008年10月撮影）

6.2)。そこで引き揚げられた数多くの物品を展示する他に、シンポジウム「今日から鞆は面白い！」を開催して多くの地元住民を集めた。

「愛する会」は「いろは丸」海底調査の資金集めにTシャツを作成して、それを売り歩いた。購入を断られることもあったが「愛する会」のメンバーは町内の有力者や有識者一人ずつと話し合い、彼らの賛同を得て一緒にまちおこし運動の課題に取り組んでいった。多少遠回りでも一人ひとりの参加意識を高めることを大切にする地道な活動を続けたのである。彼らの奮闘に対して、世代を超えて応援する人々がしだいに現れ、「愛する会」の活動はマスメディアや世間の注目を浴びて大きなムーブメントに成長した。

しかし、彼らのまちおこし運動は思わぬ方向に影響を与えた。彼らに刺激された当時の現役の地域指導者層が、鞆の浦にかつての活気を取り戻すべく、鞆港の埋め立て・架橋計画を推進し始めたのである。

O氏は地域指導者層の決定に一定の理解を示している。

　　あれ〔埋め立て・架橋計画〕はな、まちおこしに取り組むわしらに対する親心でやろうとしたことじゃったんよ[8]。

O氏によると、「愛する会」の活躍に刺激を受けた彼らの親世代の指導者層は、埋め立て・架橋計画で若者たちのまちおこし運動に応えようとした。だが、計画に込められたのが「親心」であっても「愛する会」は埋め立て・架橋計画に賛成できなかった。「愛する会」は、自分たちのまちおこし運動の原動力である歴史文化という鞆の浦の魅力が計画によって台なしになると判断した。そのため彼らは、自分たちの運動理念と、現役の地域指導者層である親世代からの期待と次世代の役割との板挟みになってしまう。

それでも「愛する会」は、埋め立て・架橋計画によって彼らが「面白い」と感じた鞆の浦の歴史・伝承を伝える鞆港と町並み景観が破壊される、とし

第6章　鞆港の空間・記憶・政治

て計画反対の立場から運動することを決断する。会のおもな活動内容は，請願書・質問状の提出，署名活動などであった。最も特徴的であったのは，「愛する会」が代替案として提起した「提言書」であろう。山側トンネル案と海底トンネル案を代替案として検討し，行政当局・〈道路建設派〉の主張に対して，個別に対処する4本のルートを盛り込んだ。この代替案は，トンネル工事の専門家によって予算・建設年数の試算，実行可能性の検討まで行われており，非常に具体的で実行可能性が高いものであると，後に評価された。

「愛する会」の保存運動のおもな主張は，鞆港が地域社会のシンボルであり，鞆港および港湾建造物群は歴史文化的価値を持つことに尽きる。「愛する会」の「提言書」には，次のような記述がある。

　　鞆固有の全国に誇れる歴史的文化的資産を大切に継承し，地区住民が安心かつ快適に活き活きと暮らせるまちをめざすことによって，交流人口を拡大させ，地域活力の再生へと結びつけていくことが，私達の考えるまちづくりの将来像でもあります（鞆を愛する会，2005: 9）。

O氏は自分たちの活動の原点は「歴史ロマン」にあると述べる。坂本龍馬が登場する歴史物語は，多くの歴史ファンやマニアを引きつけるであろう。最初の「いろは丸」引き揚げプロジェクトから20年近く経つが，本体が引き揚げられていないことをO氏はこう語る。

　　いろは丸を引き揚げてしまったら，そこでプロジェクトが終わってしまうじゃろ。そうなったらせっかくのロマンのある物語が終わってしまう。だったら無理して引き揚げずに，このままロマンを追っていられれば，それはそれで良いのではないかと思うとるんよ[9]。

このようにO氏にとって鞆港周辺は，まちおこし運動の場所であり，その原動力である「歴史ロマン」の舞台なのだ。鞆港の歴史的環境の現状は，「愛する会」によるまちおこし運動の成果の表れである。「愛する会」と鞆港の物的空間形態との関わりは深く，このことが別世代の社会層と行政による介入を拒む理由の一つと考えられるだろう。

しかしながら「愛する会」の保存運動は，次世代の指導者層としての困難と限界も抱えていた。それが「親心」と運動理念との板挟みであり，鞆の浦が保持してきた地域社会の政治構造のなかで活動せざるをえない制約である。世代間の対立は直接家庭内に持ち込まれ，さまざまな場面に支障をきたす。自営業者層が伝統的に地域指導者の役割を果たしてきた鞆の浦において，世代交代ができないことは，「愛する会」の若手経営者層が社会的地位の上昇機会を失うだけではなく，将来的に地域指導者の不在を招くことになる。それでは「愛する会」が取り組んできたまちおこし・まちづくり運動と矛盾する。しかしながら埋め立て・架橋計画は，彼らの運動理念に合致しない。あちらを立てればこちらが立たないジレンマに陥ったのである。

「愛する会」の運動スタイル

　ここで再び「愛する会」の「提言書」を見ると，興味深い点に気づく。提言書には，「愛する会」が策定に参加しなかった「鞆の浦マスタープラン」からの引用が紹介されている。そして複数の保存運動の共通の主張である「歴史的文化的価値」の直前で，〈道路建設派〉が埋め立て・架橋計画推進の根拠とする，「生活の利便性の向上」が必要であると述べられている。つまり〈道路建設派〉の主張をほぼ引き受け一定の理解を示したうえで，鞆港の歴史文化的価値を述べ，山側トンネル案が妥当とする考え方を展開している。先の提言書の引用にも，順序は異なるが同じ論理が表現されている。H氏は自らの行動スタイルを次のように表現した。

　　相手にもいろいろ事情があろう。それをいろんなところから知った上でお願いする。正しいからといって相手の全部を否定したんじゃ〔相手は〕ついてこない。〔鞆港保存問題については〕お年寄りにやさしいまちづくりがわしの考えの基本にある。年寄りにとって橋を架ける必要があると納得する理由がないから賛成していないのであって，橋を架けることに反対しているのではない。もし不要だったら後からでも橋を壊しゃあええ[10]。

　このように，慎重に相手のおかれている状況を理解したうえで意見の調整をすること，鞆港保存において年長者の優先が基本的な考え方であると前置きしたうえで，対立する年長指導者への配慮を見せる。そして埋め立て・架

第6章　鞆港の空間・記憶・政治

橋計画が鞆の浦の歴史的環境を破壊するかどうかが問題ではなく，あくまで年長者にとって必要な事業かが判断基準であると述べ，「後からでも橋を壊しゃあええ」とさえ言い切る。さらに〈道路建設派〉の住民から，「あんたが賛成してくれりゃ，橋もできるんじゃがね」と言われると「橋をかけたいんなら，わしを説得せい。説得されりゃあ橋を架けさせてやる」と答えたという。このように相手を切り捨てないように，慎重に言葉を選択していると考えられるのである。

H氏は次のように述べている。

　　正しいことであっても，すぐにその考えに従うことができないこともあるのに，できないからってその相手を全部否定したんじゃ，やれるものもやれなくなる[11]。

こうした状況の下では，お互いの意見調整の際に，理詰めで納得させるという戦略はとりづらい。そこで相手の言い分を完全に打ちのめすのではなく，弱いところを理解し，「逃げ道」を残して，面子を潰さずに話し合いをするという「作法」が求められたのではないだろうか。奇妙な言い方かもしれないが，〈道路建設派〉の「言い分」にいったん理解を示したうえで，別の方法によって解決する「代替案」の提示まで辿り着かなければ，「愛する会」は埋め立て・架橋計画に反対の立場をとれなかったであろう。

埋め立て・架橋計画の賛否を分けるのは，港湾に近く歴史的な関係が深いかどうかだけではなく，世代の違いが重要なきっかけとなっている。というのは居住地区をみると「愛する会」の中心メンバーは港湾部と内陸部に生活しているが，内陸部には道路推進派の地域指導者層も多く居住する。たとえば「愛する会」のO氏の祖父は石工で，父親を通じて鞆町内の神社や住居の敷石，雁木の修繕等の話を聞いて育った。O氏のように世代を越えて鞆港に関わり，鞆の浦の歴史を「面白い」と感じる世代と，「愛する会」を見守った親世代では，鞆港に対する評価は異なる。親世代である地域指導者層は，衰退の一途にあって精彩を欠く鞆港を見て育ち，福山市との合併時に約束されたはずのさまざまな地域政策が実行されず，その恩恵はいまだ不十分である。そうしたなかで，埋め立て・架橋計画は，ようやくめぐってきた地域活性化のチャンスなのだ。

このように「愛する会」が複雑な立場におかれていることが，鉄鋼業者のH氏の言動にも表れていたのである。H氏は鞆港保存派として，「愛する会」のコア・メンバーとして活躍し，町並み保存運動の全国規模のシンポジウムである「全国町並みゼミ」で実行委員長を務め，埋め立て・架橋計画には賛成しないという意見を公言してきた。一方で，H氏は〈道路建設派〉の母体の一つである鉄鋼連合会の青年部長，後に役員職も務め，埋め立て・架橋計画を強力に推進する羽田福山市長の後援会では，副会長を務めている。この後援会の会長は，道路建設派の代表的な組織である「明日の鞆を考える会」の会長K氏である。H氏のように具体的な役職経験を確認できる例は少ないが，次世代の地域指導者を期待される若手男性経営者層が直面するジレンマが推察される[12]。

　H氏の役職履歴は一見すると日和見主義のようにみえるが，決してそうではない。鍛冶職人の系譜にあたる鉄鋼業者たちには親分・子分関係の慣習が現在でも受け継がれており，親世代との対立は軋轢を生む。そこで，さまざまな役割を果たすことで実績を積み，周囲の人々の信頼を得ながら地域の課題に取り組んでいると解釈すべきである。

　一人ひとりの意志を尊重しながら協力を取りつける「愛する会」の地道な運動方針は，年長の地域指導者層のかじ取りによって鞆の浦が地域社会として維持されていることを熟知するからこそ生まれたものであり，H氏の役職はその一環である。「愛する会」の運動スタイルやH氏の役職履歴は「非民主的な根回し主義」として時に批判されることがある。しかし彼らは，理屈だけでは動かない鞆の浦の「現実」を生きてきた。それは言論の〈正当性〉だけでは動かない地域社会のしくみであり，地域社会が受け継いできた〈正統性〉を伴って初めて地域を動かすことができることを，彼らはわきまえていたのである。

6　地方名望家層による保存運動──「歴史的港湾鞆港を保存する会」

　現在の地域指導者層は，近代に政治的地位の上昇を果たした人々であるが，それ以前は鞆商人が名望家としてその役目を担っていた。近世の繁栄を支えた彼らは鞆港の衰退に伴って徐々に経済政治力を失い，代わりに成功した鉄鋼業経営者たちが鞆の浦を支えた。ここでは，近世から現代にかけて政治的

第6章 鞆港の空間・記憶・政治

地位の変動を経験した社会層である，伝統的な地方名望家層を検討しよう。

鞆の浦の旧名望家層の歴史

　ここで紹介する保存団体は「歴史的港湾鞆港を保存する会」（以下，「保存する会」）である[13]。この団体は鞆港が貿易港として繁栄した時代に支配層であった港湾部商家の家系で，船具店を経営してきたS氏（故人）の個人活動といってよい[14]。団体の名前で活動していたが，S氏以外に協力者はいるが固定メンバーはなく，活動内容や運動戦略，その他実務に至るまでS氏がほぼ一人でこなしていた。この運動がめざすのは，港湾機能を維持したまま鞆港の歴史的環境を保存することであり，港湾関係者が鞆の浦の政治的リーダー層であったという「歴史」を残すことであった。そのため鞆港が港であり，鞆の浦が港町であり続けることに最もこだわっていた。

　S氏は港湾部の中心地の西町に複数の蔵と建物を所有する老舗の商家で，生業を営んできた。そこは，保命酒の蔵元，船具店，文房具店，酒屋などが軒を連ねる界隈で，近世に栄えた経済的中心地として歴史的な町並みが残されている。

　鞆の浦の特産品である保命酒の蔵元も伝統産業の一つとして，名望家商業者層を形成してきた。保命酒の製造販売は，新規参入が非常に難しい特殊な業種である。醸造した酒に多くの種類の漢方薬を漬け込むことから，現在では薬事法・酒税法の規制対象である。規制以前からの伝統産業の蔵元は既得権益の領域が明確に保たれており，立地と古風な店構えは名望家としての家格を表象する。同じ自営業者でも，K氏や鉄鋼業経営者とは異なる社会層に位置づけられる。その他に，近世に進めた大土地所有を引き継いだが，1950年代までに廃業して転出し，不在地主化した商家も，この社会層に含まれる（第4章）。

　近世の鞆商人は政治経済的に鞆港の繁栄の中心であったが，明治以降，鞆港が衰退し商業都市の地位を失うに従って没落していった。それでもS氏の父は鞆町が福山市と合併する1956年頃，鞆町議会議員を務めており，合併における重要な政治過程に深く関わった。水不足で悩んでいた鞆町は，上水道の整備を条件に合併を受け入れたといわれ，S氏によれば「水で魂を売った」出来事であったという。またこの合併は，鞆鉄鋼団地造成事業も条件の一つとされ，団地造成後の鉄鋼業者は社会経済的地位の上昇を果たして，地

域政治で主役を演じるようになった。これとは対照的に、福山市との合併は旧名望家層の退場を決定的にした。「水で魂を売った」という表現には、自ら幕引きをした旧名望家層の判断に対する批判が込められている。

　S氏もPTA会長等の地域組織の役職を引き受けてきた。晩年は役職等に就くことはなかったが、日常的に生じるさまざまな案件や近隣トラブル解決等の世話役であった。人間関係によって物事を判断することの多い地域社会では、まったく同じ内容の頼み事でも、ある人物からの依頼であれば断るが、別の人物であれば応じる、というように、多くの人に「顔が利く」S氏は重要な役割を果たしていた。

　S氏は郷土史家でもあった。一般に商家は商いを記録に残すために当時の日記や出納帳等、さまざまな形で文書史料を残すことが多く、たとえば『中村家日記』(原田ほか編、1976) は、鞆商人が残した記録の中で最も有名な史料である。S家も同様に歴史的史料を多数保管し、博物館や郷土資料館などへの史料提供や研究者による現地調査に協力していた。こうしたことも、S氏が旧名望家層であることを示す。

　S氏は旧名望家としての地位によって、潜在的に存在する〈鞆港保存派〉住民に代わり〈道路建設派〉との対立の矢面に立つことができる人物ともいえるだろう。鞆港周辺の町内会には、〈道路建設派〉との全面対立を避けるために沈黙する人々がいた。鞆港保存問題が感情的な対立に発展していることに加え、地域指導者層の存在と役割が明確に残る地域社会では反対しづらい雰囲気が、彼らを沈黙させるのだろう。聞き取り調査のなかでS氏は、埋め立て・架橋計画には反対だが、それを公言したり政治活動まではできない人物や町内会があることを、具体的に名前を挙げて説明してくれた。S氏の自宅で聞き取りをしている最中にその中の一人が訪れ、短時間であったが埋め立て・架橋計画への反対意見を語ってくれた。このような潜在的な〈鞆港保存派〉住民の人数はわからないが、保存運動を支持する住民が存在するとS氏自身が確信していることが重要であった。だからこそ実質的に一人でも、S氏は「歴史的港湾鞆港を保存する会」という団体を組織したのだ。

「開港・鞆の浦」に込めた意味

　「保存する会」の主張はS氏の家柄を反映し、その系譜の延長線上にある。S氏にとって「鞆港」とは、日本の歴史において重要な文化遺産であり、鞆

第6章　鞆港の空間・記憶・政治

港保存問題は「日本の問題」であると主張していた。しかもS氏にとっては，自らの祖先が「身銭を切って」改修したのが鞆港であり，鞆港のすぐそばで現在まで商いを続けてきた。「長年この土地で店を構えてきたことは，鞆の商人文化を引き継いできたことでもあり，私はあの港の文化的価値がよくわかっている」とS氏は語る。さらには「私の家の応接間には『無駄なもの』が一切ない」と実例を挙げて，S氏の家柄がいかに「洗練された」歴史文化的価値[15]を会得した系譜であるかを話すのであった。

　「保存する会」のおもな活動は，請願書・質問状の提出，他団体との連名での署名活動，そしてウェブサイトでの反対意見の表明などである。そうしたなかで注目すべき活動は，「開港・鞆の浦」と題した提言である。これは鞆港にプレジャーボートやヨットを止め，観光客などの利用によって港湾機能を回復させる提案である。現在，鞆港は漁から戻った漁船が係留されているが，漁業者は減少し，貿易港のような物品の搬出入はほとんどない。こうした利用実態に対して漁業でも流通業でもない，観光として鞆港を活用することで価値を高め，経済的利益を失ってしまった鞆港の空間を有効に再利用する方法を提示している。同時に，観光客と地元観光業者の間で鞆港の利用が活発になれば，鞆港に法的な「既得権益」が発生することになる。この提言には，埋め立て・架橋計画の実施を実質的に困難にする狙いがあり，いわば経済と法律の両面で対抗する手段であるといえるだろう。

　注目したいのは，埋め立て・架橋計画は鞆の浦という地域社会の歴史と切り離すことができない，鞆港の存在意義を無視している，という批判が提言「開港・鞆の浦」に込められていることである。S氏は，「鞆港の存在意義」を深く理解し支えてきたのは鞆商人の伝統であり，埋め立て・架橋による鞆港の機能停止は古き良き伝統に終止符を打つに等しい，と捉えている。「開港・鞆の浦」とは「鞆の浦は港町である以上，港に関わる者が主役」という宣言であり，湾内を横断する道路によって鞆港の機能が停止させられることは，鞆の浦を支えてきた主役の面子を潰すことになる。言うなれば「鞆港」自体が伝統そのものであり，それがS氏にとって保存すべき理由なのである。

7　女性・主婦層による保存運動——「鞆の浦・海の子」

「海の子」の運動スタイル——地域政治への女性参加

　「鞆の浦・海の子」（以下，「海の子」，現在はNPO法人「鞆まちづくり工房」と改組）は地域の歴史文化を発見する学習型イベントを中心に，計画反対の意見表明や〈道路建設派〉との話し合い，行政当局への陳情等の活動を行ってきた〈鞆港保存派〉の運動団体である。そして埋立事業許可に関する行政手続き上の不備を見いだし，埋め立て・架橋計画を凍結に追い込んだ実績を持つ。「海の子」は代表のMH氏をはじめコア・メンバーも女性であり，港湾部に住む主婦層が主力を担うのが特徴である。

　鞆の浦は男性中心的な〈政治風土〉があるといわれる。たとえば近世における鞆町の鍛冶職人の世界では，鍛冶屋は鑑札を持つ特権的な職種であり，「旦那衆」を形成した。その系譜である鉄鋼連合会はいわゆる「親方衆」によって運営され，伝統的な地場産業として地域を支えてきた。道路建設を推進する「明日の鞆を考える会」は，ほぼ男性で構成され，町内会長の役職はもちろん，祭礼行事の準備においても女性が表に立つことは一切なく黒子に徹するなど，男性中心意識をさまざまな場面で垣間見ることができる。

　筆者は第2回目の現地調査において，毎年9月に開催される秋祭りの準備を参与観察する機会を得た。筆者が祭りの資材を運搬するために一人の地元有力者の自宅を訪問した際，祭りの事前準備は家族内の女性の仕事のようであったが，資材を運び出し会場に設置する外の仕事は男性が行っていた。また神輿を中心に輪になって話し合いを行っていたのは，やはり男性ばかりであった。祭りという伝統文化だけでなく，鞆港保存問題のような地域政治の舞台でも，男性中心の慣習を確認できる。

　このような〈政治風土〉において，女性・主婦層が埋め立て・架橋計画に反対する意志表明をするのであるから，「海の子」の活動は大きな困難に直面する。男性中心の政治の世界では，まともに相手にしてもらえないのだ。とくに他の地域から嫁いできた女性たちは50年経っても「よそ者が口を出すな」と言われることもあるという。「海の子」のMH氏は時折こうした実情を「鞆には『市民』がいない」と語る。これは「地域指導者の言うことに従えば間違いないから逆らうことはしない」といった伝統的な被支配意識に囚

第6章　鞆港の空間・記憶・政治

われ，各々の価値判断で自由に意見を述べようとしない鞆の浦住民を批判するものである。裏を返せば，それだけ鞆の浦の伝統的な〈政治風土〉が根強いことを示唆している。

　江の浦元町一町内会では「海の子」の保存運動に共感した主婦たちが，女性自ら会長職に就くのではなく，一人の男性を説得して会長に擁立し，町内会として計画反対の意思を示した（第8章）。もちろん「海の子」のように，主婦たちも覚悟を決めれば率直な意見を述べることはできる。しかし対等な話し合いを望んでも，地元で権力を握る男性たちは主婦たちの話に耳を傾けない。権力者を動かすには，理詰めで納得させる必要がある。だからこそ後述するように，「海の子」は，「公有水面の埋立事業において，すべての排水権者が同意しなければ，国は事業免許を認めない」という法制度の慣例に反して県と市は計画を進めようとしている，と行政手続き上の不備を突く戦略をとったのであった。

男性中心の伝統的な社会秩序に対する挑戦
　このように相手の属性や社会的地位によらず，相手の話が理に適っているかどうかを判断する「海の子」は，周到な根回しに基づき，相手の社会的地位や世代を尊重する「鞆を愛する会」とは対照的である。この違いこそ，「海の子」が「愛する会」とは異なる運動団体を立ち上げた理由である。この運動は，結果的に既存の鞆の浦における意思決定の枠組みに挑戦したが，その構造自体を突き崩すことまで意図していない。「海の子」が守ろうとする鞆港と港湾部の地域社会は，多少とも伝統的な社会秩序を含むからである。
　「海の子」は，鞆の浦の地域的伝統のシンボルでもある鞆港を守ることを主張したが，女性・主婦層は鞆の浦の正統な意思決定の枠組みから外れるという点で，地域政治から排除される危険性をつねに抱えている。したがって「海の子」の活動は鞆の浦の伝統的な社会秩序に対する挑戦でもあり，アンビヴァレントな運動であった[16]。繰り返して強調したいのは，上のような行政手続きの公正さへの注目は「海の子」の問題関心の核心ではないことである。「海の子」の主婦たちは港湾部に住み，漁業や船舶修理工などを生業として，日常的に鞆港と関わる生活をしてきた。その経験から，地域の社会的連帯を支える空間的基盤を鞆港に見いだしており，「海の子」の保存運動の根幹はそこにあるのだ。「海の子」の活動の展開と戦略，保存を求める根拠

については，次章でより詳細に検討する。

8 「保存か開発か」をめぐる政治的実践

　本章では鞆港保存問題の社会過程から〈道路建設派〉〈鞆港保存派〉の住民層を5つの社会層として捉え，各層の居住地区と地域政治上の地位，鞆港との関わり（空間的記憶）を振り返ってきた。それらを表6.2のようにまとめることができる。

　この表から，政治的地位と居住地区，鞆港の空間的記憶の違いは，埋め立て・架橋計画への賛否と対応することがわかる。具体的には，内陸部に住む地域指導者層は，その役職上道路建設の必要性を主張し，「異なる町」として周辺部に住む人々は鞆港を生活の利便性を高める道路用地と期待する。

　一方で，同じ内陸部でも次世代の地域指導者層である若手経営者層は，親世代とは異なる空間的記憶があり，鞆港保存を主張した。港湾部に住む旧名望家商業者層は，政治的地位の履歴として港町の歴史的記憶をもち，伝統の保持として鞆港保存を不可欠と捉えている。また同じ港湾部の住民でも女性・主婦層は，男性中心の〈政治風土〉のなかで，埋立事業許可の行政手続き上の不備を突き，公正さ・正統性を欠く問題から計画を凍結させた。

　近世の鞆の浦は，居住地区によって政治的地位としての身分が可視化されてきた。それは鞆港を中心とした政治的地位の空間的配置でもあった。ところが明治期以降，鞆の浦は鞆港の脱中心化へ変動したのに対し，依然として鞆港を中心とする都市構造が存続してきた。だからこそ，道路建設派には新たな都市構造を構築するために，鞆港を埋め立てて架橋する計画が必要なのである。〈道路建設派〉にとっての埋め立て・架橋計画とは，現在の政治的地位に対応した都市空間を実現するものであり，一方，〈鞆港保存派〉にとっての埋め立て・架橋計画とは，鞆港が支えてきた港町としての社会的連帯と伝統的な政治的地位を揺るがすものであったのだ。

　D. ハイデン（Hayden, 1995＝2002）による「場所の力」の実践が示すように，社会的地位の再評価が新たな空間の構築によって完結するのであれば，空間の存続によって既存の政治的地位も維持されるであろう。鞆港保存問題の対立は，このことを示唆している。したがって地域住民は，政治的地位をめぐる対立として，空間の刷新／存続への賛否を表明しているのだ。それゆ

第6章 鞆港の空間・記憶・政治

表6.2 社会層ごとの政治的地位，居住地区，空間的記憶

埋め立て・架橋計画への賛否と社会層		政治的地位		居住地区	鞆港との関わり（空間的記憶）
		近世	現代		
〈道路建設派〉	平町住民	周辺的地位	町内会の1つ	周辺部	他港が地域のシンボル（平港が生活の中心），通過点，まち意識の混在
	地域指導者層（町内会長，同業者組織）	鞆商人に次ぐ地位	地域指導者層	内陸部	過去の繁栄のシンボル，歴史文化的価値，「港をきれいに整備すべき」
〈鞆港保存派〉	若手男性経営者層の運動団体	───	次世代の地域指導者層		地域のシンボル，世代との関わり，歴史文化的価値
	地方名望家商業者層	経済的支配層	地域の世話役	港湾部	地域・政治的地位のシンボル，世代・日常生活，生業との深い関わり
	女性・主婦層の運動団体	───	女性・主婦層		地域のシンボル，日常生活で接する関わり，地域の社会的連帯を支える空間的基盤

えに鞆港の刷新か存続かは，それぞれの社会層が持つ政治力を映し出す空間的実践として理解されよう。そして鞆の浦において港という中核的な空間を改変することは，各社会層が位置づけられてきた政治的地位を変動させることを意味する。鞆港とは，鞆の浦における政治的「表象の空間」（Lefebvre, 1974＝2000）なのである。

　本章では，地域社会の中核である鞆港を，社会的意味と歴史文化的価値を表象する空間の一形態と捉え，居住地区・政治的地位・空間的記憶に着目して社会層による違いを分析してきた。居住地区によって空間に対する評価が変わること自体は目新しい視点ではないが，それをもとに集合的記憶と関連づける「空間的記憶」の視点は，都市空間の社会学的実証において有効であった。鞆の浦では，近世以来の都市構造が，空間的記憶を介して現在を生きる鞆の浦の人々の地域社会の像を左右すること，つまり都市空間は地域社会の人々の実践を規定することが見えてきたのである。
　地域社会において，ある空間形態は政治過程を通じて選択され，形成された結果である。その空間にはさまざまな政治表象が埋め込まれ，空間的記憶に反映される。したがって，現存する空間を何らかのかたちで刷新したり改変することは，地域政治の実体的な様相である地域自治に少なからず裂け目を生むことになる。それゆえに，空間を変える，あるいは残すことが政治的実践，ローカル・ポリティクスとなり，またそうした空間の刷新／存続に対

する賛否が地域社会において重要なイシューになるのである。空間が政治過程の帰結であるならば、都市計画思想に対するルフェーヴルの批判は、地域開発によって地域政治が変動することを、都市計画のディベロッパーや行政機関は無視している、と読み替えることができるだろう。

鞆の浦の支配者や地域指導者は、各時代の変化に応じて大規模な港湾整備事業を実施してきた。土木事業の実施に伴って港湾機能が変化し、主要な地場産業の盛衰によって地域指導者層が交代してきた。これが鞆の浦の歴史的特質であった。それゆえに行政が地域社会の環境（空間）を改変するような地域政策を進めるとき、その土地の歴史と〈政治風土〉が反映された空間的記憶に配慮しない限り、その土地に住む人々の理解を得ることがきわめて困難であることを、鞆港保存問題は物語っている。

注

1 地域社会における政治構造の分析としては、「地域権力構造論」が挙げられるが、日本の地域権力構造分析の多くは、秋元律郎（1971）のように地方議会議員や議員構成を考察している。しかし鞆の浦は福山市の一部のため、福山市議会は対象にならない。そこで具体的な生業や言説から、政治的位置づけを読み解くことにした。そのため、封建時代の身分制度やジェンダー等の差別意識が示唆されるかもしれないが、本書はそれらを広めるような意図はない。また保存問題の対立が顕著なことと密度の高い人間関係ゆえにプライバシーに配慮して、一部の論拠を明示しなかったが、複数回記録された異なる立場の証言や公刊された文書資料に依拠して分析を行った。

2 集合的記憶論は近年の社会学で議論されているテーマだが、アルヴァックス（Halbwachs, 1968＝1989）が空間と集合的記憶の不可分の結びつきを論じたことはあまり注目されていない。さらに遡ればラスキン（Ruskin, 1849＝1997）も記憶を支える物理的基礎として、建築を論じている。集合的記憶における空間論は、未開拓の領域である。

3 各町内会長の連絡組織である町内会連絡協議会は、保存問題の主張・活動を「考える会」と共にし、構成員も重複する。

4 鞆町内でのK氏へのヒアリング（2004年9月22日）。なお、K氏は内陸部に居住し、建築業に関連した会社を経営している。そのため道路建設で利益を得る可能性があるため、一部の鞆港保存派から利害関係を批判されてきた。これに対してK氏は、埋め立て・架橋計画に関連した入札権を放棄したと語ったこ

第6章　鞆港の空間・記憶・政治

とを考慮すれば，このように理解できるだろう。
5　第2回現地調査における，「全国町並みゼミ鞆の浦大会」への参与観察調査時のフィールドノート。
6　現在では世代交代が進んでいるが，便宜的に「次世代」「若手」等と表記した。以下に続く「愛する会」の活動およびO氏のライフヒストリーに関する記述は，鞆の浦でのO氏へのヒアリング（2004年8月21日）による。なお「鞆を愛する会」の詳細は，片桐（1993；2000）および亀地（1996；2002）を参照。
7　以下に続くH氏に関する記述とH氏の発言は，福山市内でのH氏へのヒアリング（2006年8月23日）による。ただし「愛する会」の活動については，引き続きO氏の発言による。
8　鞆町内でのO氏へのヒアリング（2004年8月21日）。
9　同上。
10　福山市内でのH氏へのヒアリング（2006年8月23日）。
11　同上。
12　H氏自身は，周囲から一貫した姿勢ではないと批判を受けていることを知ったうえで「まずはさまざまな役割を果たすことで実績を積み，特に年長者からの信頼を得ながら，そのなかで自身の意見を年長者に理解してもらうやり方だ」と述べている。
13　「保存する会」の活動およびS氏の発言などは，2004～2006年に継続的に行ったS氏へのヒアリングによる。
14　船具店の店主であったS氏が亡くなってからは，S夫人によって引き継がれた。また「保存する会」の活動として，保命酒製造販売をしているOS氏がS氏に代わって住民説明会などに出席しているという。ただし，「保存する会」の活動そのものを引き継いでいるわけではないので，いわば「一時停止」の状態である。
15　対照的に，高い社会経済的地位に成り上がった人物によく見られる嗜好として，骨董品や装飾品で飾り立てた応接間が「成金趣味」と表現されることを想起すると，わかりやすいだろう。
16　いわゆる女性の社会的地位の向上をめざすような女性解放運動や，既存の伝統的な社会秩序そのものを否定するような運動ではない。

第7章　なぜ鞆港を守ろうとするのか
―― 「鞆の浦・海の子」の事例分析

1　なぜ保存するのか――［why］［who］［what］の問題関心

　歴史的環境を守るために運動する人々がいる。なぜ彼らはそうした運動に身を投ずるのだろうか。古い建物や役に立たなくなった施設は取り壊して，そこに新たな建物を建てる……このような更新が当たり前にみられる都市の「日常」に抵抗して，なぜ彼らは特定の建物を残すよう主張するのだろうか。経済的利益の有無だけでは説明できない「理由」［why］［who］［what］はどこにあるのだろうか。

　本書が考察する鞆港保存問題も，そうした歴史的環境の保存をめぐる地域問題であり，〈鞆港保存派〉の運動は，歴史的環境の保存をめざした，いわゆる町並み保存運動の一つと考えることができる。そこで本章では，〈鞆港保存派〉の動きを町並み保存運動として分析し，歴史的環境保存の社会学的知見が示唆する社会的な意味を明らかにしていきたい。

　全国的な動向をみると，鞆港のように「保存か開発か」で対立するケースは少なくなっている。町並み保存運動が生まれた1960年代後半からバブル経済下の乱開発の時代までは，歴史的環境や町並み景観の保存を住民が要求する一方，行政が「開発」を主導するなど，両者が鋭く対立してきた。しかしその後，歴史遺産や町並み景観を保存し，観光資源として活用することで地域再生に成功した自治体も生まれた。このような地域再生の手法に一定の理解が得られ，多くの自治体が歴史的環境保存に積極的な姿勢を示すようになった。そのため，近年の歴史的環境保存の現場では，法制度を整備して保存政策を進めようとする行政，保存対象となる建物や地区の中で生活する住民，保存運動を進める人々などの間で，地域社会にとって望ましい保存の実現に

向けて，どのようなパートナーシップを形成するのかが問われてきた（西村，1997；2004）。

このような全国的な動向を踏まえるならば，鞆の浦のように「保存か開発か」をめぐって対立を続けてきた事例は珍しく，ここに鞆港保存問題を取り上げる理由がある。「保存」と「開発」の対立の鋭さは，「保存」を主張する理由や保存の意義，そして根拠が厳しく問われることを意味する。なぜ保存するのか［Why］を考える上で，鞆港保存問題は検討に値する。さらに本章では〈鞆港保存派〉の「保存の論理」に踏み込んで，「鞆港が表象するもの」を示したい。というのは，これまで歴史的環境保存の社会学における「保存の論理」には未解明の領域があり，鞆港保存運動の分析を通してそのことが明らかにできると考えられるからである。

そこで本章では，鞆港保存運動における［Why］を解明するために，「保存の論理」を〈保存する根拠〉〈保存のための戦略〉の2つの概念に分節化したうえで鞆港保存運動の担い手である「鞆の浦・海の子」の〈保存する根拠〉に着目する。本章の最後では，歴史的環境保存の社会学的アプローチを［Why］の問いから整理し，先行研究をレビューすることで，「保存の論理」の分節化という分析枠組みの有効性と鞆港保存問題を取り上げる理論的意義を示したい。

2　「保存の論理」の分節化——〈保存する根拠〉と〈保存のための戦略〉

歴史的環境保全の社会学における「保存の論理」

［Why］なぜ保存するのか？——歴史的環境保存の現場では，つねにこのような問いが保存運動側に投げかけられる。日本の都市政策はその中心に，無制限な開発と建物の更新を促進する思想を据えてきた（五十嵐・小川，1992；堀川，1998）。そのため，都市の成長を管理しようとする論理に立脚する歴史的環境保存の思想は，これらと鋭く対立するのである。歴史的環境保存の社会学は，この問いに応えるかたちで「保存の論理」を明らかにする試みであるといえよう。

筆者は「保存の論理」を解明するために，鞆港保存運動のメンバーへの聞き取り調査を重ねる過程で，彼らの主張には2種類の「保存の論理」があることを見いだした。社会状況に応じて適宜使い分けられるものと，問題関心

の恒常的な核として繰り返し語られるものである。たとえば「鞆の浦・海の子」は，後にみるように鞆港の保存をめざして多彩な活動を展開し，一見すると複数の「保存の論理」を使い分けているようである。だがその一方で，「私たちにとっては何ら変わっていない。ずっと同じ考えでやっている」[1]とも述べているのだ。「海の子」の多彩な活動と，「ずっと同じ考え」を結びつける「何か」を理解するために，本書では〈保存する根拠〉と〈保存のための戦略〉の2つの分節化を採用したい。

　〈保存する根拠〉　保存運動の担い手が，「この環境を歴史的環境として保存しなければいけない」と主張する理由・動機として，一貫して拠り所にする論理である。

　〈保存のための戦略〉　〈保存する根拠〉に比べ副次的な理由・動機で，運動の組織形態や社会状況に応じて適宜使い分けられる論理である[2]。

　たとえば，郷土史家や地方史研究者の中には，保存対象がもつ学術的価値が〈保存する根拠〉であり，保存対象に投影された地域のアイデンティティなどを戦略的なレトリック＝〈保存のための戦略〉とみる人々もいるだろう。一方，観光業者からみれば，保存対象の観光資源としての経済的価値こそが〈保存する根拠〉であり，学術的価値は〈保存のための戦略〉と位置づけられることもある。このように，〈保存する根拠〉と〈保存のための戦略〉は，主張する人によって内容が異なるばかりでなく，中心あるいは副次的にも位置づけられるというように，現実に対応して変化する。

　この分節化を導入することで，歴史的環境の保存をめぐって運動の担い手が何を初発あるいは一貫した理由・動機としたのか，を問うことが可能になる。そして同時に社会運動論的アプローチから保存運動が保存のためにいかなる戦略を用いたのか，保存運動の主張として語られた「保存の論理」を，レトリックとして相対化して解読することを可能にする。それだけではなく，保存運動の主張の中心を〈保存する根拠〉として明示することで，すべての主張が運動戦略的なレトリックに回収されることが避けられる[3]。そうすることで，運動の担い手が，いかなる想いや感情を運動の拠り所にしたのか，をあらためて問うことが可能になるのだ。

　次節では「鞆の浦・海の子」の保存運動の展開過程から，鞆港保存運動の〈保存する根拠〉を読み取っていく。地域住民を保存運動へと突き動かす理由は何か［why, what］。そこから地域社会の紐帯を歴史的環境保存に求め

る社会的意味を明らかにすることができるだろう。

3 「鞆の浦・海の子」による保存運動——4つの「保存の論理」

「鞆の浦・海の子」の特徴

　鞆港保存を求める住民の運動には、「鞆を愛する会」、港湾遺産としての重要性を訴える「歴史的港湾鞆港を保存する会」など複数の組織が併存している（第6章）。本書が注目するのは、1992年に「鞆の浦・海の子」として結成され、2003年にNPO法人「鞆まちづくり工房」（以下、「まちづくり工房」）に改組して活動を続けている運動団体である。「海の子」以外の運動団体のコア・メンバーは、次世代の鞆を担う地域指導者として期待される若手経営者や旧名望家などであり、おもに男性であった。これに対して、「海の子」は地元出身の女性が代表を務め、コア・メンバーにも20代～30代の若い女性・主婦層が含まれていることが、他の運動団体と異なっている。

　この団体に注目する理由は2つある。一つは埋め立て・架橋計画が「凍結」に至る政治過程において重要な役割を果たしたことである。もう一つは「海の子」の保存運動は多様な「保存の論理」を示しており、〈保存する根拠〉と〈保存のための戦略〉に分節化して検討することで、保存を訴える人々の主張の核心に迫ることができるからである。

　「海の子」の代表であるMH氏は2016年現在で60代の女性である[4]。鞆町内の港のすぐそばの船舶修理工の家庭に生まれた。関西の大学に進学後、在学中にアメリカ留学などを経験し、そこで「故郷」の存在の大きさを実感したという。結婚してしばらくは別の土地で生活していたが、1980年代に鞆の浦に戻ってきた。また夫君であるMT氏は「海の子」の活動を支えるコア・メンバーであり[5]、「海の子」と地元住民との接点で活躍するキーパーソンの一人である。滋賀県の旧五箇荘町の出身で若い頃から船舶に関心を持ち結婚後もエンジニアをしていたが、「やっぱり海がなくては生きてはいけん」と勤めていた会社を辞めて夫婦で鞆の浦に移り住んだ。MH氏の親が経営する鉄工所で働き、おもに船のエンジンなどを扱っていた。その後鉄工所を辞め、「海の子」がNPO法人となった「まちづくり工房」において、観光ツアーなどの営利事業を担当したほか、鞆の浦の港湾土木や船舶関連の郷土史の研究成果を発表している。

第7章　なぜ鞆港を守ろうとするのか

　埋め立て・架橋計画の話が持ち上がったのは，MH氏が鞆の浦で生活を始めてからまもなくのことであった。MH氏はそれまで政治的な活動への参加経験はほとんどなかったが，初めて埋め立て・架橋計画の内容を聞いたときに，もしこれが実現したら「鞆が鞆でなくなってしまう」[6]と強い憤りを感じ，夫婦で反対運動に関わるようになったという。この問題に関心を持ち始めた当初，MH氏は「鞆の自然と環境を守る会」（以下，「守る会」）の会合に参加した。「守る会」は1970年代後半に瀬戸内海の海洋汚染をきっかけに組織され，現在も埋め立て・架橋計画に反対している団体である。参加はしてみたものの，「守る会」の政党色と保存運動の方向性の違いからMH氏は「守る会」を抜け，自ら中心となって「海の子」を立ち上げることになる。
　しかし，鞆の浦では地元の社会結合が非常に固く，埋め立て・架橋計画に反対する姿勢を打ち出すと，住民との軋轢をより大きくしてしまう。また片桐（2000）がいうように，鞆の浦には男性中心の伝統が色濃く残されており，女性が地元の地域指導者や政治的リーダー層に面と向かって反対意見を主張するのは困難でもあった。夫のMT氏は近隣への挨拶回りや苦情の対応など，「海の子」の多彩な活動に伴う地域社会との摩擦へのきめ細かなケアを欠かさなかった。女性・主婦層中心の活動ではあるが，男性のコア・メンバーが「海の子」の活動を支えていることは，この運動が強い反発を受けないための重要な条件であろう。
　こうした難しい状況のなかでMH氏は粘り強く運動を続け，精力的に活動を行ってきた。そして，一見すると多彩なそれらの活動の根底には「ずっと同じ考え」があるのだという。そこで，2節で示したように「保存の論理」を〈保存する根拠〉と〈保存のための戦略〉に分節化し，「海の子」が実際に展開した順に4つの「保存の論理」を追って，「海の子」の多彩な活動と「同じ考え」を結びつける「何か」を明らかにしていこう。

環境学習型イベントと〈学術的価値・希少性〉──「保存の論理」
　第一の「保存の論理」は，さまざまなイベントを行い，地元住民が鞆の価値を再評価するよう働きかけるものである。「鞆の浦歴史探訪の旅」「鞆学校」と題したさまざまな環境学習型のイベントがこれにあたる。このような学習型イベントはこれまで合計20数回行われ（山本，2004），それぞれのイベントのテーマは「鞆の魅力発見：石組みを描く」（第3回鞆学校），「お宝

発見！探そう，自分だけの宝」（第7回鞆学校），「茅の輪くぐりと長老のお話」（第11回鞆学校）とあるように，「鞆の価値の再評価」というベクトルを根底に持つことが読み取れる。決して声高に「埋め立て・架橋計画に反対」と主張するのではなく，まずは住民自身に鞆の魅力を積極的に発見してほしい，そんな想いを端的に表しているといえるだろう。そしてこの活動は「海の子」の核として恒常的に取り組まれていく。

第二の「保存の論理」は，鞆港と鞆の町並みの〈学術的価値・希少性〉を訴えるものである。「海の子」は鞆の浦の外部から「客観的に」歴史的環境を評価してもらうために，積極的に研究者や有識者を訪れ，鞆の浦の「価値」を語ってもらうよう働きかけた。また全国の町並み保存運動のネットワークである「全国町並み保存連盟」に参加して，他地域の町並み保存運動団体とも連携しながら，鞆港の保存を訴えた。日本大学の土木工学系の伊東孝研究室が，鞆の港湾施設群の実測調査を行い，東京大学の都市計画系の西村幸夫研究室に所属する有志グループが，鞆の港湾遺産と町並み保存の独自の計画案を発表したことは，そうした活動の成果であろう（巻末の年表参照）。そして，大学の研究室のような外部組織からみた歴史的環境の価値は，〈学術的価値・希少性〉として主張されることになる。

現在の鞆港は，かつてのように貿易港としてはほとんど機能していないが，中世から続く港そのものは維持されてきた。「常夜燈」「焚場」「船番所」「雁木」「波止」といった近世の港湾施設群と港を取り巻く町並み景観をはじめとして，近世とそれほど変わらない都市構造を保っているという。土木史の専門家である伊東孝は，現在の日本の港町の中で，このような港湾施設群と町並み景観などの都市構造，そして祭礼行事など港町独自の社会生活と慣習が，一つのまちに丸ごと残された例はほとんどないため，鞆の「港湾遺産」としての〈学術的価値・希少性〉はとくに高いと述べる（伊東，2000ab）。

こうして歴史学や土木工学の専門家は，鞆の浦の港湾遺産は歴史的に貴重であり，保存すべきであると主張してきた。たとえば芸備地方史研究会は1993～2000年の間に，年1回のペースで計7回にわたって埋め立て・架橋反対の意見書・要望書を広島県知事や福山市長などに提出した。そして専門家からの保存要望を伝えるために，「海の子」は歴史学・町並み・建築史の専門家を鞆の浦に招いてシンポジウムを開催したり，他地域で開催されたシンポジウムに参加したり，時にはパネリストとして登壇して鞆港の保存を訴え

てきた。そして鞆港と鞆町を重伝建地区に選定させることで、港湾遺産と町並み景観の保存を優先し、埋め立て・架橋計画を中止すべきであると主張したのである。

〈学術的価値・希少性〉の限界

こうした動きの一方で、文化庁は1975年に文化財保護法の改正に際して重伝建地区制度の最初の候補地の一つに鞆の浦を挙げるほど、以前から鞆の浦の港湾遺産と町並み景観に注目していた。そのため、福山市から重伝建地区に選定するように申請があれば、すぐにでも認めると福山市に回答している[7]。優品主義的な文化財保護を系譜に持つ重伝建地区制度に対して〈学術的価値・希少性〉に立脚して保存を訴えるのは、理に適った有効な戦略に思える。しかし、福山市は重伝建地区の選定申請と、埋め立て・架橋事業は「セット」にして実施すると回答した。それは、「1950年の都市計画道路（県道関江の浦線）を整備しようとすれば、沿道の町並みを破壊することになり、重伝建地区に値する町並みとして保存できないので、代替として埋め立て・架橋によって建設される道路が必要である」という考え方である[8]。重伝建地区制度は、その地区の自治体が文化庁に申請し、それを文化庁が審議して選定するしくみになっている。鞆の浦で歴史的建造物に住む住民が重伝建地区に選定してほしいと強く訴えても、福山市が文化庁に申請手続きをしなければ、選定されることはないのである。

こうした制約から、鞆港の港湾遺産としての〈学術的価値・希少性〉という「保存の論理」は、「保存のための戦略」としては大きな壁に突き当たった。たとえ学術調査によって〈学術的価値・希少性〉が認められたとしても、現在の重伝建地区制度のもとでは、保存を判断する主体は研究者・専門家でも地域住民でもなく、行政である。選定の手続きに問題があることは確かだが、いずれにしても現行では主体は福山市であり、福山市が選定申請の「交換条件」として埋め立て・架橋計画の推進を要求したことで、〈学術的価値・希少性〉という保存の論理は限界を露わにしてしまった。

このことを端的に示すエピソードがある。2000年に芸備地方史研究会が開催したシンポジウムでは、歴史学、文化財、土木工学の専門家が鞆港の港湾遺産の学術的希少性を訴えたが、このシンポジウムでフロアにいたMH氏は次のように質問した。

先生方が声をそろえて「すばらしい」「唯一」というのがいかに多い町かというのをおっしゃってくださったのをみますと，それがどうして県や市の文化課の方はわかってくれないのでしょうか（芸備地方史研究会編，2000b：21）。

　この問いに対する回答は，「港町そのものとしての価値というものが，なお十分には理解されてこなかったから」（芸備地方史研究会編，2000b：21）というものであった。しかし〈鞆港保存派〉の住民が訴える鞆港の港湾遺産と町並み景観の〈学術的価値・希少性〉に対して，行政当局が「理解があるか／ないか」を問うだけでは，実施が差し迫る計画を中止に追い込むロジックとしては，あまりにも弱い。なぜなら，行政当局・〈道路建設派〉に鞆の浦の〈学術的価値・希少性〉を理解してもらう以外に鞆港の保存を実現する道はなくなり，「理解する」という認識レベルでは反対意見を説得できないからである。

埋め立て・架橋計画をめぐる「詰め将棋」
　第三の「保存の論理」は，埋め立て・架橋計画の行政手続きが適法かどうかの争点化であった。

　埋め立て・架橋計画が凍結された最大の要因はどこにあるのだろうか。端的には，すべての排水権の保有者から埋め立て・架橋計画に対する同意が得られていないという行政手続き上の不備である。

　「海の子」がこの「保存の論理」を用いて鞆港の保存を訴えた背景には，鞆の浦の伝統的な社会規範が関係していた。すなわち，男性中心を規範とする社会では女性は意思決定のプロセスに加わることが困難である。そこで「海の子」の女性たちは，性別に関係なく理詰めで議論しなければならない行政手続きを争点化したのである。そして第5章で述べたように，この争点は結果的に埋め立て・架橋計画を止めるロジックとして働いた。広島地裁が2009年に「行政手続き差し止め」命令を出すまでの間，埋め立て・架橋計画を凍結させる強制力となり，保存運動に大きな効果を発揮した。

　しかし，この行政手続きの公正さ・正統性は「海の子」の問題関心の中核ではない。「海の子」のMH氏は，排水権の全員同意を争点化し，住民説明

第7章　なぜ鞆港を守ろうとするのか

会の決裂を迎えるまでの時期を振り返って「〔行政当局と〕詰め将棋をしているようだった」と述べた[9]。鞆の浦には埋め立て・架橋事業が必要不可欠だとする行政当局や〈道路建設派〉の言い分に対して、〈鞆港保存派〉の住民は、鞆の浦のまちづくりへの要望や埋め立て・架橋計画の問題点を指摘する。すると行政当局は〈鞆港保存派〉の住民の意見に反論する。そこで〈鞆港保存派〉の住民は、行政当局による反論をあらかじめ想定して再反論の準備をし、対抗する……。いつ、どのタイミングで、どのようなメディアを使って、保存運動として世論に訴えていくか、イベントをいつ頃開催するのが効果的か、誰に応援を求めるか、などなど。将棋盤に並べられた駒をじっと睨んで、戦略を考え、次の一手を指し、最終的に王手をかけるまでのやりとりの道筋は、まさに詰め将棋そのものである。行政手続き上、埋め立て・架橋計画は適法であるとして押し切られてしまうかもしれない。それだけではなく明確に「計画反対」の意思表示をすることで、同じ地域に住む〈道路建設派〉の住民と対決しなければいけない。当時は二重の意味で最も苦難に満ちた時期であったことを、運動を振り返るMH氏の苦しげな表情が物語っていた。

　そして2001年の住民説明会が怒号と罵声のなかで終わり、その時点で埋め立て・架橋計画に反対する排水権利者と〈道路建設派〉が「決別」したことによって、排水権を持つ全権利者の計画合意は難しいものとなった。公有水面の埋立許可にはすべての排水権の保有者の合意が必要という慣例に従って、事業主体である広島県と福山市は計画を凍結せざるをえない。苦難を重ねた保存運動の結果、得られた成果であった。

「鞆の浦・海の子」から「鞆まちづくり工房」へ：空き家再生のトラスト運動

　第四の「保存の論理」は、「まちづくり工房」によるトラスト運動である。
　このような苦難の時期を乗り越えて三好前市長が計画凍結を表明したとき、「海の子」は、埋め立て・架橋計画は実現不可能になったと判断し、新たなステージに踏み出した。それがNPO法人「鞆まちづくり工房」の設立である。2003年に「海の子」からNPOに改組し、日本の「強い所有権」（堀川、2001）を逆手にとったトラスト運動を展開したことは、「まちづくり工房」の最大の活動実績といえよう。

(1) 古民家の買い取りと再生

「まちづくり工房」は，鞆町内で唯一の「四つ角」に位置する古い空き家を買い取って再生した（写真7.1左）。とはいえ「工房」の活動の中心は引き続きイベント・学習会であり，買い取った古民家でワークショップ形式の「鞆学校」を開催した。その後は「鞆学校」で製作した手作りマップや町内の観光施設，郷土資料館などの案内パンフレットを集め，鞆を訪れる人にさまざまな情報を提供するインフォメーション・センターとなっている。

2003年，「まちづくり工房」では住み手がなく，所有者が手放そうとしていた「旧魚屋萬蔵宅（うおやまんぞう）」を買い取り，修復するプロジェクトに着手した。この「旧魚屋萬蔵宅」は，かつて坂本龍馬が乗ったいろは丸が鞆の浦の沖合で幕府の船と衝突して沈没した際に，鞆の浦に上陸した坂本龍馬が逗留し，幕府と賠償金について示談交渉を行ったとされる旅館である。その土地・建物は，旅館業を経て呉服店が営まれていたが，その呉服店も廃業して何年もの間，誰も住んでいなかった。そこで「まちづくり工房」は，損傷の進んでいた建物を買い取って保存するトラスト運動をNPOの活動目標においた。基金を設置して協賛金を集めたり，世界的な保存団体 World Monuments Fund の母体であるアメリカン・エキスプレス社などから10万ドルの助成金を獲得して「旧魚屋萬蔵宅」の再生プロジェクトを進めていった。そして2008年，「旧魚屋萬蔵宅」の修復・修繕が完了し，かつてのように旅館「御舟宿いろは（おんふなやど）」として再生させたのである（写真7.1右）。この「御舟宿いろは」は，「まちづくり工房」が運営し，NPO法人として貴重な事業部門となった。「まちづくり工房」によるトラスト運動を代表する，最も華やかな成果といってよいだろう。

(2)「空き家バンク」活動

「まちづくり工房」は町内に点在する空き家対策として「空き家バンク」の活動に乗り出した。鞆の浦には借り手がいないために空き家となった古民家が数多く点在している。しかし鞆の浦の土地所有者は原則として，信頼できる相手に貸したいという意向から，貸地や貸家を一般的な不動産市場に流通させないため，外部から鞆町内の土地・建物を借りることは難しい。そこで「まちづくり工房」は，古民家の空き家件数や立地を調査して実態を把握した。そして外部から鞆町内への移住希望者や，店舗開業を検討中の事業者に，そうした物件を紹介したのである。そして，なるべく古民家のまま建物

第7章　なぜ鞆港を守ろうとするのか

写真7.1　空き家の古民家　　　　　　　御舟宿いろは
鞆まちづくり工房が再生（2004年8月撮影）　旧魚屋萬蔵宅（2008年10月撮影）

を保存したい所有者と古民家を利用したい希望者を仲介して，両者の意向を調整した。これまでに「まちづくり工房」による「空き家バンク」を利用して飲食店や土産物店が数軒オープンしており，一定の実績を上げている。

　このようなトラスト運動は「まちづくり工房」に移行してから始めたわけではない。MH氏は1991年に大正時代に建てられたアールデコ調の理容院を借りて改装し，特製のハヤシライスを看板メニューにした喫茶店をオープンしていた。歴史的環境の保存を訴えるからには，自らも実践を思い立ったほかに，地域住民の交流の場として活用したいという思いがあった。そして実際にその喫茶店は，〈鞆港保存派〉の人々の情報交換の場として，鞆港保存運動の拠点となった[10]。後のトラスト運動につながる活動は「海の子」の時代からすでに存在していたのである。したがって，空き家再生のトラスト運動は「海の子」および「まちづくり工房」の第四の「保存の論理」といえるのである。

4　「鞆の浦・海の子」の〈保存する根拠〉と〈保存のための戦略〉

「鞆が鞆でなくなってしまう」

　「海の子」および「まちづくり工房」が実際に展開した活動から，4つの「保存の論理」をみてきた。では，4つの「保存の論理」における〈保存す

159

る根拠〉と〈保存のための戦略〉とは，いかなるものであったのか。結論からいえば，「海の子」にとっての〈保存する根拠〉とは，「歴史的環境に埋め込まれた地域社会の紐帯」であり，それを物理的に象徴するのが鞆港であった。以下，説明していこう。

「海の子」の代表者MH氏が保存運動に立ち上がった最初の動機，それは「鞆が鞆でなくなってしまう」という言葉に集約される。MH氏にとって，鞆で生活していくうえで必要不可欠な地域の個性は，鞆港という存在であった。そしてそのことを，大学進学や海外留学など外部の生活を通じて，はっきりと自覚したのである。だからこそ，「同じ地域に住む人間であれば同じ想いを持つはずなのに，当たり前すぎて鞆の価値に気づいていない」と，目に見えない鞆の浦の価値を地域住民にアピールする活動として「鞆の浦・歴史探訪の旅」や「鞆学校」と題したさまざまなイベントを展開したのである[11]。このような環境学習型のイベント活動は，埋め立て・架橋計画への反対意見を表明すると軋轢が生じることを考えて，戦略的に考案されたものであった。そうした穏やかさを備えつつ，鞆の浦の歴史的環境を守りたいという「海の子」の想いを伝えるイベントは，「海の子」から「まちづくり工房」に名称を変え，そして埋め立て・架橋計画をめぐる社会状況がさまざまに変化しながらも，つねに活動の中心におかれている。

埋め立て・架橋計画の変遷と「生きた」鞆港の保存

1983年の埋め立て・架橋計画では埋立面積は約4.6haであるが，その後，約2.3ha，約2.0haと次第に面積を縮小して，港湾遺産群の一つである焚場を最大限に残すように変更されてきた。最新の計画案は，焚場の一部を除き，雁木，常夜燈，船番所，大波止に対して，何らかの工事や建造物の移築といった物理的な影響はほとんどなくなっている。架橋部分も，橋脚の高さを下げ，町並みに合う意匠に変更したことで，〈鞆港保存派〉の批判はあるものの，〈道路建設派〉の住民と行政当局は「最大限の配慮をした」と述べている[12]。これに対し「海の子」を初めとする〈鞆港保存派〉の住民は，この譲歩案を受け入れることはなかった。確かに埋立面積を縮小したことで，焚場の大部分は保存される。また残り4つの港湾施設にはまったく影響はなく，保存されることになる。

ではなぜ〈鞆港保存派〉の住民は妥協できなかったのであろうか。それは

第7章　なぜ鞆港を守ろうとするのか

〈鞆港保存派〉の主張の根幹が，港湾遺産群の保存ではなく，「生きた鞆港の保存」にあったからである。埋立面積を縮少し常夜燈や雁木をそのまま残しても，架橋される以上，鞆港の港湾機能は失われてしまう。その規模は小さくとも，魚が水揚げされ漁船が舫う情景は，鞆港が「生きている」証拠である。埋め立て・架橋計画が暗示するのは，「死んだ」港であって，それは中世から「生き続けてきた」港ではない。〈鞆港保存派〉はこの点を容認できなかったのではなかろうか。つまり，港湾遺産群の保存が実現したとしても，長い歴史を持つ鞆港の港湾機能そのものに終止符を打つのは「のっぴきならない問題」であったのだ。「鞆が鞆でなくなってしまう」という言葉は，このような文脈において重要な意味を帯びてくる。埋立面積が縮小されても〈鞆港保存派〉が計画に同意しなかった理由を，MH氏が保存運動を通じて住民に訴えかけた「〔鞆の浦の住民自身にとっての〕鞆の価値」から，理解することができる。そして，ここに「海の子」の〈保存する根拠〉を見いだすことができるのだ。

歴史的環境に埋め込まれた地域社会の紐帯

このことを裏づけるように，「まちづくり工房」となった後も，彼らはかつて瀬戸内海の海路で結ばれていた港町とのネットワーキング活動に取り組んでいる。「港町ネットワーク・瀬戸内」というプロジェクトの名称は，港と海路を通じて外部と接続することが，港町が港町であり続ける必須条件であることを示す。そのために呉服店であった「旧魚屋萬蔵宅」は船旅をする旅人のための「御舟宿いろは」として再生されたのである。そして，瀬戸内の海によって産み落とされた「子ども」こそ，鞆の浦という港町そのものであり，その含意が「鞆の浦・海の子」という名称に通底しているのだと思われる。

「海の子」のMT氏は，時折次のエピソードを語る。それは行政の住民説明会で，ある住民が「工事をしている間，毎日見ることができたはずの瀬戸内海の海と鞆の港が見えなくなる」と埋め立て・架橋計画を批判したところ，行政職員の一人が「だったら2階から見ればいい」と返答したというものである。それが事実かどうかはここでは問題ではなく，むしろ，この話が繰り返し語られることが重要であり，港湾部に住む住民の主観的な世界において，鞆港が根源的な存在であることが理解できるだろう。

161

「海の子」にとって，鞆港の港湾機能が失われてしまうことは，「生きた」港としてつながってきた過去や歴史と同時に，住民同士の結びつきを断ち切ることも含意しており，「鞆の価値」とは，こうした「鞆港が維持してきた地域社会の紐帯」なのである。すなわち鞆で生活していくうえで必要不可欠な地域の個性と「同じ地域に住む人間であれば同じ想いを持つ」という〈共有化された所属意識〉が地域社会の紐帯であり，その基盤としての鞆港を保存せよ，というのが「海の子」の主張であった。環境学習型のイベント活動はまさに地域の個性の再発見と〈共有化された所属意識〉を促すもので，これこそが「海の子」の主張する〈保存する根拠〉なのである。したがって鞆港保存問題とは，橋を架ける景観の是非でも，「現状の完全な保存か，一定の変更を許容した保全か」という保存手法をめぐる問題でもない。「海の子」が保存しようと主張していたのは，鞆港という「歴史的環境に埋め込まれた地域社会の紐帯」にほかならないのだ[13]。

　このように「海の子」による保存運動は「今までも，そしてこれからも港町であり続けること」を守ろうとしている。それに対して第5章で検討した他の保存運動は，いずれも鞆の浦の長い歴史の中で鞆港を中心に町が大きく繁栄した一時代を参照し，その栄華の時代の痕跡を残そうとするものであった。一方で「海の子」は「港町であること」という地域社会のあり方を，歴史的環境保存によって守ろうとしている。このように，保存運動は鞆の浦の歴史を守ろうとする点で同じであるが，その内実は異なっている。ここに本書が環境社会学のアプローチから「鞆の浦・海の子」の運動に注目する理由があるといえよう。

　こうしてみると「土木史的にも，歴史的にも，貴重な港湾遺産だから保存せよ」という〈学術的価値・希少性〉の主張は，運動戦略的レトリック＝〈保存のための戦略〉と捉えることができる。この〈保存のための戦略〉は学術的価値という「客観的」基準に訴えることで，彼らの主張の「客観性」をアピールするとともに，外部の支持者をより多く獲得することに成功した。また，〈学術的価値・希少性〉が基づく「客観性」は，地域住民との軋轢を回避せざるをえない社会状況においては，それに適合した戦術であったと思われる。そして〈学術的価値・希少性〉が〈保存のための戦略〉だったからこそ，それが限界に突き当たったとき，「海の子」は同時に行政手続き上の不備を突くような「詰め将棋」の盤上へ戦術を向けることができたのだ。そ

れは芸備地方史研究会の反対運動が「行政の理解ある対応」の要求に終始したことと対照的である。

これまでみてきたように「海の子」は発足当時から多彩な活動に取り組んできた。鞆港保存の署名活動やシンポジウムへの参加，大学の研究組織との積極的な交流，そして行政手続きをめぐる「詰め将棋」に古民家再生のトラスト運動……。これらは時にレトリックや運動戦略でもあった。しかし活動の根幹に変わらずにあったのは，「歴史的環境に埋め込まれた地域社会の紐帯」という〈保存する根拠〉であった。鞆港を守りたいという想いによって，活動は一貫して結ばれていたのだ。

5　地域社会の紐帯としての歴史的環境

本章の最後に，「保存の論理」の分節化という分析枠組みから歴史的環境保存の社会学の先行研究を振り返り，それらによって「人々が歴史的環境を保存する理由」がどこまで明らかにされてきたのかを示したい。本書で扱う鞆港保存問題を踏まえて「『開発か保存か』という地域環境問題の文脈」(足立，2004: 53) に沿って検討する。

それを通して，「海の子」および「まちづくり工房」の〈保存する根拠〉である「歴史的環境に埋め込まれた地域社会の紐帯」と，先行研究が示してきた歴史的環境の〈保存する根拠〉との相違点と共通点を論じよう。この相違点は事例自体が持つ問題構成の違いとも深く関わるが，「歴史」と「社会的紐帯」に着目して検討することができる。こうした比較検討を通して，「海の子」による歴史的環境の保存運動の特徴が明確な焦点を結ぶであろう。

歴史的環境保存の社会学にみる「保存の論理」の分節化

「保存の論理」の分節化の原型は，堀川三郎による小樽運河保存運動の研究にみることができる。堀川は小樽運河保存運動をまちづくり住民運動の一系譜と位置づけたうえで，運動の出発点において運河が「小樽っ子のアイデンティティ」であったが，それだけでは運河保存を達成できずにいた状況から，保存運動が戦略として〈観光開発〉という「保存の論理」を打ち出してゆく過程を描いた(堀川，1994)。当事者によって「小樽っ子のアイデンティティ」として語られていた言葉を「場所」と「空間」の視点から検討し，

小樽運河保存運動とは小樽運河の「場所性の防衛」であると主張したのである(堀川, 1998)。さらに堀川(2001)では, 保存運動の運動戦略の中にトラスト運動の先駆的な試みが存在していたことが指摘されている。

場所性 堀川の小樽運河保存問題の研究から提示されたのが,「場所性」である[14]。小樽運河保存問題は鞆港保存問題と多くの点で類似しているが, 相違点として保存対象の持つ歴史的な厚みが挙げられるだろう。明治の開拓期から始まる小樽運河の歴史は, とくに年長の人々にとっては実際に見聞きしてきた同時代の体験でもある。そして保存運動の主張は「単なるノスタルジー」と小樽の人々に評された。だが, 小樽に住むことを決意したIターン, Uターン組の若者が運動のコア・メンバーとなったからこそ,「これからも住み続けること」を基軸に運動が展開された。そして経済的な閉塞状況を打開する〈観光開発〉という「保存の論理」を打ち出すために, 運河の魅力を証明するポート・フェスティバルなどのイベント活動が取り組まれたのであった。したがって堀川の「場所性」は, 無機質な空間から〈意味づけられた場所〉への変容過程を射程に捉えたといえるであろう。

これに対して, 鞆の浦は万葉集に歌われ, 中世から近世にかけての繁栄が「教科書的な歴史」として語られるほどの歴史的な厚みを持つ。このことが〈鞆港保存派〉の訴えを「単なるノスタルジー」として片づける評価を退けたのであろう。また鞆港保存運動は, この問題以前から鞆の浦に住むことを選択していた地域住民による運動であり, 小樽と異なり「これまで住み続けてきたこと」を基軸に鞆港の再評価が重視されたのである。したがって本書が, 歴史的環境によって支えられてきた地域の社会的連帯の履歴を解明する方向性をとってきたゆえんである。

こうした相違点の一方で, 小樽と鞆の浦には共通点もある。一度外部の生活を経験した人々が保存運動の担い手になっていることである。他地域に住むことで生まれ故郷の価値を再認識したり, 他地域と比較して故郷を相対化する視点を獲得し, 歴史的環境の〈社会的意味〉を強く自覚するようになるのかもしれない。そして保存運動の当事者による表現である, 小樽の「"地域に生きる"ってこと」(堀川, 1998: 128)と鞆の浦の「鞆が鞆でなくなってしまう」は, 小樽運河と鞆港それぞれの保存を通して, 地域社会のアイデンティティや個性を守ろうとした点で一致しているといえるだろう。

社会の記憶 中筋直哉(2000)は,「集合的記憶」に社会的な紐帯を維持

する役割があると論じたアルヴァックスの論考[15]を下敷きに,〈社会の記憶〉の一形態として墓地・霊園を取り上げた。中筋論文の主題は,村落の伝統的墓地と現代の都市霊園,そして靖国・広島・沖縄の慰霊施設の維持と変容を通じて,「死者たち」と現代社会の結びつきを描いた。この論考は今を生きる現代社会の社会的連帯において,共同体が持つ過去からの連続性が欠かせないことを示唆している。

鞆の浦は「教科書的な歴史」を持ち,保存運動が歴史や建築の学術的価値を主張する〈保存のための戦略〉を展開したことから,少なくとも〈社会の記憶〉とは異なる「記憶」に依拠する社会的紐帯があることを確認できる[16]。だがアルヴァックスのいう歴史的記憶と集合的記憶のいずれか(あるいは,どちらでもない別の何か)であるかは,さらなる考察が必要であろう。

環境文化・町家保全　〈保存する根拠〉を保存対象に即してみたのが吉兼秀夫(1996)である。吉兼(1996)は,自ら埼玉県川越市の川越一番街の商家や奈良の明日香村の保存計画に関わるなかで,歴史的環境保全とは,物理的な環境に埋め込まれた「環境文化」を保存することにほかならない,と主張した。これに重なる議論として野田浩資(2000)は,京都における町家建築の町並みが「『町衆』の『張り』と『気概』」のメカニズムによって維持保存されてきたと述べている。これらは〈保存する根拠〉の一つを明らかにする試みであるが,「環境文化」を保存する理由や「保存のメカニズム」が機能してきた要因まで踏み込まなければ,充分に〈保存する根拠〉を明らかにしたとはいえない。

歴史的経験　牧野厚史(1999)は,福田珠己(1999)の沖縄県竹富島の事例や桝潟俊子(1997)の福島県下郷町大内宿の事例研究から,「住民たちが対象に働きかけを行ってきた『経験』(歴史的経験)」が,住民の歴史的環境保全の考え方に方向性を与えていると論じ,佐賀県吉野ヶ里遺跡の事例分析を通して保存政策のあり方へ研究を進めている(牧野,2002)。その論考では,考古学者による学術的評価とマスコミ報道が行政を遺跡保存へと動かした経緯を踏まえて,政策的課題(どのように保存するのか[How])を主題に議論が展開されている。政策的課題は吉兼(2000)とも共通する重要な主題の一つであることは間違いないが,「保存の論理」を直接問うものではない。また「『経験』(歴史的経験)」という着想は,「保存の論理」の生成過程を示唆する概念として解釈できるが,その実証的な解明はなされていない。

表7.1 歴史的環境保存の社会学にみる「保存の論理」

先行研究	保存の論理			
	〈保存する根拠〉	〈保存のための戦略〉		
堀川三郎 (1994;1998; 2001)	アイデンティティ 「場所性」	所有権 (トラスト運動)		観光開発
中筋直哉 (2000)	〈社会の記憶〉			
吉兼秀夫 (1996)	「環境文化」			
野田浩資 (2000)	「町衆」の「張りと気概」			
牧野厚史 (1999) 牧野厚史 (2002)	「経験」(歴史的経験) 〔学術的評価〕			「地域活性化」
野田浩資 (1996;2001)		学術的評価 学術評価クレイム	経済効果 経済評価クレイム	
関礼子 (1999)	地域社会の結節点			
鞆港保存運動	「歴史的環境に埋め込まれた地域社会の紐帯」	〈学術的価値 ・希少性〉	所有権 (トラスト運動)	世界遺産登録

(出典) 森久 (2005b:148) をもとに作成

学術的評価と経済効果 こうした議論の一方で,野田は「柳之御所遺跡」保存運動の事例から,「学術的評価」と「経済効果」という概念を示し,それを構築主義アプローチと接続させて「学術評価クレイム」と「経済評価クレイム」を提起している(野田,1996;2001)。これらは〈保存のための戦略〉の概念化とも理解できるが,このアプローチでは〈保存する根拠〉を見落とすおそれがある。むしろこうしたクレイム構築を支える〈社会的な意味世界〉の解明こそが,歴史的環境保存の社会学の課題であり,住民運動の主張を運動戦略のレトリックにすべて回収する概念化は避けねばならない。つまり〈保存する根拠〉は歴史的環境保存の社会学に不可欠な視点なのだ。

このように歴史的環境保存の社会学の学問的な到達点を振り返ると,〈保存する根拠〉は充分に解明されていないこと,そして自覚的に「保存の論理」を分節化した研究は少ないことが明らかになった(表7.1)。もっとも,このレビューを通じて,「保存の論理」の分析枠組みの限界も浮かび上がってくる。それは小樽や鞆の浦のように,問題が紛争化している事例には比較的適合することが示唆される点である。保存すること自体に一定の合意が形成され,保存政策の手法の恣意性が問題とされる事例では,「保存の論理」の枠組みは切れ味が落ちると思われる。その意味では,各論考はそれぞれ固

有の事例研究に沿って主題化され論じられているので，これまで検討してきたことは内在的な評価とはいえないが，少なくとも自覚的に両者を「保存の論理」として扱った議論は少ないと思われる。

地域社会の結節点　歴史的環境保存の社会学とは異なる環境社会学の系譜にあるが，関礼子の織田が浜埋立て反対運動の研究も注目したい。関は反対運動の動機に「織田が浜」という物的環境が地域社会の結節点であることを指摘した（関，1999）。これは織田が浜という海辺の喪失が地域社会の連帯を失うことを意味するように，地域環境の改変を地域社会の変化に接続した視点といえる。そして関は結びにおいて，埋立て後に地域社会の暮らしが変化したことを示唆している。本書も，織田が浜の保存問題と同じように，埋め立て・架橋計画による港の改変が社会的紐帯の喪失につながるとして，地域政治のイシューとなってきたことを示してきた。

以上，本書では堀川の「保存の論理」の分節化を引き受けたうえで，より自覚的・積極的に分節化を行い，分析枠組みとしての自立と，分析概念の洗練化を図った。先行研究との比較を踏まえて「海の子」による鞆港保存運動を振り返ると，埋め立て・架橋計画の争点となった鞆港の保存とは，地域社会の社会的連帯の物理的条件であると主張するものであった。もし鞆の浦の社会的連帯の中核である鞆港が失われると，地域社会そのものへの無関心が広がり，所属意識・帰属意識を喪失してしまう。将来，鞆の浦がどのような道を進むのかというまちづくりの問題に直面した時に，無関心でお互いに深い関係性を持たない住民ばかりでは「話し合い」はもちろん，住民同士の意見対立すらない事態に陥ってしまう。その意味で「海の子」の保存運動は，伝統的な地域社会の存続に関わる根源的な問題を提起したのである。

注
1　鞆町内での「鞆の浦・海の子」代表 MH 氏へのヒアリング（2004年8月18日）。
2　〈保存する根拠〉と〈保存のための戦略〉は便宜的な区別にすぎず，実際には両者が一体化して当事者が意識することもあるし，逆にこれらを当事者自身が明確に区別している場合もありうる。そして各個人において何が〈保存する根拠〉を決定づけるのかは，職業や地位といった社会階層や生活経験などに根

ざすと推測される。
3 これに対し「保存問題にかかわる各主体の主張は，すべて〈保存のための戦略〉〈保存する根拠〉でもあって，そもそも分節化することなどできない」という立場もありうるだろう。しかし上記の理由から，分節化をしなければ本書の課題に答えることができないと思われる。
4 以下に続くMH氏のライフヒストリーおよび発言は，これまで継続的に行った同氏へのヒアリングによる。
5 以下に続くMT氏のライフヒストリーは，2002年8月20〜23日を中心とする同氏へのヒアリングによる。
6 鞆町内でのMH氏へのヒアリング（2004年8月18日）。
7 福山市庁舎での福山市文化課へのヒアリング（2004年9月21日）。
8 広島県福山地域事務所での広島県港湾課（2004年10月13日），また福山市庁舎での福山市港湾河川課へのヒアリング（2004年10月15日）。
9 鞆町内でのMH氏へのヒアリング（2004年8月18日）。
10 鞆町内でのMH氏へのヒアリング（2002年8月20日）。
11 注9と同。
12 鞆町内での「明日の鞆を考える会」（2004年9月22日），福山市庁舎での福山市港湾河川課へのヒアリング（2004年10月15日）。
13 一見すると〈鞆港保存派〉の住民は，〈道路建設派〉の住民と「対立」し，地域社会の「紐帯」に亀裂を生じさせているようであるが，そうではない。「地域社会の紐帯の喪失」とは，「対立」さえ起きない状況（地域への無関心，所属意識の喪失）を意味しており，両者は異なる水準にある。
14 集合的な性質を持つ「まちの記憶」が個人の性質として確認されたとき，それを野田は「『町衆』の『張り』と『気概』」（野田，2000）として，足立は「町衆としての"生きざま"」（足立，2010）と捉えた。それに対して堀川は，保存運動の担い手を「小樽っ子のアイデンティティ」として表現したが，個人の性質の単純な総和ではなく，個人に還元できない集合的な性質であると同時に，空間という物的要素を伴った概念で把握しようとした。それが空間的基盤に支えられた集合的な性質としての「場所性」という概念であり，堀川は「まちの記憶」を場所性として表現していると解釈できよう。
15 アルヴァックスは集合的記憶と物的環境との強固な結びつきを論じ，集団形成の基礎としての空間（場所）が失われようとするとき，集団は激しく抵抗すると指摘している（Halbwachs, [1950] 1968=1989）。
16 町並み保存運動が，地域の歴史的固有性を剥ぎ取ろうとする地域開発政策に抵抗する運動であったという社会的文脈を踏まえたとしても，保存運動が依拠

第7章　なぜ鞆港を守ろうとするのか

しようとする「歴史」のイデオロギー性は見過ごされるべきではなく，慎重な検討を要する。なお「歴史の保存」に関する英米比較を行った D. バーセルは，「歴史」のイデオロギー性を理由に，集合的記憶は保存の決定的な根拠にはならないと述べている（Barthel, 1996）。確かに人種・民族の歴史が鋭く対立するアメリカでは「歴史」のイデオロギー性は厳しい問題となるが，より重要なのは，当事者にとって何が「決定的な根拠」であるかを明らかにし，それがいかなる要因で異なるのか問うことであろう。

第8章 「話し合い」のローカリティ
―― 鞆港保存問題にみる伝統的な〈政治風土〉と地域自治

1 鞆港保存問題における「2つの問い」

　第6章と第7章において，鞆の浦の地域社会を構成する社会層に着目して，〈道路建設派〉〈鞆港保存派〉それぞれの空間的記憶と運動の理念を分析してきた。これらの社会経済的な分析に加えて，本章では，社会層を特定の社会的地位に秩序づける社会構造の編成原理に立ち戻り，鞆港保存問題を検討する。具体的には，鞆の浦で観察された事実からの問いとして「地域住民はなぜ話し合いにこだわるのか」「世代間の意見の違いに対して，なぜ年長者の意見をとりわけ尊重するのか」に注目して，あらためて鞆の浦の地域社会構造の編成原理を考察する。

　社会人類学・民俗学では，鞆港保存問題のような現代の地域問題は対象外とするか，背景に位置づける程度で，中心におかれることは少ない。一方，社会学では，地域社会構造だけではなく，社会問題・地域問題を研究対象としてきた。そこで本書では，社会問題の社会学の方法を応用し，「合議制」（第4章表4.1(6)）を分析概念として，地域社会構造と地域問題の双方を視野に入れて往復する分析を試みたい。

　上の2つの問いを解く鍵として，社会人類学・民俗学の村落構造論として多くの研究が蓄積されてきた「年齢階梯制社会」の分析視角を導入する[1]。第4章で論じた年齢階梯制の知見を鞆港保存問題解明の補助線にひくことで，この2つの問いが解けて腑に落ちるのである。そして，年齢階梯制を持つ地域社会の特質から鞆港保存問題を読み解くことで，年齢階梯制の規範意識が作用している可能性が見いだされる。それは，社会構造に基づく規範意識を踏まえて地域問題を検討し，年齢階梯制研究の蓄積を現代社会に活用する試

みでもある[2]。最後にこれらを通して，鞆の浦の伝統的でローカルな〈政治風土〉と地域自治に迫っていこう。

地域住民はなぜ話し合いにこだわるのか

鞆港保存問題を振り返ると，2つの問いが浮かび上がる。そこに，鞆の浦の地域社会が伝統として維持してきた，社会秩序の編成原理を解明する手がかりが存在する。

第一の問いである「なぜ話し合いにこだわるのか」から詳しくみていこう。鞆港保存問題で特徴的なのは，埋め立て・架橋計画に対する意見の相違について，地域住民は徹底して話し合いで解決しようと要求し，そのような政治的な言動が目立つことである。たとえば，1994年に住民同士で自発的に鞆港保存問題の話し合いの場が設けられたように，〈鞆港保存派〉は行政や第三者機関を介さずに当初から一貫して双方の話し合いの場を求めてきた（付録の年表参照）。1995年に県知事の提案した「鞆地区マスタープラン」の話し合いや，2001年の住民説明会では，〈鞆港保存派〉は事前に出席者の構成や町内会規模の住民説明会の開催を行政当局に要望した。埋め立て・架橋計画の推進という「結論ありき」の開催形式を問題視して，双方の意見を話し合う場が設定されていないと批判したのである。〈鞆港保存派〉は住民説明会をボイコットし，〈道路建設派〉との決定的な決裂に至った。2005年に福山市が埋め立て・架橋計画の住民説明会として開催した「鞆町まちづくり意見交換会」でも同様の事態が生じた。

〈鞆港保存派〉の対応は話し合いそのものを拒否しているのではなく，話し合いの場が〈鞆港保存派〉にとって不平等であったことなどを批判するものであった。公正な話し合いを重視すればこそであり，むしろ話し合いにこだわっている証しといえるだろう。〈鞆港保存派〉が埋め立て・架橋計画差し止め訴訟を起こした後も住民間で話し合いが続けられただけではなく，両派ともに裁判は「話し合い」を放棄する結果になると憂慮していた。さらに「鞆町まちづくり意見交換会」で，〈道路建設派〉住民の一人から「住民の大半が賛成なのだから，いつまでも少数の住民にかまっていないで，ともかく事業を進めよ」という声が上がったとき，同じ〈道路建設派〉でさえそれを歓迎しなかったのである[3]。そして，2009年10月広島地裁の判決以降，鞆港保存問題をめぐって「鞆地区地域振興住民協議会」が計19回開催されるなど，

話し合いによる解決の努力が続けられてきた。

　鞆港保存問題のような地域開発の公共事業では，利害調整の難しさや根本的な意見対立などさまざまな要因が絡んで，長年にわたり住民間で合意に至らないことは珍しくない。しかし同時に，地域住民の反対を押し切って強行される公共事業も決して少なくない。鞆の浦の場合，行政当局と地域有力者層は連携して計画を強く進めてきた。さらにマスメディアによると道路建設派は多数派である。このような力の差があるにもかかわらず，25年以上も決着がつかなかったのである。2001年以降，公有水面埋立事業許可の慣例に反すると判明したことを考慮しても，長期にわたる。このように埋め立て・架橋事業を強行せず，話し合いが続けられてきたのはなぜだろうか。ここに一般的な社会規範を超えて，話し合いを重視するローカルな〈政治風土〉が見いだされるのだ。

なぜ年長者の意見をとりわけ尊重するのか

　第二の問いは「世代間の意見の違いに対して，なぜ年長者の意見をとりわけ尊重するのか」である。一般に地域開発問題において世代間で意見が相違するのは，地域社会の将来への見通しや新しさへの期待から開発を推進する若年・中年層と，変化にうまく適応できるのか不安を抱き，想像のつかない開発に消極的な年長層が多い。年長者の意見は次世代を担う若い世代から，単に古いものへの郷愁であり，保守的と見なされることが多い。ところが鞆の浦ではその逆である。年長者が〈道路建設派〉で，中年以下の若い世代ほどこの計画に反対ないし懐疑的であった。家族内では，年長者が〈道路建設派〉のため，若年世代は賛成ではないが反対意見を言わずに沈黙しているという。さらに一部の年長者の地域指導者層だけが埋め立て・架橋計画を進めるような，いわゆる長老支配の権力構造はなく，〈道路建設派〉は老人クラブなどの年長者の年齢集団によって構成されている。年長世代が積極的に開発を志向し，若年世代が開発中止を訴えているのである。

　若年世代の住民が，年長世代の住民の考え方にとりわけ配慮する傾向は，次のように観察できる。

　「愛する会」のコア・メンバーで鉄鋼業の経営者H氏は，反対という明確な言葉を避けつつも，自身のまちづくりの理念から「お年寄りにやさしいまちづくりからみて，この計画は賛成できない」と語る[4]。この発言は，所属

団体の意見と個人の意見の対立を「年長者」への敬意を示すことで避けるレトリックといえよう。また福山市が開催した「鞆町まちづくり意見交換会」では，〈道路建設派〉の住民が，「ウチの年寄りに，死ぬ前に一度道路を見せてあげたい」と市職員に訴える場面があった[5]。これらの発言は，鞆の浦の地域社会では「年長者」は敬うべき存在という意識が共有され，年齢階梯という社会秩序が存在する可能性を示唆している。

年長者が地域開発にかける「積年の想い」は，どのように地元住民に相応の説得力を持って受け止められるのだろうか。世代別の意見分布や，年齢序列という社会規範そのものは，日本社会の隅々で見られる。だが，そこに地域的特質が存在するならば，鞆港保存問題とは，単純な世代間闘争や価値観の相違，利害対立といったものではないだろう。

本章では，鞆港保存問題の2つの問いを年齢階梯制から解くことで，鞆港保存問題がどのような歴史文化的コンテクストにおかれているのかを解明する。年齢階梯制社会の特徴の一つである合議制という観点から鞆港保存問題をみると，そこに「話し合い」にこだわるローカルな〈政治風土〉が見えてくる。

2　合議制を持つ漁村社会——年齢階梯制社会における意思決定

宮本常一によると，年齢階梯制社会の多くは，重要事項を話し合いによって決める合議制を持つという。またそうした集落では村寄合の場として，辻や集会所となる講堂や庵寮が集落の中に存在する（宮本，1984）。年齢階梯制社会は，高橋統一（1958）によれば瀬戸内海などの西日本の漁村に多いといわれる。とくに漁村で形成されたのは，漁師たちの生業構造から生まれる労働組織形態が年齢階梯制にきわめて適合的だからである（鳥越，1982）。漁師たちの労働形態がどのように合議制の社会制度に結びつくのだろうか（以下，第4章も参照）。

漁網を用いた集団漁法には，漁師たちの一致団結と集団の統率力が求められる。集団で漁撈を行うには，魚の重量に加え，海水を吸って重くなった漁網を水の抵抗に逆らいながら効率よく，かつ安全に引き揚げなければならない。そのためには，漁網を手繰る漁師たちの呼吸が合うことが肝心である。呼吸が合わなければ，その分の力を失うばかりか，時に網に引きずられた漁

第8章 「話し合い」のローカリティ

師が海に落ちる危険もあり、生命に関わる。そこで漁村では、一定の年齢に達した男子を若者組・若衆宿と呼ばれる家屋に集めて共同生活を実施し、先輩漁師から集団の規律などさまざまな教育を受けさせた。その内容は、漁の仕方だけでなく、村の仕事や役職、祭礼行事の運営方法、さらには異性との交流の手ほどきにまで及んだ。このように地域社会の教育が、年齢集団による共同生活においてなされることで、集団漁法が可能になったのである。

また、瀬戸内海沿岸では時に激しい漁場争いが起き、他の漁村との間で武力衝突にまで発展する例も少なくなかった。漁場争いに備えて、働き盛りで血気盛んな若者集団が戦闘要員として組織されたのである。

こうしたことから、漁獲量の多寡が生活を左右するだけではなく、時には荒天や漁場争いなどで、自らの生命を賭ける漁師にとって、どの海域に行って網を投げるか、あるいは海の荒れ具合で漁に出るかどうかなど、誰かがその決定に不満を抱えたまま漁に出ればそれが集団の統率力に影響しないとも限らない。集団の成員間で意思決定をすることは、きわめて重要となる。しかも家柄に関係なく同じ世代ごとに等しい扱いと教育を受けてきたことで、同世代の者同士は対等な関係である。こうして年齢階梯制社会では、話し合いによって意思決定をする合議制を持つようになったと考えられる。

宮本常一がモノグラフを残した1950年代までは、合議制を持つ年齢階梯制社会が多くの農山漁村に残っていたと思われる。だが高度経済成長を経て、1980年代には日本社会の近代化・都市化の波に乗り遅れた離島などを除いて、村落の社会制度としては崩れていった。それでもなお、地域に生きる人々の歴史的記憶や規範意識、〈政治風土〉に、伝統社会の編成原理の名残りが見いだせる。そして、そのことは鞆の浦でも確認できる。

3　鞆の浦の地域的特質——話し合いの重要性と年長者の尊重

「話し合い」を求める〈政治風土〉——議論する場の設置

鞆の浦の地域社会の特質から、鞆港保存問題を読み解く鍵として挙げた第一の問いは「なぜ地域住民は話し合いにこだわるのか」であった。

鞆港保存問題の経緯を振り返ると、住民間の意見の相違に対して、徹底して話し合いで解決しようとする志向性が際立っている。もちろん、こうした開発問題には、利害関係や理念の相違だけでなく、長年の人間関係など、さ

175

まざまな要因が絡んでいることが多い。しかし，多数の反対意見を押し切って実施された公共事業も少なくない。このように事業を強行せず，話し合いによる決定が追求されるのは，合議制の伝統によると考えられるのである。

合議制を持つ村落社会では，地域にとって重要な問題ほど，話し合いによって決定してきた。この観点からみると，埋め立て・架橋計画は鞆の浦の将来を左右するまさに重要な議題の一つである。そのため先に述べたような話し合いが続いた。

〈鞆港保存派〉は，排水権利者のいる江の浦元町一町内会が個別の住民説明会を要求したように，話し合いの場を設けるよう行政当局に要望し続けてきた。江の浦元町一町内会は最古参の漁師たちが住む江の浦町にある。しかもこの町内会では，古くから町内会長を選挙で選ぶという。ある60代の住民によると，自分が物心つく以前からあったと述べていることから，少なくとも戦前から町内会長は選挙で決定したと思われる[6]。一般に町内会長は，議決なしで町内の有力者から選出されたり，輪番制の地域すらある。そのなかで，選挙を維持することは，町内の全員が意思決定に参加し，納得して物事を進めるという意味で「合議制」の規範意識を引き継ぐと考えられるだろう。

江の浦元町一町内会では，鞆港保存の論争をきっかけに埋め立て・架橋計画に疑問を持つ主婦たちが，道路計画に反対していた男性を町内会長選挙で会長に選出し，男性中心社会の中で自分たちの政治的意見を表明したのである。最も古くから存在する地区の町内会が，最も合議制的な方法によって会長を決めていることも，合議制の傍証となるだろう。

近年では，〈鞆港保存派〉が起こした埋め立て・架橋計画差し止め訴訟に対する鞆の浦の人々の反応からも，合議制の伝統を垣間見ることができる。広島県と福山市が「議論は尽くした」として，埋め立て・架橋計画の行政手続きを強行しようとしたことが，〈鞆港保存派〉の住民が訴訟を起こした理由であった。原告の一人はマスメディアの取材に対して，「〔話し合いではなく〕司法の判断にゆだねる方法しか残されていないことが残念」と語った。その一方で，〈道路建設派〉は「計画に反対する人たちは，話し合いの場を設けるよう訴えていたはずなのに，提訴でその道を閉ざすようなことをするのはいかがなものか」と〈鞆港保存派〉を批判した（『朝日新聞』2007. 4.25）。両者の談話はいずれも「話し合いを断念した」として〈鞆港保存派〉は行政当局を，〈道路建設派〉は〈鞆港保存派〉を批判したと解釈する

ことができる。

このように，鞆港保存問題の一連の経過には，話し合いで物事を進める「合議制」の伝統が色濃く見られるのである。もちろん，少数意見を尊重して話し合いで物事を進めるのは，民主主義の一般的な規範である。だが，その具現化の仕方や意味の重さに，伝統的に継承されてきたローカルな〈政治風土〉が見いだされるのだ。

年長者を尊重する規範意識

第二の問いとして「なぜ年長者の意見がとりわけ尊重されるのか」を挙げた。鞆の浦では典型的な地域開発をめぐる意見対立の事例とは異なり，年長者が開発を進め，中年以下の世代がそれに反対している。「幹線道路ができれば若年世代の人口が増えてまちは活性化する」という幻想はすでに失われて久しい。だが，戦後の地域開発を担った年長世代がいまだに夢を追いかけていると理解するのは，あまりに単純すぎる。そこで，なぜ鞆の浦では年長者が開発を志向するのか考えてみよう。

年長者が埋め立て・架橋計画による地域開発を強く志向する背景には，年長者が生まれ育った時代の社会経済の没落があると思われる。第4章でみたように，鞆港には，土木技術・船舶技術の発達とともに海面を埋め立てて土地を造成し，港湾施設を建造してきた土木整備事業の歴史があった。時代に合わせて港湾施設を改変することは理に適っている。しかし明治の近代化以降，鞆港に大規模な公共投資はなされず，港町・鞆は衰退の一途を辿った。近世の港湾遺産に学術的価値があると認められたのは，1970年代以降のことである。

現在の年長世代は，鞆港を見て成長し，次第に衰えていく鞆のまちとともに人生を歩んできたといっても過言ではない。年長者にとって，鞆港はかつて栄華を極めた鞆の浦の歴史遺産であると同時に，日本社会の社会経済的な発展から取り残され，日々衰退していく空間的象徴でもあったのだ。そして港町として自立した都市であった鞆の浦は，福山市に吸収合併されてしまう。鉄鋼団地の開発によって一時は地域経済が発展したことはあったが，その活気も今は過ぎ去ってしまった。福山市に鞆のまちづくりを期待したが一向に実現せず，取り残されてきたなかで，埋め立て・架橋計画は，鉄鋼団地の開発以来，待ち望んでいた地域活性化のチャンスなのだ。

年長世代はこうした空間の集合的記憶と鉄鋼団地の開発による経済発展の「成功体験」を持つ。だからこそ，埋め立て・架橋計画を熱望してやまないのだ。そして地域再生を信じる年長者の意見が尊重されるのは，鞆の浦の人々が年齢階梯制に由来する年齢序列の規範意識を持つためである。先の〈鞆港保存派〉の鉄鋼業者Ｈ氏の「お年寄りにやさしいまちづくり」といったレトリックや，まちづくり意見交換会での「ウチの年寄りに，死ぬ前に一度道路を見せてあげたい」といった情に訴える発言などはそれを反映している。
　そして鞆港保存問題の対立が根深いのは，単に計画の目的合理性や法的手続きの問題だけで是非を争ってきたのではないからである。〈鞆港保存派〉は，話し合いの場が設定されても，「推進ありき」を批判する意味で参加しなかったことがある。埋め立て・架橋計画に反対することは，尊重すべき年長者の意見に反することになる。このように〈鞆港保存派〉の運動は「合議制」と「年齢序列」といった年齢階梯制の社会秩序を踏み越えてしまうからこそ，感情的な対立も惹起し，対立が深刻化する結果となる。したがって，鞆港保存問題は単純な「世代間闘争」でも「利便性の高い生活」対「歴史文化的価値」といった価値観の対立でもない。そこには年齢階梯制の伝統的社会秩序の規範意識が存在している。
　ただし，年齢階梯制だけが鞆の浦の伝統ではない。〈鞆港保存派〉の鉄鋼業者Ｈ氏の意見対立を避ける言葉だけではなく，鉄鋼連合会が平地区の従業員の便益のために道路計画を支持するなど，鉄鋼業者の意思決定の背景には親分・子分関係が影響していると思われる。
　親分・子分関係における主従関係の特徴は「庇護・奉仕」である。この「庇護・奉仕」関係は，子は親に対して奉仕の義務を負うが，そのかわり親は子の利益を庇護しなければならない。だがそれは，一方的な親の権威による子の支配と服属の関係を必ずしも意味しない。子の利害が，親の意向とは別にあれば，子はそのことを主張できるし，親は子の利益を十分に庇護できなければ子の奉仕を失うため，親が子の意向に従うこともありうる。「親」である鉄鋼業経営者が，「子」の平地区の従業員の便益のために埋め立て・架橋計画を支持している可能性がある。このように，鞆の浦の年長者を尊重する意識は親分・子分関係だけでも説明できない。
　鞆の浦の鍛冶職人はもともと江の浦の漁師から転じたことを考えると，

第8章 「話し合い」のローカリティ

「年齢序列」が基盤にあり、のちに「庇護・奉仕」の意識が結びついて、現在では両者が併存するのかもしれない。また、鞆商人の同族団、福山藩の宿老制度も考慮すれば、鞆の浦の年齢階梯制は職業集団ごとに「同族組織、親方・子方制度、宮座組織などと接触し、これらとの混合に依って、さまざまな形態が存在」(岡、1996: 151) してきたとも考えられる。このように港町として長く繁栄した鞆の浦の社会秩序には、本家・分家関係はもちろん、親分・子分関係も確認され、ほかに商家同族団や近世の武家社会の統治なども〈政治風土〉に少なからず影響を与えているであろう。

したがって鞆の浦の地域的特質は年齢階梯制だけでは説明できず、社会秩序の原理を解明するには、伝統的な商業者や漁業者、鉄鋼業者など、それぞれの社会層の歴史に応じて分析を重ねる必要があることを、ここで確認しておこう。そのなかで年齢階梯制は、各社会層の共通基盤となる社会秩序の編成原理に位置づけられよう。

4　市民的公共圏と合議制——〈伝統的なもの〉のゆくえ

市民的公共圏と村寄合

鞆の浦の地域問題を考察する上で、ローカルな〈政治風土〉を視野に入れるべきことが明らかになった。年齢階梯制からみた鞆港保存問題が示唆するのは、鞆の浦は単に伝統が残る古風なまちであるだけではなく、いかに「話し合い」を重視するローカル・ポリティクス＝地域自治のシステムが力強いかである。戦後民主化の波を経て、民主主義は現代の鞆の浦における社会秩序のなかで重視される政治規範であることはいうまでもない。しかし、だからこそ逆に近代の民主主義的な規範だけでは鞆の浦の〈政治風土〉や地域問題を説明しきれないことを確認しておきたい。鞆の浦では年齢階梯制を基盤に、本家・分家関係や親分・子分関係、近代民主主義などを織り込み、独自の〈政治風土〉を歴史的に形成してきたことをみる必要がある[7]。

そこで民主主義の原点とされる古代ギリシャのポリスと、年齢階梯制社会であった日本の漁村の社会経済的な背景を比較検討し、市民的公共圏と村寄合の接点を探ってみたい[8]。

H. アレントが「公的領域」と呼び、後にアレントの議論を展開させてJ. ハーバマスが「市民的公共圏」の起源とした古代ギリシャの討論空間は、

第3章でみたような社会経済的な背景を持つものであった（Arendt, 1958＝1973; Habermas, [1962] 1990＝[1973] 1994)。

　一方，日本の漁村はどうであろうか。先に説明したように，日本の漁村も古代ギリシャの都市国家と同じように「若者組・若衆宿」を設け，一定の年齢に達した男子はそこで集団生活を通して教育された。青年集団は，主要な労働力，貴重な戦闘要員，さらに集落の共同作業，消防，防災の役割を果たし，治安維持など地域自治の担い手であった。そして地域社会の将来を左右する重要事項は合議制すなわち村寄合の話し合いで決められたのである。

市民的公共圏と年齢階梯制社会の合議制の共通点

　こうしてみると，古代ギリシャのポリスと日本の漁村には，意外な共通点が見いだされる。まず一糸乱れぬ統率力を基盤とした集団行動の能力を高めるために，共同生活による集団的な教育を行うことが挙げられよう。やや乱暴な言い方ながら，成人男子の集団行動を核とする社会秩序の編成原理における共通点である。そしてより重要なのは，古代ギリシャの都市国家ではアゴラ（広場）での討論，日本の漁村では村寄合での全会一致の話し合いを外交や軍事等の重要事項の意思決定方法として，それぞれ生み出したと考えられることである。重装歩兵団も漁撈集団も，決定された行動の内容いかんでは誰かが命を落とす危険があり，生死をかけた緊張感のなかで話し合いが行われる。全員が納得づくの決定に至るかどうかが集団の統率力に重大な影響を与えることから，どちらの共同体も「話し合い」に重きをおいた社会制度を形成したと考えられるのだ。

　このように話し合いを重視した古代ギリシャの都市国家と，年齢階梯制社会であった日本の漁村に共通点があるのは，同じ社会経済的な背景をもつことからあながち偶然ではないかもしれない。もっとも，古代ギリシャの市民共同体を現在の民主主義社会の起源と見なす欧米とは違って，日本の年齢階梯制の合議制を日本社会の自生的な民主主義の原型と即断するのは，あまりに単純すぎる。

市民的公共圏と年齢階梯制社会の合議制の違い

　宮本常一が対馬の漁村の村寄合を記録したのは1950年代のことであり，少なくともそれまでは多くの農山漁村に村寄合の慣習が残っていたと思われる。

第8章　「話し合い」のローカリティ

　そうした地域では，土地争いや水利争いなどのように合意形成が難しい問題や，学校や道路の建設といった公共事業に関連する重要事項は，全会一致で決めることになっていた。しかしながら一度や二度の会合で全員が納得いく結論を出すことは，ほとんど不可能である。そこで事前に意見を異にする者に対して「根回し」や「説得」が行われ，こうした事前工作の末に本番の会合で全会一致の決定が確認された。多数決で議決すると，人々が反対と賛成に分かれてしまい，長年にわたって継続する人間関係に影響を与えかねない。狭い社会を生きる人々の知恵であった。

　ところが戦後民主主義の進展のなかで，こうした全会一致をめざす村寄合は，非民主的で前近代的な封建遺制とされた。集団に流されず自分の意見を主張しよう，という戦後民主主義のスローガンのもとで，「根回し」や「説得」が批判された。確かに事前工作には，個人を集団に同化させようとする抑圧的な力学が働いていたことは事実である。しかし，実際には多くの村落社会では，重要な問題ほど全会一致で決定されたが，多数決で決めることも多く（平山，1992），むしろ「日本には満場一致以外（たとえば多数決）のルールは存在していたし，実際に行われてもいたが，一般的には満場一致の方が好まれる傾向にある」（利光ほか，1980: 166）と考えるべきであろう。

　一方，ヨーロッパ社会の議決方法の歴史を概観すると，原始共同体の成員は「個人」の意識を持たず，共同体の意識が自分の意思そのものと同化していたために全会一致が実現していたとされる。その後，「全会一致」による議決から，同じ一票でも優秀者の意見を重く見る「優秀決原理」，そして「多数決原理」へと変化している。しかし，実際はいくつかの国際機関でも，反対者がなければ採択する「コンセンサス方式」を採用することが多い。利害関係から意見が鋭く対立する国同士は議事の外で協議して「根回し」や「説得」を行い，本会議は満場一致で議決されるのである。欧米社会においても多くの日常的な場面で，事前の「根回し」や「説得」を経て，本番の会議では満場一致の議決を行うことは決して少なくない。日本の戦後民主化論を唱える知識人が「多数決原理」を「発展図式」と捉え，日本の村落社会の村寄合を「全会一致＝未熟な議決方法」と捉えたのはまったく誤りであった。多数決以外の議決法は非民主的な封建遺制としてうち捨てられ，多数決原理だけが民主主義に見合った議決法として残されたと考えられる[9]。

　年齢階梯制社会における合議制は，日本の地域社会における自生的な討論

181

空間の一つであった。しかし戦後「民主化」のなかで，こうした話し合いの民俗的慣習は「日本の民主化や社会の発展を阻む前近代的な封建遺制」として排除され，そこにヨーロッパを源流とする思想や社会制度が導入されたのである。当時の農村社会学はムラ社会を，家族社会学はイエ制度を，都市社会学は町内会などを「封建遺制」として批判の対象として，戦後民主化論を支えたのである。たしかに，村寄合での事前の「根回し」や抑圧的な「説得」は時に非民主的であるし，ムラ社会やイエ制度における女性差別など，それぞれ克服すべき深刻な問題も少なくない。その意味で戦後民主化論には，いまだ学ぶべき点や活用すべき力がある。

とはいえ，それまで自生的に根づいていた〈伝統的なもの〉を排除し，そこに欧米の思想や社会制度を「移植」することが，「民主化」を実現する唯一の方法だったのかという疑問が生じよう。ローカルな伝統の力強さをみると，古代ギリシャとヨーロッパを起源とする市民的公共圏，公論形成の場が成立しないのは，当然とすら思えてくる。ローカルな伝統に抗って村寄合・合議制のしくみをすべて捨て去り，空白地帯に新たな討論空間を打ち立てようとするのは限界があるだろう[10]。

もちろん，本書は旧来のムラ社会に戻るのでも，日本社会の〈伝統的なもの〉を無批判に礼賛するのでもない。鞆港保存問題を例にとれば，年長者への尊重から，自分の意見を言わずに沈黙したり，女性の発言への抑圧的な反応も少なくない。第6章と第7章で詳細に検討したように，主婦層を中心とした「鞆の浦・海の子」の活動は，男性による保存運動とは異なり，地域権力者層に省みられなかった。それでも男性中心の地域的伝統という「しがらみ」から脱出できたからこそ，積極的な活動が可能になり，結果的に公有水面埋立許可の手続き上の不備を見つけ出し，埋め立て・架橋計画の凍結を勝ち取っている。このように伝統的でローカルな〈政治風土〉が，権力構造の中で女性を意思決定から排除したり，異なる意見を顕在化させないようにして，自由な意見表明の機会を奪うことは少なくないのである。MH氏はこの状況を「鞆には『市民』がいない」という一言で鋭く表現している[11]。

差別意識の存在を考えれば，見直さなければならない伝統的な慣習も多く，また戦後民主化論に学ぶべき点も多くあるだろう。市民的公共圏論が求める政治機能を村寄合が果たせるのかという疑問も残る。単純に旧来の伝統的な慣習に戻ることはできないが，いま必要なのは，村寄合・合議制の地域的特

第8章 「話し合い」のローカリティ

質に，市民公共圏，公論形成の知見を取り入れ，社会構想の有効な手だてとすることである。別の言い方をすれば，単純にヨーロッパ起源の思想や社会制度を金科玉条のごとく「輸入」するのではなく，その思想や社会制度に機能的に対応するものを日本の社会・文化のなかに見いだし，現代の社会制度に埋め込んでいくことだろう。

先にみたように，古代ギリシャの都市国家と年齢階梯制社会の漁村との間には意外な共通点があった。どのように制度化されるかはともかく，「話し合いの場」自体は，どの社会にも必要不可欠であり，普遍的である。重要なのは，こうした普遍的な社会制度は一様ではなく，その地域固有の社会経済的な諸条件に応じて，歴史的に形成されることである。話し合いのローカル・ポリティクスを踏まえてこそ，日本社会に効率的に機能する市民的公共圏や公論形成の場が根づくのではないだろうか。

〈伝統的なもの〉のゆくえ

本章では鞆港保存問題を地域政治のコンテクストに位置づけ，社会人類学・民俗学の村落構造論による年齢階梯制の指標から鞆の浦の地域的特質を検討してきた。表8.1は，第4章表4.1の分析枠組みに，本章の鞆港保存問題の知見を加えたものである。鞆の浦の人々は年齢階梯制社会の伝統を受け継ぎつつ，そこに戦後民主主義の規範を織り交ぜて独自の〈政治風土〉を作り上げ，まちづくりに取り組んできた。

鞆の浦には年齢階梯制が存在していた可能性は高いと思われるが，それはすでに崩れて現在では確認しにくい。近代化や高度経済成長だけが原因ではなく，まさに鞆の浦の栄枯盛衰の長き歴史によるところが大きい。鞆の浦は瀬戸内海漁業の最先端を行く中心地から，さまざまな来住者を呼び込み，瀬戸内海を代表する一大貿易都市へと成長した。近世では周辺の農山漁村と異なり藩政統治が行われたため，それ以前の制度は変わらざるをえなかった。さらに明治維新以後，鞆軽便鉄道の敷設など大規模な資本投下の時代には周辺に比べて近代化のスピードも速く，明治大正の比較的早い時期に，社会構造，慣習，生活習慣が失われたと思われる。

ところが鞆港の衰退が始まり，戦後の鉄鋼団地の建設を最後に地域開発の波に乗り遅れると，都市基盤や建造物の更新が次第に減り，地域社会の変容も緩やかになった。そして現在，鞆港の港湾遺産や近世の商家や土蔵などの

表8.1 鞆の浦における年齢階梯制の地域的特質と鞆港保存問題

指標	具体例	未確認例	鞆港保存問題の観察データ
(1) 生業構造	・多様な生業による港町の形成 ・先住していた漁師の生活体系が波及した高い可能性	——	——
(2) 地縁組織	・地域単位で同業者が集住 ・藩政下の町方の統治として宿老がおかれた	——	——
(3) 年齢集団	・かつて若者組が存在＝青年階梯 ・御弓神事における当屋＝若衆宿の名残り ・中年階梯としての「祭事運営委員会」？	・長老階梯の組織	・ステータス・シンボルとしての生徒会長・PTA会長 ・批判しがたい存在としての「年長者」
(4) 祭礼行事	・祭礼行事の通過儀礼，役割分担の名残り	——	——
(5) 諸制度	・鍛冶集団の親分・子分関係の存在	・隠居制度との関係	
(6) 合議制	・各町内ごとに集会所が存在 ・漁師が先住していた町内会では，町内会長が選挙で選出される	・寄合の場	・埋め立て・架橋計画差し止め訴訟をめぐる〈道路建設派〉〈鞆港保存派〉双方の発言 ・公式・非公式の話し合いや住民説明会の継続を求める声 ・住民説明会での強行意見への冷たい反応

建造物が，町並み景観＝〈歴史的環境〉として数多く町内に点在するのと同じように，鞆の浦では祭礼行事の慣習や年長者を尊重する規範意識など，生活のさまざまな場面で年齢階梯制が断片的に見いだせる。つまり玉野のいう「在庫目録」としての伝統的な文化システムの蓄積として，地域固有の町並み景観などの〈歴史的環境〉が存在していることが，ここでも示唆される。そして物的環境としての〈歴史的環境〉に準拠しながら地域社会は統合され，変容と存続の歴史を積み重ねていくのではないだろうか。

注
1 本書が採用する年齢階梯制の分析枠組みは筆者の責任において整理したものであるが，「都市地域研究会」で玉野和志氏より受けた多くの教示を参考にしている。
2 本書のアプローチは，より一般的なかたちで方法論的な可能性を持つと思われる。というのは，このアプローチによって，地域の歴史文化的コンテクスト

第8章 「話し合い」のローカリティ

に沿って社会問題分析を可能にするだけではなく，社会人類学・民俗学的な研究では現在確認できない指標を代替して利用できるからである。すなわち，地域問題と地域社会構造の両面において，相補的な分析手法として提示できると思われる。

3 第6回現地調査より，鞆公民館での「鞆町まちづくり意見交換会」（主催：福山市，2005年8月30日）のフィールドノートおよび福山市土木部港湾河川課（2005）による。

4 福山市内でのH氏へのヒアリング（2006年8月23日）。

5 注3と同。

6 広島市内での鞆町住民T氏へのヒアリング（2008年10月1日）。

7 本書は，鞆の浦の地域的伝統の解明だけではなく，鞆港保存問題の社会学的分析も意図している。後者の目的から親分・子分関係などについて詳細に解明する必要性はないと思われる。

8 年齢階梯制を持つ社会は世界中に存在し，そのなかでも東アフリカ地域の年齢階梯制が社会人類学を中心に研究が進められている。本書では東アフリカ地域の年齢階梯制は議論の対象にしていないことを付記しておく。

9 もっといえば，民主主義とは議決法によって定義されるものではなく，「民主主義なのだから多数決で決めよう」というのも誤った認識である。しかし問うべきは，たとえ誤っている認識であっても，このような認識が流通し社会的な力を持つ現実が，なぜ，どのようにして生まれたのか，であろう。

10 舩橋晴俊は，社会学における理論研究法において，欧米の諸理論を輸入するのではなく，深く狭い事例研究から理論を産み出す研究戦略（T字型の研究戦略）によって，日本社会に自生的な社会理論の形成が必要であると主張している（舩橋，2006）。本書の観点は舩橋の議論に負っている。

11 自由であるということは，いっさいの束縛がないことではなく，他者との連帯のなかで個人としての自立を自覚的に選択した状態ではないだろうか。「鞆には市民がいない」という言葉も，その意味で理解すべきである。

第四部　〈鞆の浦〉の歴史保存とまちづくり

第9章 〈鞆の浦〉の歴史的環境保存
——まちの記憶の継承

1 鞆港保存問題の社会学的解明

　万葉集の和歌に始まり，現在進行形の鞆港保存問題まで，鞆の浦の歴史を環境（空間）・記憶・政治から辿ってきた。本章では，これまで各章にわたって論じたことや明らかになったことをまとめ，結論としたい。そのうえで，「保存すること」「変化しないこと」をめぐる本書の知見が，現代に生きる私たちにとってどのような社会的意義を持つのか，そして社会学においてどのような学問的意義を持ちうるのかについても，最後に論じていこう。

本書の学問的な位置づけ

　鞆港保存問題に触れる前に，本書の学問的な位置づけについてもう一度，確認しておこう。
　第1章では，本書を歴史保存とまちづくりの研究として定位した。この領域は，社会学のみならず理工学系をはじめとして多様な分野からアプローチがなされている。そこで本書では，こうしたアプローチを整理するために，［Why］［Who］［What］［When］［How］で構成した「4W1H」の視点から，それぞれのアプローチが主題化している問題関心を整理した。
　建築史・都市計画論は，［Why］をバイパスして［What］と［How］の先駆的な議論を進める特徴があった。具体的な課題解決のために制度設計を含む技術的な手法を提示する建築史・都市計画論では，対象物が保存する価値があるかどうかは突き詰めて問わない。さらに「保存すること」自体の意味を問うことは皆無である。これは建築史・都市計画論の欠点ではなく，むしろ保存の技術的な解決策に主たる社会的責務を負う学問分野であると理解

すべきであろう。

　法学・行政学のアプローチは法解釈論と制度設計論に二分できるが、本書の問題関心から、建築史・都市計画論と基本的に同じ性格を持つと見なすことができる。

　しかし、技術論的な検討にとどまらず、歴史保存とまちづくりを根源的に問おうとすれば、［Why］を避けることは難しい。いわゆる都市論では、都市の社会的・文化的コンテクストを議論の対象において、［Why］が問われてきた。J.ジェイコブスやR.グラッツなどは近隣住区コミュニティの生活環境破壊の問題として、D.ハイデンは、マジョリティの歴史保存に抵抗する社会的マイノリティの記憶の保存運動として、それぞれ［Why］の議論に位置づけることができるであろう。

　社会学では、都市論よりも技術論から遠く離れて積極的に［Why］を問うことで、［Who］［What］［When］に含まれるさまざまな問題へのアプローチが志向されてきた。空間論を理論研究として持つ都市／地域社会学や歴史的環境保存の運動を扱う環境社会学だけではなく、文化社会学においても、近年では歴史保存とまちづくりの問題を扱った社会学的研究が増えてきている。

　都市／地域社会学では、シカゴ学派のモノグラフのように都市空間の研究が盛んであった。なかでもH.ルフェーヴルの「空間の生産」の理論とM.カステルの実証研究は、本書の問題関心にとって重要な先行研究であった。環境社会学では、環境と人間社会の関係のなかで［Why］を問いかけ、そこから派生する［Who］［What］［When］［How］を視野に入れてきた。文化社会学では、「保存すること」そのものを［Why］として問うと同時に、戦争や公害などの負の歴史遺産と集合的記憶の保存を切り口に、どのように遺産と記憶を展示して、世代を越えて伝えるかという［How］の問題にも、関心が高まっている。

　このように社会学的アプローチでは、保存対象に付与された何がしかの価値を自明視せず、対象がなぜ、どのようなかたちで「保存する価値」があると見なされるのか、という地点から議論をスタートする。そのために、［Why］が中心的な問題関心になる。そして連鎖的に［Who］［What］［When］を主題化していく傾向にある。近年では、建築史・都市計画論、法学・行政学のアプローチの具体的な制度設計や制度運営論には及ばないも

第9章 〈鞆の浦〉の歴史的環境保存

ものの，[How] の議論も行われるようになった。

第2章では，本書が採用した地域問題へのアプローチと研究手法の意義に触れた。社会人類学・民俗学では，鞆港保存問題のような地域問題を直接対象に組み込むことはない。しかしながら，鞆の浦に限らず多くの社会で「伝統的なもの」が観察しにくくなっている現代において，社会人類学・民俗学的データを補完する地域問題の事例研究は有効である。そして社会人類学，民俗学，地域社会学などの知見に依拠して，はじめて地域社会の基層にまで踏み込むことが可能となる。このように，地域社会構造論と，当該社会の地域問題の両者を架橋したことが本書独自の手法であった。

第3章では，社会人類学・民俗学の村落構造論の知見を踏まえて，鞆の浦という地域社会を秩序づける編成原理の一つに年齢階梯制が存在することを論証した。

このように村落構造論に地域問題を積極的に取り入れることで，これまでの村落構造論の蓄積を現代社会研究に活かすことができると思われる。もちろん，伝統的な村落が失われつつある現代社会において，有効な対象事例の範囲などを，今後検討する必要がある。保存か開発かをめぐる歴史的環境事例の多くが，鞆の浦のようにローカルな歴史文化を色濃く残した地域社会であることから，少なくとも歴史的環境保存の社会学においては有効な手法といえるだろう。

以上の研究上の位置づけと社会学的アプローチの方向性に基づいて，本書は議論を進めてきた。

鞆港保存問題の実証研究

本書は [Who] [What] にも注意を払いながら [Why] を最終的な目標において，鞆の浦の地域社会と鞆港保存問題の実証研究を行った。

第4章では，研究対象である鞆の浦の地域社会の歴史文化的コンテクストを概観し，鞆の浦の地域的伝統の内実を明らかにした。第5章では現在までこの地域で争点化している鞆港保存問題の経緯を描いた。

第6章では，都市社会学の空間論を援用して社会層ごとに鞆港保存問題に対する主張を読み解いた。鞆港保存問題において異なる意見が形成された社会的条件を，居住地や政治的地位の異なる社会層と，「空間化された記憶」に探った。具体的には，〈道路建設派〉の社会層として地域指導者層と平町

住民を取り上げ，また〈鞆港保存派〉の社会層として次世代の地域指導者である若手男性経営者層，旧名望家商業者層，女性・主婦層を検討した。ここで依拠したのは，空間論的転回に大きく寄与したH.ルフェーヴルの「空間の生産」の社会理論である。この理論の実証を行ったのがM.カステルであり，本書はルフェーヴル―カステルの空間論の系譜に位置づけられよう。

続く第7章では，女性・主婦層による保存運動を詳細に検討した。運動団体「鞆の浦・海の子」を対象として，保存の論理を〈保存する根拠〉と〈保存のための戦略〉に分節化してそれぞれ読み解いた結果，「歴史的環境に埋め込まれた社会的紐帯」こそが〈保存する根拠〉であることが理解された。それでは「海の子」が守ろうとした地域社会の紐帯と鞆の浦の伝統である年齢階梯制とはどのような関係にあるのか。

第8章では，「なぜ地域住民は話し合いにこだわるのか」と「なぜ年長者の意見がとりわけ尊重されるのか」の2つの問いを，年齢階梯制社会の合議制から解き，鞆の浦の〈政治風土〉を明らかにした。現在の鞆の浦において社会制度は失われても，意思決定の枠組みを支える合議制の規範意識は今でも住民の間に残っているといえよう。

さまざまな学問的アプローチのなかで，本書は都市／地域社会学と環境社会学の重なりにおいて議論を展開してきた。さらに社会人類学・民俗学・農村社会学における村落構造論から年齢階梯制研究の蓄積を踏まえて，鞆の浦の地域的特質を探った。その意味では，都市／地域社会学から独立して，環境と人間社会の関係の学として形成された環境社会学から，都市／地域社会学の理論的な知見を経由して，再び環境社会学に戻る学問的往復の試みとして，本書を位置づけられるだろう。

社会運動論をはじめとする多様なアプローチを持つ社会学において，地域問題と地域社会構造を往復する本書の手法は，地域社会の固有性と社会的連帯のありかを明らかにする社会学的アプローチとして有効性を持つと思われる。

意見対立と保存運動の核心

鞆の浦においてさまざまに形成された社会層，すなわち伝統的な地場産業経営者，商業者，漁業・港湾関係者，鉄鋼業経営者，工場労働者など，生業に基づく政治的地位の権力関係と，年齢階梯制に基づく年齢序列の権力関係

第9章　〈鞆の浦〉の歴史的環境保存

の網の目のなかで，埋め立て・架橋計画をめぐる意見の相違と対立が続いてきた。

　まず〈道路建設派〉の社会層のなかで，地域指導者層は自らの政治的地位を表象する都市空間を実現するために，また平町住民は自らが帰属する地域社会には平港があることから，埋め立て・架橋計画を支持していることが明らかになった。一方，〈鞆港保存派〉の社会層では，次世代の地域指導者である若手男性経営者層は現役の地域指導者層との葛藤と困難な立場のなかで，あえて計画反対という苦渋の決断を下した。また旧名望家商業者層は，自らの政治的地位の維持も含めて鞆港の歴史的価値を主張していた。女性・主婦層は，男性中心的な地域社会では意思決定に参加できなかったが，行政当局との争点として行政手続き上の不備を突き，埋め立て・架橋計画の凍結を実現したのであった。

　このように鞆港は，鞆の浦の地域住民の政治的地位の表象空間であり，鞆港の存続／断絶によってもたらされるであろう政治的地位の変動が，鞆港保存問題の隠れた対立点＝ローカル・ポリティクスであることがわかった。

　女性・主婦層の保存運動が争点化した行政手続きの公正さは，埋め立て・架橋計画を凍結に導き，鞆港保存問題に大きな政治的影響力を与えたが，それは女性・主婦層にとって問題関心の中心ではなかった。鞆港が港町としての鞆の浦の社会的連帯の空間的基盤であるからこそ，保存を主張したのであった（鞆が鞆でなくなってしまう）。都市空間は，空間的記憶を介して現在に生きる人々の実践とその社会的世界を規定しているといってよいだろう。

　「保存の論理」［why］を解明するには環境社会学的アプローチ，とりわけ歴史的環境保存の社会学の知見が有効である。そこで本書では〈保存する根拠〉と〈保存のための戦略〉の2つの概念に分けて「保存の論理」を把握した。この分節化によって運動の主張をすべて運動戦略的なレトリックに回収することを避けつつ，保存運動の主張の核心に迫ることが可能になったのである。その結果，「鞆の浦・海の子」のさまざまな保存運動から，〈学術的価値・希少性〉や行政手続きの公正さは〈保存のための戦略〉であり，「歴史的環境に埋め込まれた社会的な紐帯」を守りたいという想いに〈保存する根拠〉が見いだされた。

2　環境と記憶のローカル・ポリティクス

都市社会運動としての鞆港保存運動

　本書の問題関心に連なる先行研究として，H. ルフェーヴルの「空間の社会理論」を取り上げた (Lefebvre, 1974 = 2000)。さらに，M. カステルはルフェーヴルの理論をベースに，「空間的実践」としての都市社会運動の実証研究を展開し，都市の創造者としての都市社会運動を展望している (Castells, 1983 = 1997)。このルフェーヴル—カステルの問題関心から本書を再定位すれば，鞆の浦の地元住民による鞆港保存運動は，まさに「空間的実践」としての都市社会運動であったということができるだろう。

　カステルは，グラスルーツ（草の根）の人々による，使用価値としての集合消費財の要求，コミュニティに根ざした文化的アイデンティティの防衛，地方都市による中央政府からの政治的自治の獲得，これら3つを希求する住民による政治運動を都市社会運動と見なしている。鞆港保存運動をみるならば，集合消費財とは鞆港であり，港湾遺産群，町並み景観などの歴史的環境の保存運動はコミュニティに根ざした文化的アイデンティティの防衛そのものである。

　そして政治的自治の獲得について，鞆の浦（旧鞆町）と福山市（および広島県）の関係は，カステルが扱った事例群とほぼ同じ構造を持つ。鞆港保存問題は，市町村合併によって周辺化された鞆の浦の政治的自治の伝統と，福山市の行政権力がせめぎ合うなかで生じた問題であり，〈鞆港保存派〉は自治の伝統に依拠して政治運動を展開してきたのだ。

　このように鞆港保存運動は，カステルが論じた都市社会運動と重なるという理解は間違いではない。だが，それをなぞるだけに留まらず，すぐに次の問いに向かわなければならない。なぜ使用価値としての集合消費財が「道路」ではなく「鞆港」でなければならないのか。そして鞆の浦の文化的アイデンティティの内実とは何か。さらに，鞆の浦の政治的自治の伝統とは，行政権力とのせめぎ合いとは，何を意味するのか。

鞆の浦の政治的自治と行政統治のせめぎ合い

　第4章で明らかにした鞆の浦の地域的伝統は，戦後の社会変動によって崩

第9章　〈鞆の浦〉の歴史的環境保存

れ，現在ではそれを支える年齢階梯制は断片的に確認できるにすぎず，いまや失われつつある。しかしそれでも，鞆港保存問題にみられる合議制に基づく話し合いの重要性や年長者の尊重のように，年齢階梯制は規範意識として一定の影響を与えていることも確認できた。

　それを踏まえて，第5章では，〈道路建設派〉〈鞆港保存派〉それぞれの空間的記憶から政治的対立を読み解いた。鞆港保存問題も含めて，鞆の浦における都市と社会経済の変動を概観すると，地域的伝統に基づく意思決定の枠組みと近代社会の政治支配が拮抗したからこそ，鞆港保存問題が発生し，決着がつかないまま30年を経たことがわかる。

　それは伝統的な意思決定の枠組みとそれを支える社会秩序の変容と言い換えることができるだろう。近代社会が成立する明治期の町村制によって，鞆町・原村・平村が合併して，鞆町という一つの自治体が成立した。鞆町議会の議員は，貿易港としての鞆の浦の繁栄を支えた鞆商人の系譜を引き継ぐ商業者層が担っていた。そのため，この時点では，地域的伝統に基づく意思決定の枠組みが町議会・行政組織と一致していた。

　それが昭和の大合併によって，鞆町が福山市に吸収合併されることによって，行政組織と地域社会の意思決定の担い手が一致しなくなった。地域的伝統に基づく自治意識のうえに，行政組織として福山市が統治するという，いわば「二重統治」が生まれたのである。ここに，鞆の浦における意思決定は，行政権力と地域的伝統という，異なる2つの権力の源泉を持つことになる。

　さらに平成に入ると，地域的伝統に基づく意思決定の枠組みは十分に機能しなくなっていく。そのような時代に福山市と広島県は，埋め立て・架橋計画を策定しいったん中断するが，若手男性経営者層のまちおこし運動に触発された年長者の地域指導者層が再度，地域開発政策としてこの計画を推進しようとしたのだった。

　しかし，若者層や鞆の浦の最古参の住民層，旧名望家商業者層は埋め立て・架橋計画に強く反発した。それは鞆の浦の「外部」である福山市・広島県から持ち込まれた計画に対する，政治的自治意識からの反発でもあった。一方，地域指導者層は，福山市・広島県の行政権力と結びつくことで，埋め立て・架橋計画の実現をめざした。だが，〈鞆港保存派〉も，〈道路建設派〉も，30年にわたって結論を導き出すことができなかった。

　鞆港の港湾遺産群が現在まで壊されずに残されたことは，2つの権力の源

泉が拮抗し，いずれも一つの結論を下す決定力を持ちえなかったことを意味する。すなわち，残された港湾遺産群は，誰が地域の担い手であったのか，そして現在は誰か，地域社会の集合的記憶を継承する空間的な媒介装置なのである。

　鞆の浦の内部では埋め立て・架橋計画の推進か中止かを決断できないがゆえに，鞆港保存問題は長期化し，解決の糸口がつかめずにきた。だからこそ〈道路建設派〉は行政当局の考えをそのまま自分たちの意見として表明し，一方で〈鞆港保存派〉は文化人や専門家，世界遺産登録などの保存運動団体の支援を必要としてきた。そして，これまでの慣習を無視して手続きを進めようとする行政当局を止めるために，裁判所という第三者機関による「審判」が必要になったのである。

　このように地域開発問題において，地域的伝統と権力構造の歴史的な展開を視野に入れることで，保存と開発をめぐる対立の背景を理解するには，都市空間の変遷から地域社会の集合的記憶を読み解く必要があることが見いだされる。カステルは，都市社会運動の歴史的・地域的コンテクストについて執着しないからこそ，世界各地のさまざまな事例を持ち寄り，比較社会学的に語ることが可能になった。それに対して本書は，カステルの蓄積を利用しつつ，一つの事例をより深く掘り下げることで，都市社会運動の内実を明らかにしてきた。そしてこのことは，開発によるコスト―ベネフィットといった経済分析や経済的利害をめぐる意見対立の中で見落とされてきた価値，規範意識，地域社会の紐帯を強調する意味で，社会学の基本的な問題関心に基づくものである。

　そして，第7章で詳述した鞆港保存運動の運動理念は，〈鞆港保存派〉の「海の子」がどのように鞆港の保存を根拠づけ，保存の戦略を編み出したかという，「保存の論理」の分節化であった。第5章で展開した他の社会層による保存運動と関連づけて検討してみよう。

「まちの記憶」を守る運動

　上述したように，第6章では，〈鞆港保存派〉も社会層ごとに異なる運動団体を結成し，それぞれが独自の考えで活動していることを明らかにしてきた。それを踏まえて第7章では，考え方の異なる保存運動のなかで，「海の子」（鞆まちづくり工房）の「保存の論理」に着目した。

第9章 〈鞆の浦〉の歴史的環境保存

　この一連の分析において注目すべき点は,「海の子」の保存運動が拠り所とする「保存の論理」が, 他の保存運動とは異なっていたことである。すなわち,「鞆の浦が港町であり続けること」そのものに依拠して保存運動を展開してきたのだ。言い方を変えれば,「海の子」は, ある特定の時代における繁栄の記憶だけにコミットする運動ではないとも表現できる。
　「海の子」が考える埋め立て・架橋計画の問題点は, 埋立面積や港湾遺産群に影響を与えるかどうかではない。湾内を横断する橋を架けることによって, 鞆港の機能が失われることが最大の問題なのである。これは若手男性経営者層や旧名望家層が, 鞆の浦が栄華に包まれていた時代の証しとして保存を主張していることと対照的である。さらに言うと〈道路建設派〉の社会層からみれば, 鞆港の港湾遺産群は自分たちの過去の繁栄を示すものではないことから, 埋め立て・架橋計画を積極的に推進している。その意味では,「海の子」以外の〈鞆港保存派〉と〈道路建設派〉は, 鞆の浦が繁栄した時代を参照点として, その歴史的評価をめぐって対立しているといえる。
　これに対して「海の子」は, 鞆の浦の繁栄の時代を守るべきとしつつも, 偉大な人物・歴史を残そうとしているのではなく, 名も無き多くの人々がささやかな日常の中で積み重ねてきた共同体としての空間的記憶, いわば「まちの記憶」を守ろうとしているのである。保存運動を開始したとき, 自らを「鞆の浦・海の子」と名づけたが, この「海の子」とは「まちの記憶」を積み重ねていくような鞆の浦の人々の生き方を指すのである。

「港町の営み」の再生——地域社会の共同性の基層

　「海の子」は港町としての共同性の基層の水準で「保存の論理」を構築し, まちを再生しようとしている。それは「鞆の浦が港町であり続けること」である。
　「鞆の浦が港町であり続けること」とは, 第4章, 第8章で明らかにしたような, 漁業を発祥として貿易都市に発展するなかで維持されてきた年齢階梯制の社会秩序の存続だけを意味するのではない。そこには, 鞆港と瀬戸内海沿岸の他地域とつながりの中で確認される, 鞆の浦の地域特性（個性）が含まれる。さらに加えて, 商人や役人, 旅人など鞆港を利用して立ち寄るさまざまな人々との間で蓄積される, 外部との関係の結び方も意味する。
　このような地域社会の共同性の基層に関わる論理が,「海の子」の活動の

中に具体的に表現されていることを見逃してはならない。他の保存運動と異なり，「海の子」はNPO法人「全国町並み保存連盟」に積極的に参加し，他地域の町並み保存運動に助力を求めている。さらに東京大学の都市計画系研究室と埋め立て・架橋計画の問題点と埋め立て・架橋計画以外のまちづくり案を提示したり，日本大学の土木史系研究室による鞆の浦の港湾遺産群の調査にも協力している。そしてWorld Monuments Fundの「危機に瀕する文化遺産」リストに「港町・鞆」が登録されたり，専門家の協力を獲得してICOMOSの2007年総会で鞆港の埋め立て・架橋計画中止を求める決議が出されたのも，鞆まちづくり工房の要請に応じるものであった。

　近年では，鞆まちづくり工房は，室津（兵庫県たつの市），牛窓（岡山県瀬戸内市），弓削（愛媛県上島町），尾道（広島県尾道市），御手洗（広島県呉市），丸亀（香川県丸亀市），引田（香川県東かがわ市），粟島（香川県三豊市）といった，かつての瀬戸内海交易の拠点と連携して「港町ネットワーク・瀬戸内」を立ち上げている。「港町ネットワーク・瀬戸内」は，海洋文化の再興と瀬戸内海の世界遺産登録をめざして活動している。

　このように「海の子」が積極的に鞆の浦の外部団体と連携できるのは，鞆港を出発点・中継点に瀬戸内海の他地域を結ぶ港町の基層に依拠しているからなのだ。「鞆まちづくり工房」は，坂本龍馬が逗留した建物を保存するために，「御舟宿いろは」を経営している。仮に幕末の歴史に価値をおくならば，わざわざ「船宿」として再生する必要はなく経営リスクも抱えずに済む。にもかかわらず宿泊施設にしたのは，満ち潮に乗って鞆港に寄港した船上の人々が宿泊して，つかの間の陸(おか)の生活を楽しみ，そして次の引き潮で鞆港をあとにする……こうした「港町の営み」を現代に再生し，鞆の浦を訪れ，旅立っていく人々に宿を提供したかったからだと考えられる。

　第7章で，ある住民が埋め立て・架橋工事の間，「瀬戸内海と鞆港が見えなくなる」と批判したところ，行政職員が「2階から見ればいい」と返答したというエピソードを，「海の子」のメンバーが繰り返し語っていたことを紹介した。海と港が見えることが大事なのは，日常生活の合間に目にすることによって，鞆の浦の地域的な共同性を，鞆港の〈景観〉に確認できるからである。そしてこのエピソードが繰り返し語られるのは，行政職員が海や港が見える意味を理解していないからであり，「海の子」の保存運動が地域社会の共同性と紐帯に依拠しているからではないだろうか。このような「共同

第9章　〈鞆の浦〉の歴史的環境保存

性を維持すること」こそが「鞆の浦が港町であり続けること」であり，鞆港の空間を「道路」でなく「港」として利用できる必要があるのだ。

鞆の浦に生きる人々は，日々の生活を送るなかで，ある時，ふと立ち止まって瀬戸内海と港を眺めて，鞆の浦というまちに生きていることを実感する。それは歴史が集積した町並み景観のなかで生活し，それを視覚的に認識することで鞆の浦という地域社会の歴史的個性とそこに住む所属意識を再確認することでもあるのだ。こうして歴史的環境を媒介して「まちの記憶」を共有し，自らもその一部であることを自覚していくのである。このような日常の積み重ねによって，地域の文化的アイデンティティが形成されていくのだ。

3　空間の保存と記憶の継承

町並み保存運動のめざすもの

1960年代以降，全国一律の開発政策に抵抗する，いわゆる町並み保存運動が全国で生まれた。こうした町並み保存運動が批判の対象にした地域開発政策は，地域固有の歴史文化や生活環境を無視して，ひたすら交換価値としての経済的発展をめざすものであった。しかしながら，開発を推進する圧倒的な政治力の前に，敗北していく町並み保存運動は少なくなかった。その結果，地方都市に残されていた豊かな郷土性はぬぐい去られ，全国どこも同じ没個性の景観が生み出されてきた。それは歴史や記憶が粉雪のように静かに降り積もったかけがえのない「場所」を，交換可能な空っぽで無色透明の「空間」に置き換えてゆく過程であった。

歴史的建造物，歴史遺産，地域固有の町並み景観が，その地域の歴史文化や生活環境を表現するならば，それこそが「伝統的な文化システムの保管庫」と考えられる。つまり，歴史的環境としての町並み景観とは，地域社会の歴史や記憶を人々に伝える杯のようなものなのである。19世紀末のイギリスの思想家J.ラスキンの次のような言葉は，空間と記憶に関するヨーロッパの伝統的思想をうかがわせる。

　　人間は建築がなくても，生活したり，礼拝することはできた。しかし建築なしに過去の記憶を蘇らせることはできない（Ruskin, 1880 [1848]: 182 ＝1997: 254）

空間の保存と開発，そして「まちの記憶」の継承

　鞆の浦の鞆港保存運動は，地域住民の地道な運動から始まり，地域の内外，国境を越えて海外のさまざまな主体を巻き込みながら展開された。そして2009年10月1日，広島地裁は県知事に対して，埋め立て・架橋計画に事業許可（埋立免許交付）を差し止める命令を下したのである。この判決に対して広島県は控訴したが，広島高裁の控訴審は双方の住民との話し合いを優先させ，計19回にわたる「住民協議会」が実施された。これらを経て，広島県は2016年2月15日に申請取り下げを表明し，それに応じて原告住民も訴えを取り下げた。ここに鞆港保存問題は大きな区切りを迎えたといえるだろう。

　この裁判の終結は，日本の地域開発における一つの節目を意味する。バブル経済の崩壊後，大企業や工場誘致型の地域開発や，大型公共事業による開発政策，そしてスクラップ＆ビルド型の都市開発政策は，多くの批判を受けてきた。そして，地域の資産を修復・修繕・活用する，リハビリテーション型の地域開発へとその潮流は移行しつつある。そうしたなかで，2009年の差し止め訴訟の判決および2016年の裁判終結は，紛れもなく，鞆の浦の保存運動の大きな成果である。しかし，こうした判断への社会的な合意は，鞆の浦の保存運動だけで達成したものではない。現在に至るまで，全国各地の町並み保存運動やまちづくり運動に携わる人々の多大な努力と地道な積み重ねによってもたらされた画期的成果である。自らのまちの魅力を信じ，そこで生きることを決意した人々による数多くの実践が，開発こそ発展であると信じてきた多くの人々の意識を変えたことを忘れてはならない。鞆の浦の埋め立て・架橋計画の現状は，これまでの長きにわたる全国の歴史的環境の保存によるまちづくり運動がもたらした，一つの集大成なのである。

　こうしてみると，歴史的建造物や町並み景観を残そうとする町並み保存運動とは，地域社会の歴史と記憶が埋め込まれた歴史的環境の保存をめざすものであったと解釈できるだろう。町並み保存運動は，町並み景観という「記憶の燈」を守ることで，先人からの歴史文化や生活環境を次世代へ受け継いでいこうとする運動であった。そしてその運動は，郷土の歴史と記憶を「なかったこと」にする開発主義思想への根源的な抵抗であった。それは，先人たちによって積み重ねられた「まちの記憶」の延長線上に現在の生活を位置づけ，「まちの記憶」のなかから大切にすべきものを選び，将来世代に受け渡していこうとする創造的な営みである。保存運動とは決してレトロ趣味や

第9章 〈鞆の浦〉の歴史的環境保存

単なる郷愁の念などではなく，過去から未来に向かって，世代を超えた社会的連帯の可能性を探求し，志向する実践そのものなのだ。

4 「変化しないこと」の社会学

　社会学という学問が誕生したのは，資本主義社会の成立過程の時代状況であった。社会学は創成期から近代社会の到来という大きな社会変動の解明を目的としており，その意味では「変化すること」に注目する方向性を持っていた。しかしよく考えてみれば，M. ヴェーバーの考え方は K. マルクスによる資本主義経済批判とは異なり，価値や規範を強調することで近代社会を批判的に捉えようとした。ヴェーバーは，経済的な合理化過程を認めながらも，それとは異なる社会的な力があることを前近代の共同体に見いだして，その力のメカニズムを明らかにすることを社会学の役割だと考えたのだ。あるいは E. デュルケムは，近代社会の成立によって人々が陥ったアノミー状態を，「自殺」の統計数値によって示し，前近代的な共同性の社会秩序の代替物として，職業集団における社会的連帯に期待するなど，独自の社会学を提唱している。

　資本主義および近代社会の成立という社会変動に対して，社会学は懐疑的な立場にあったといえるだろう。それに対して日本の社会学では，明治大正期の近代化と第二次大戦後の民主化という時代の潮流のなかで，とりわけ「変化すること」の意義と可能性が追求されてきたといってよい。そのなかで，「変化しないこと」は，失われつつある時代への執着や新しい時代への恐れなど，保守的な心情に基づくとのネガティブな評価を与えられてきた。たとえば，農村社会学ではムラ社会の解体であり，家族社会学ではイエ制度の解体であり，都市／地域社会学では町内会を封建遺制とする批判であった。つまり，日本の社会学は「変化しないこと」に関心を抱いていなかった。

　その後公害問題や地球環境問題への関心の高まりを経て，自然保護や生活環境保全には，一定の社会的な理解が得られたと思われる。だが，歴史的建造物や町並み景観といった歴史的環境保存は，それにはほど遠い。たしかに町並み保存運動の中には，保守的な心情に発するものも少なくない。しかし，本書が取り上げた鞆港保存運動は，むしろデュルケムがいうところの人々の共同生活において，根源的な役割を果たす「社会的なもの」の物的形態が歴

史的環境であり，鞆港保存運動とは共同性を維持しようとする人々の運動であるといえよう。

このように「変化しないこと」の社会学とは，社会学の創成期に連なる「古くて新しい」テーマであることがわかる。社会学において歴史的環境保存がテーマ化されるべき理由がここに見いだせるだろう。何かを「保存すること」は，一切の変化を拒絶することではなく，社会経済の変動に対して「変化しないこと」の意義を示しながら，その居場所を保ち続ける能動的な営みである。堀川は小樽運河保存運動の分析で，保存とは変化を全否定するのではなく変化をコントロールすること，すなわち「保存とは変化することである」（堀川，2010: 525）と述べる。

遡ってみれば，国内でいち早く町並み保存を求めた論客の木原啓吉は，町並み景観を観光資源として活用する「保存的再開発」や英国のナショナル・トラストなどを紹介するなかで，歴史的環境の保存を「守ることは創ること」と著した（木原，1982）。「変化しないこと」の社会学は，この言葉を問い続けてきたのかもしれない。

終　章——〈鞆の浦〉の歴史をたどる旅のおわり

1　歴史的環境保存の意味

鞆が鞆でなくなってしまうって思うたんよー

　鞆港保存運動に込めた思いのすべてを凝縮したこの言葉を理解するために，本書では，鞆の浦の歴史文化，〈政治風土〉，空間と記憶，そして歴史的環境から，鞆の浦の地域的伝統と鞆港保存問題を考察してきた。
　「鞆が鞆でなくなってしまう」という言葉の意味を一言でいえば，「歴史的環境が，地域社会の人々の結びつきを守っている」ことである。地域住民は他地域にはない鞆港を中心とした独自の歴史的環境に日々触れることで，「他のどこでもない，この鞆の浦で生活している」という実感を共に得ることになる。このような共通の実感から，人々は鞆の浦の住民という所属意識を持つようになり，「自分のまち」という居場所を見つけ安心して生活を送れるのである。
　もし，鞆の港が今の姿を失ってしまえば，そうした感覚も失われ，所属意識を持たず，地域住民同士がお互いに無関心なまちへ変貌してしまうであろう。「鞆が鞆でなくなってしまう」という言葉は，歴史的環境が守っている人々の結びつきが，埋め立て・架橋計画の実施によって失われてしまうと訴えているのだ。
　もちろん一般的に，都市の開発と発展がもたらす恩恵は大きいのは確かである。しかし，都市が開発され，発展していくなかで見落とされてきたものを掘り起こし，歴史的環境の保存という運動を通じて地域社会を守ろうとしたのが，鞆港保存運動なのである。この運動は都市の発展自体を全面的に否定するものではない。〈鞆港保存派〉も〈道路建設派〉と同じように，交通渋滞の問題，都市インフラの整備，地域産業として観光開発の必要性も理解している。だからこそ，山側にトンネルと道路を建設する代替案を提示して

いるのである。開発対象が鞆の浦の社会生活の根幹を支える鞆港であるからこそ,鞆港保存運動は埋め立て・架橋計画に反対しているのだ。

　歴史的環境は,かつてその土地で人々が生活していたという事実を現代の人々に語りかけてくる。それは歴史に名を残さなかった数多くの人々の営みの痕跡でもある。先人たちの日々の積み重ねによって,現代に生きる私たちは生かされている。そしていま,私たちは過去の世代によって現在まで残された歴史的環境と現在の生活環境のなかから,何を残し未来の世代に伝えていくべきなのか,問われている。歴史的環境の保存とは,こうした世代を越えた社会的連帯を生み出す営みといえるのではないだろうか。

2　残された疑問——なぜ埋め立て・架橋計画なのか

　本書の考察を通して,鞆港保存問題が単純に生活の利便性と文化的価値の対立ではなく,経済的な利害関係の問題でもないことが明らかになった。だが,この問題には未解明の疑問点が残されている。今後,鞆港保存問題を深めるにあたって重要なポイントとなるのは,一つは,なぜ福山市は埋め立て・架橋計画の実現にこだわるのかということ。もう一つは,なぜ地域指導者層は,若手経営者層と衝突する可能性のある埋め立て・架橋計画を採用したのかである。

地域開発の問題点
　福山市の公式見解として,鞆の浦の地域住民が埋め立て・架橋計画の実現を強く希望しているというのが,計画推進の根拠となってきた。たしかに〈道路建設派〉の地域住民は計画の推進を福山市に要望している。しかし一方で〈鞆港保存派〉の住民が少なからずいることも確かであるうえ,〈鞆港保存派〉が鞆の浦の世界遺産登録を求める署名集めを行い,1年間という短期間で10万人を超える署名を集めたことや,さまざまな歴史学の専門家団体,映画監督などの文化人の団体,海外の遺産保存団体が福山市に埋め立て・架橋計画の中止を求める署名簿や要望書を提出してきた。これら鞆の浦外部の鞆港保存を求める声に対して,羽田市長は記者会見などで不快感をあらわにし,地域住民が生活改善のために計画を要望していることを理由に,かたくなに計画実施をめざしてきた。

終章　〈鞆の浦〉の歴史をたどる旅のおわり

　このような姿勢は埋め立て・架橋計画の中核的な実施主体である広島県よりも福山市の方が強い。年表から事実経過を見ると，かたくなに計画推進を求める福山市の姿勢に応じて広島県も取り組んできた，両者の関係が浮かび上がってくるのだ。2016年2月，計画差し止め訴訟控訴審で，広島県が埋立免許申請を取り下げて裁判が終結した後，羽田福山市長は同年夏に退任すると発表した。計画に対する福山市の方針は未定である。

　さらにいえば，2009年広島地裁の第一審判決は，計画実施の根拠となる事前調査の信頼性が低いことや他の代替策の検討が不十分であることから，埋め立て・架橋計画の採用に合理性を見いだせないと述べている。しかも，計画における公有水面埋立事業に関して，地域住民および外部の意見も踏まえた合意形成が不十分であるとして，国交省は事業許可に消極的な姿勢を示した。こうした意味で，この判決は考慮すべき重大な見解であるように思われる。そのなかで，「地元住民の意志」だけを理由に行政当局が計画を推進しなければいけない理由は何か。

　この疑問点は，計画内容を変更したり，中止できないという公共事業・開発政策の硬直性を解明する手がかりとなるだろう。歴史を振り返ると，その是非は別にして，公共事業や開発政策が社会経済的な変化に対応できず，「時代遅れ」になったり，合理性に欠ける計画になった後も，修正できずに実施された事例は少なくない。なかには，青森県むつ小川原開発計画のように，社会経済的変化に対応できなかったことで，開発事業が失敗に終わり，その失敗を埋め合わせるために地域住民が意図していなかった原子力関連事業を受け入れ，核燃料サイクル施設が建設された例さえ存在する（舩橋ほか，1998）。

　もし，福山市が埋め立て・架橋計画にやみくもに固執する意思はないのに，軌道修正したり他の計画に転換できずにいるのだとしたら，時代の変化に対応できない構造的な問題があることになろう。これは埋め立て・架橋計画の是非を超えて問うべき問題であり，日本の地域開発が抱える問題の典型的な事例として鞆港保存問題を再定位することになるだろう。

なぜ地域指導者層は開発を望むのか

　次に，なぜ地域指導者層は，若手経営者層と衝突する可能性のある埋め立て・架橋計画を推進してきたのかも触れておきたい。この疑問点は，第6章

の〈道路建設派〉住民の社会層として考察した。すなわち年長の地域指導者層は，港湾は町の発展に伴って改築されるという歴史認識を持ち，鞆の浦に残された古い町並みや港湾施設は「衰退」の象徴であること，さらに，福山市と合併した直後に実施された鉄鋼団地開発が大きな成果をもたらした経験を持つ。なかでも鉄鋼団地開発の成功体験が持つ意味については，本書では十分検討できていない。戦後の鞆の浦の地域開発のなかで，鉄鋼団地開発事業が何をもたらしたのか，地域社会の変動の歴史を解明しなければならないであろう。また，鞆港保存問題において〈道路建設派〉の重要な行為主体（アクター）の一つが鉄鋼業経営者であることからも，この開発事業の詳細な経緯が明らかにされなければならない。

　さらにいえば，開発事業の「失敗」や負の側面が強調される近年において，「成功」事例から学ぶことも必要と思われる。この開発事業は市町村合併に伴って実施されたため，福山市には合併前の鞆町の行政資料はあまり残されていない。今後，当時の関係者の聞き取り調査と彼らが所有する一次資料を検討する必要があろう。

　また上記の２つの疑問と重なる論点として，福山市も〈道路建設派〉の住民も，世界遺産登録や重伝建地区選定など，外部からの「品質保証」を得ることに消極的であることを挙げておこう。近年，地域に残された文化財や自然環境の世界遺産登録をめざすことは，ある種のブームとすらいってよい。これらを観光資源として活用する時に，「世界遺産」という肩書きはきわめて大きな集客効果を期待できるのだ。したがって，ユネスコの諮問機関として，実質上世界遺産を認定する専門家組織であるICOMOSが，鞆の浦の歴史的環境を「世界遺産級」と認めていることは，よその自治体からすれば，喉から手が出るほど欲しい「資源」なのだ。にもかかわらず，福山市も〈道路建設派〉の住民も，埋め立て・架橋計画こそが地域社会を豊かにすると主張するのである。

　鞆の浦は，中世の時代から風光明媚な瀬戸内海の自然景観を望むことができ，多くの旅人が訪れる港町であった。最盛期には遊廓がおかれ，造り酒屋は宿屋と飲食店を兼業してにぎわっていた。明治以降，今でいう観光パンフレットが作成され，戦前には観光絵葉書も売られていた。観光地として全国的な知名度を獲得することはなかったが，新婚旅行で訪れる人々の姿もあった。現在でも観光や釣り，海水浴，花火大会などレジャーの訪問客は多い。

終章　〈鞆の浦〉の歴史をたどる旅のおわり

その意味で，鞆の浦の観光業は伝統産業の一つといってもよいだろう。
　ではなぜ，福山市と〈道路建設派〉はたとえば世界遺産登録をめざすなど，観光資源を最大限に活かすような観光開発政策を展開しないのか，その理由を解明する必要があるだろう。世界遺産によって観光客が急増し，受け入れ可能な限度を超えたり，外部資本が流入する事態を恐れているのだろうか。この問題は，福山市と〈道路建設派〉の意思とまちづくりの考え方をさらに精緻に記録し，分析する必要があろう。

3　鞆港保存問題の解決とまちづくりに向けて

　本書の最後に，これまで検討してきた鞆の浦の地域的伝統と鞆港保存問題の考察が，鞆の浦のまちづくりにどのように資するのか示しておきたい。本書の議論を踏まえるならば，鞆の浦のまちづくりに何が必要なのか，大局的な視野から方向性と政策提言を述べることが，終章の目的である。
　社会学では伝統的に社会政策への関心に基づく調査研究であっても，実際には政策提言に禁欲的な立場をとることが多かった。M. ヴェーバーがいうように，現状認識と政策論は厳密に峻別しなければならず，社会科学は現状認識に貢献できる知的営みである（Weber, 1904＝1998）。そして，当事者ではない研究者が，意見対立が進行している地域に対して，安易に解決策や政策提言を示すことは，予想のつかない影響を与えかねず，慎重にならなければならない。研究者は何よりも研究成果の意義を示し，その学問的貢献によって評価されなければならない。それこそが研究者に課せられた第一の社会的責務である。しかし，現場で日々奮闘する人々からは，研究者に対する社会的な批判も高まっている。近年，現地調査において調査対象者から「あなたの調査研究が，私たちにとってどのように役に立つのか」「あなたの○○学によって，私たちに何がもたらされるのか」という問いかけに出会う場面が増えたと多くの研究者が語っている[1]。
　そして忘れてはならないのは，2011年3月11日の東日本大震災と原子力災害である。東日本を襲ったこれら未曾有の災害は，人的・経済的被害への対処はもちろんのこと，社会における学問のあり方を厳しく問うものであった。東北地方を襲った地震と津波は，自然災害に対する防災工学の限界を示しただけではなく，「被害」の理解と救済のための被害論，被災地の地域社会と

生活再建に向けた社会調査の活用，地域政策のきめ細かい検証と立案を社会学に要請している。また福島第一原発の危機による社会的・経済的インパクトは，原子力に頼る社会のリスクと不安定性を露呈させ，再生可能エネルギーにシフトする社会経済の必然性を示した。さらにいえば，原子力技術の安全性と危険性は1960年代から問われてきたことである[2]。環境社会学や政治哲学から見れば，これは安全神話という虚構の下に邁進する原子力政策に対する「社会科学の敗北」[3]であった。

そのような意味で，いま「社会学に何ができるか」が問われている。しかし，短絡的な処方箋を示すことは避けなければならず，かつて，シカゴ学派が社会的貧困や移民問題を解決する社会政策志向をもとにモノグラフを描き，そこから一定の政策提言をしたように，ここでは鞆港保存問題の解決に向けて，ささやかな提言を試みようと思う。もちろん，その根拠として，多くの人が納得できる専門知の方法によって結論を導き出すという意味での「科学的客観性」に基づくことが要請される。政策提言を視野に入れるからこそ，「科学的客観性」が重要な意味を持つ。そして意思決定を行うのはもちろん当事者である地域住民である。現場からの要請が高まるなかで，社会学的な現状分析を踏まえたうえで鞆港保存問題の解決に向けた基本的な方向性を提示することは，本書の社会的意義を示すことでもある。

以上のように，鞆港保存問題に一定の政策提言を試みることは，研究上，必要なプロセスといえるだろう。しかしながら，鞆港保存とまちづくりは，地域社会のさまざまな側面が絡み合う複雑な問題である。問題解決を論じるには，鞆の浦が持つ〈政治風土〉だけではなく，具体的にまちづくりに用いられる都市デザインの技術面なども検討しなければならない。それらすべてを論じることは筆者の力量を大きく越える課題である。

社会学における政策提言とは，その問題に対処する制度を設計し，それを運用するにあたって，どのようなコンセプトに基づけばよいかという基本的な視点と認識を提示することであろう。そこで本書で得られた知見から，個別具体的な技術・政策論を提言するのではなく，鞆港保存問題を解決して鞆の浦のまちづくりや将来像を描く上で基づくべき大局的な考え方，いわばデザイン・コンセプトを論じたい。

終章　〈鞆の浦〉の歴史をたどる旅のおわり

「話し合い」を尊重し，柔軟で開かれた姿勢

　本書第8章を踏まえれば，「話し合い」が，鞆の浦においては，とりわけ重要なものであることが理解できるであろう。その意味で，鞆港保存問題の対立がここまで深刻になった理由の一つには，計画の内容だけではなく，たとえ少数であっても反対者がいるなかで無理やり手続きを進めようとするなど，行政当局が伝統的な合議制の〈政治風土〉を脅かすような対応をしたことがある。だからこそ，地域住民から強い反発が生まれたのだ。一方で〈道路建設派〉からは，鞆港保存運動は「年長者を尊重する」年齢階梯制の社会秩序を踏み越えたものに見えてしまう。両者は単純に計画の目的合理性や法的手続きの公正さを争ってきただけではなく，感情的な対立を伴ってきたのである。もし行政当局がこうした土地の歴史と〈政治風土〉を無視するならば，地域政策に対する地域住民の同意を得ることは，非常に困難になるだろう。このように鞆の浦の〈政治風土〉から見て，話し合いの場を設定することはきわめて重要な意思決定の手続きの一つなのである。ましてや行政当局や計画主体が地域住民に対する説明責任を果たした，という「アリバイ作り」のための住民説明会であってはならない。

　行政当局には，自らの判断の正しさに固執して思考停止に陥らず，別の可能性を検討する柔軟で開かれた姿勢が必要である[4]。行政当局は埋め立て・架橋事業によって，さまざまな都市インフラ整備に一括して対処できると主張するが，個別のインフラ整備の可能性も真剣に検討すべきであった。

　第5章で詳述した消防・下水道・交通など，〈道路建設派〉〈鞆港保存派〉の争点をめぐって，埋め立て・架橋計画とそれに対するオルタナティブのどちらの手法が優れているか，科学的根拠や技術的可能性を提示して判断することは簡単ではない。だが，広島地裁の判決が示したように，少なくとも，可能性を検討し，現行案との比較検討を行ったうえで，それでもなお埋め立て・架橋計画に一利あることを示さなければ，合理的な政策的判断とはいえず，計画推進の正当性は低いといわざるを得ない。適切なプロセスを経ていなければ，公正な手続きとはいえず，正当性が疑われるばかりか，正統性も社会的に認められない政策決定となる。

　また地元住民こそが鞆港保存問題を最もよく知り，理解していて，それゆえに当事者性を持つと主張し，鞆の浦以外の地域に住む福山市民の意見にさえ「口を出すな」と反発する地元住民もいる。確かに地元住民は鞆港保存問

題における最大の利害関係者（アクター）であり，鞆の浦が抱えるさまざまな都市インフラの問題点を一番理解しているのは間違いないだろう。しかしながら，鞆港保存問題は地域住民と行政当局だけで議論するレベルをすでに超えている。鞆港と鞆の浦の町並み景観は，ICOMOS が保存に向けた援助を申し出ているように，国際的に保存価値を認められた歴史的環境であり，また市・県・国の財政に関わる公共事業であれば，この計画の是非は広く国民的に議論されるべきである。

確かに，外部からは鞆の浦が抱えている困難や埋め立て・架橋計画によるさまざまな影響を，地元住民ほど深く理解することはできないが，〈鞆港保存派〉〈道路建設派〉それぞれの意見をもとに，その影響をどう判断するのかは，開かれた議論の場が必要である。またそうした観点からすると，行政訴訟を公共事業実施に対する社会的合意を諮る制度の一つと見なすこともできる。そのように考えると，〈鞆港保存派〉の埋め立て・架橋計画差し止め訴訟において，差し止め判決が下ったことは，計画について社会的合意が得られていなかったことを意味する。この判決の持つ意味は非常に大きく，広島県はついに計画を断念し，〈鞆港保存派〉は訴訟を取り下げる結果を導いたと思われるのだ。

行政の失敗と「まちづくりの不在」

先に述べたように「話し合い」の〈政治風土〉を重視して個別の論点を検討していくと，鞆港保存問題の決着はずいぶんと時間がかかるであろう。しかし，そうした検討を重ねる間にも行政当局は生活環境を向上させる地域政策に取り組むことができるであろうし，それこそが重要である。福山市は埋め立て・架橋計画にこだわるゆえに，個別政策に取り組まずにきた。そのため鞆の浦のまちづくりは，30年近くのあいだ，停滞したままになっている。計画が進まないことを理由に，生活環境の整備を放置して許されるわけではない。かえってまちづくりの緊急性を高め，それに伴い〈道路建設派〉の住民に埋め立て・架橋計画の必要性を強く意識させることになった。こうして〈道路建設派〉と〈鞆港保存派〉との意見対立は深まっていったのである。それが地域社会の日常生活や人間関係にまで影響を及ぼしていることは，鞆港保存問題の是非を越えて，福山市の「行政の失敗」といわざるを得ない。

そしてこの「行政の失敗」は，とくに平地区（元平町）の都市インフラ整

終章 〈鞆の浦〉の歴史をたどる旅のおわり

備において緊急性が高いと思われる。「昭和の大合併」によって福山市の周辺部となった鞆町の中でさらに周辺部になってしまったのが、平地区であった。筆者の見解では、この地理的構造のなかで長年にわたる平地区のまちづくりが進んでいないことが鞆港保存問題の対立の深刻化をもたらしている要因である。福山市は埋め立て・架橋計画と平地区のインフラ整備をワンセットにしているため、計画が実施されなければ、平地区のインフラ整備が進まないという「まちづくりの不在」の構造になっている。平地区住民は計画の実現をより強く要望し、〈鞆港保存派〉との対立がますます深くなっていったのである。平地区の「まちづくりの不在」という構造に、福山市による地域政策の最大の問題点がある。

〈鞆港保存派〉の住民も、鞆港の存在価値を訴えるだけではなく、生活の利便性を求める平地区のまちづくりをどのように進めるかという問題を考慮する必要がある。筆者が見る限り、〈鞆港保存派〉の主張のなかで平地区の「まちづくりの不在」が言及されたことはなかったように思われる。一方で平地区の〈道路建設派〉は、平町の中心に平港があるように、鞆町の要であり、地域社会の紐帯としての鞆港の存在意義を配慮してもよいのではないか。〈道路建設派〉である平町住民が「平港だったら黙っていない〔計画に賛成できない〕」と答えた、というエピソードが事実かどうかは別にして、港町の住民同士であれば、港がその町にとってどれほど重要であるか理解できるであろう。鞆町も平町も「自分たちの港とコミュニティさえよくなれば、よそがどうなろうが問題ないし、気にしない」というのは、乱暴な態度ではないだろうか。

しかし同時に、平地区の住民がこの埋め立て・架橋計画のチャンスを何としても逃したくないのも理解できる。なぜなら、行政当局が道路建設を中止して、文化庁の重伝建地区選定をはじめさまざまな保存プログラムを用いて鞆地区の町並み景観保存政策を進めることになると、平地区のインフラ整備は後回しにされるかもしれないからである。

平地区の「まちづくりの不在」を解消することは、鞆港と町並み景観の保存政策を進めるうえできわめて重要な課題であるが、表面化しないまま見過ごされる恐れがある。

福山市は、重伝建地区選定の申請は埋め立て・架橋計画実施とセットであるとして見送ってきたが、仮に福山市が設定する範囲で重伝建地区が選定さ

れた場合，鞆の浦中心部のインフラ整備にはさまざまな財政的・技術的な支援がなされるが，範囲外にある平地区は対象外になる。したがって，平地区の生活の利便性と鞆港の歴史文化的価値を保存する対立の構造は解消されることがなく，再び鞆港保存問題のような「まちづくりの不在」が生じることになる。

このように，保存事業やインフラ整備の対象地域のゾーニングやバッファーゾーンの設定は，ボーダーラインの内外で格差が生じる，いわゆる「線引き」の問題を引き起こす。たとえ歴史文化的な価値の高い，国民の財産というべき文化遺産として鞆の浦が世界遺産に認められても，一部の人々に過度の負担を負わせるような保存政策がなされるのであれば，公共性が高いとはいえないだろう。保存政策と直接関係のない周辺住民に不便な生活を強いることがないように，「線引き」は慎重に考慮されなければならない。

観光開発による地域活性化の難しさ

埋め立て・架橋計画の是非以外に考えなければならない問題がある。それは，鞆の浦の観光開発とまちづくりのあり方である。〈道路建設派〉も〈鞆港保存派〉も，それぞれイメージする観光開発のスタイルは大きく異なるが，いずれにしても観光開発によって外部資本が流入する可能性が高く，鞆の浦のまちづくりを住民がコントロールできなくなる恐れがある。

筆者は，鞆の浦と同じように道路建設問題を経て，現在では日本でも有数の観光都市へと成長した北海道小樽市の調査研究に，研究協力者として携わってきた。小樽市以外の外部資本の流入とマス・ツーリズムによって，小樽市の観光産業は大きく成長したが，観光地となった運河周辺地区では都市開発が活発化して，かえって歴史的建造物が失われていくことが定点観測調査で明らかにされている（堀川，2000；2008；2009）。また，外部資本は必ずしも地場産業の成長に貢献しないことや，観光都市となったことで，北海道内の他の観光地との「都市間競争」に参入することになり，一時的な観光ブームや流行に左右されて地域経済の安定性を欠くことが問題視されている。また，小樽運河が観光地化して，地元住民は生活の場であった運河一帯から離れていく。そして土産物屋をめぐりながらその合間に食事するだけの旅行スタイルが主流となり，観光客は「小樽の街」を観ていないのではないか，という疑念が地元では湧き上がっているのだ。

終章　〈鞆の浦〉の歴史をたどる旅のおわり

　こうした観光開発によって，〈鞆港保存派〉が登録を求める「世界遺産」の地元でも同じような問題が生じている。たとえば三重県熊野古道，岐阜県白川郷，島根県石見銀山などでは，世界遺産として登録されたことで一大観光ブームが巻き起こり，キャパシティを超える観光客が押し寄せることでかえって世界遺産が損傷されることが懸念されている。消費としてのマス・ツーリズムは，観光客があらかじめ抱くイメージと合致するよう観光地を変えてしまう。そして観光客の消費の欲望は膨張し，その場所の魅力をあらかた消費し尽くしたのちに，今度は別の場所を求めて観光ブームは去っていく（Urry, 1990＝1995; 1995＝2003）。もちろん，自らの欲望のままにこうした観光産業を無批判に利用するツーリズムに対して，「何もないこと」「何もしないこと」を楽しむような「節度ある楽しみ」（中澤，2011: 213）というオルタナティブが求められよう。

　その一方で，歴史的環境保存と観光開発のバランスをとれるような都市デザインの思想や，歴史的環境を観光資源として活用し，そこで得た収入を保存費用に還元するような発想や工夫が必要である。コントロールが難しい外部資本の流入に対してどのような対策と課題がありうるか，全国の観光先進例に学び，鞆の浦の実情に合った制度設計と運用が求められる。

鞆港を「生かす」まちづくり——人が環境を守り，環境が人を育てる

　最後に埋め立て・架橋計画の是非について述べたい。第4章から8章までの議論と，本章の考察を踏まえると，埋め立て・架橋計画を実施する必然性は非常に乏しい。たしかに〈道路建設派〉が主張してきたように，埋め立て・架橋計画は歴代の港湾整備事業の一つといえるかもしれないが，これまでの事業はいずれも鞆港を「生かす」ことが目的であった。第7章で明らかにしたように，鞆港という歴史的環境が，地域社会の社会的連帯を支える根幹であるからこそ，歴代の港湾整備事業は，鞆港を「生かして」きたのではないだろうか。その意味で，現在の埋め立て・架橋計画はマイナスの影響が大きい。

　高齢化が進む鞆の浦で，ローカル・コミュニティの社会的連帯は，災害時などの緊急事態だけではなく，日常生活のさまざまな場面で活用される貴重な資源であり，これは一朝一夕で獲得できるものではない。その意味で，〈鞆港保存派〉が埋め立て・架橋計画の対案として主張する，個別のまちづ

くり政策は，積極的に検討してよいだろう。「海の子」（鞆まちづくり工房）が事業の一つとして「船旅」を企画したり，「港町ネットワーク・瀬戸内」を立ち上げて瀬戸内海の港町と連携しているように，また「守る会」が「開港・鞆の浦」として，かつてとは違う鞆港のあらたな活性化をめざしたように，海路を利用して鞆港を「生かす」ことが有力な方向性になると思われるのだ。

　いま私たちは鞆港保存問題を，町並み景観の歴史文化的価値と生活上の利便性のどちらか一つを選ぶトレードオフで捉えるのではなく，いかに歴史文化的価値を守りながら生活の利便性を向上させるか，技術力と政策力が問われている。これはスクラップ＆ビルド型の地域開発政策が転換点を迎え，地域の資源を修復・修繕しながら活用するリハビリテーション型の地域開発へ移行しつつあるなかで与えられた大きな課題である。しかし，制約条件が厳しいほど人間の知恵と工夫は磨かれ，まちづくりのクリエイティブなアイデアが産声を上げるのである。

　以上，鞆港保存問題について，ささやかながらも一定の方向性とコンセプトの提示を試みた。きわめて複雑で多元的な鞆の浦の地域問題について，簡単に答えを出せるわけではない。また国内外の社会経済の変動がローカル・コミュニティに大きな影響を与える現代社会において，鞆の浦の将来像を「まちづくり」プランとして描いても，意図した結果が得られるとは限らない。したがって本書が提示した鞆港保存問題と鞆の浦のまちづくりに関する政策提言が適切かどうかは，今後検証され，批判され，修正されることになるだろう。

　本書を通じて，ローカルな歴史を今に伝える鞆の浦の地域社会の像が見えてきたのではないだろうか。鞆の浦の地域住民は，近世以来の鞆港の港湾施設や町並み景観という歴史遺産とともに，祭礼行事や生活習慣など伝統的な港町の生活文化を大切に守り，その歴史を肌で感じながら日々暮らしてきた。しかしあらためて考えてみると，このように地域の歴史や記憶を遡ることができるような都市や地域は，もはや少なくなっている。鞆の浦は，地元住民が郷土史や記憶を掘り起こして確固とした地域アイデンティティをもつことができる類い稀な地域といえるだろう。地域の歴史を振り返り，それを基点に将来像を描くこと――その積み重ねが，人が環境を守り，環境が人を育て

終章 〈鞆の浦〉の歴史をたどる旅のおわり

る関係性を生み出すのではないだろうか。

　瀬戸内の港町「鞆の浦」が守る歴史的環境と，そこに住み続ける人々の魅力はここにある。「鞆の浦」とはそんな人々が暮らす，風光明媚な港町である。

注

1　たとえば近年，環境社会学会の大会シンポジウムなどで「研究者による実践活動や現場との協働の意義」が取り上げられることが多い。研究者が現場の人々と協働する試みは一見美しい理念であるが，もしそれが失敗した時，あるいは別の問題を引き起こした時，研究者がその責任を背負ったり，後始末ができるとは思えない。生業と生活を賭けて実践に取り組む現地の人々に対する関わり方はきわめて慎重に考えなければならない。

2　高レベル放射性廃棄物の処分方法は，原子力発電の安全性とは別に取り組まなければならない緊急かつ重要な問題であるが，世論レベルではほとんど議論されていない。大量の高レベル放射性廃棄物を安全に処分する十分な技術が確立されていないにもかかわらず，原子力発電所の運転によって廃棄物は増え続けてきたのである。

3　「社会科学の敗北」という言葉は，産炭地研究会における中澤秀雄氏の発言である。

4　新幹線公害や熊本水俣病，むつ小川原開発などの公害問題における行政組織の研究を積み重ねた舩橋晴俊は，理想の追求と森有正のいう不可知論的態度を併せ持つことが大切であると論じている。すなわち，理想を追求することは大切であるが，それは「一歩誤ると，独善的，あるいは，独裁的になりうるものであり，逆に他の人々に対して害悪となりうる。（中略）『もしかしたら自分はまちがっているかもしれない』ということを決して忘れず，自分に対する懐疑・批判の態度を持っていること」（舩橋，2012: 157）が必要なのである。

補遺　現地調査の実際
　　　——〈鞆の浦〉と鞆港保存問題の調査方法

　ここで本書が依拠する調査データがどのような社会調査の方法に基づいて収集されたものであるのかを明らかにしておきたい。本書がおもに採用している質的調査は，調査者自身の属性や社会的地位だけではなく，調査対象者の属性，対象地域の特徴や問題構成によって多様な可能性と限界を持つことになる。そのため，どのような調査対象にも当てはまる最適解を見いだすことは難しく，基本的にはケース・バイ・ケースで対処しなければならないことも多い。そこで以下に示すのは，筆者がこれまで行ってきた鞆の浦のフィールドワークの経緯と概略であるが，それに加えて，筆者がこれまで関わってきた他の地域でのフィールドワークに基づく経験である。

調査開始までの経緯
　鞆の浦を対象とした筆者の現地調査は，まず鞆港保存問題から開始し，その後，地域社会学や社会人類学・民俗学などの知見を参照するなかで社会学・民俗学的な聞き取りへと調査内容を広げていった。まずは，筆者が鞆港保存問題の調査を開始するまでの経緯から説明しておきたい。
　鞆の浦の調査を開始する以前，筆者は1998年から北海道小樽市の現地調査に参加していた。これは堀川三郎氏（法政大学社会学部）による小樽運河保存問題を事例にした町並み景観保存と観光開発に関する実証研究に大学院生の調査協力者として関わっていたからである。この小樽運河保存問題の現地調査のなかで，2001年9月，全国町並み保存連盟が主催した「第24回全国町並みゼミ小樽大会」において，法政大学社会学部堀川ゼミの有志学生とともに，運営補助の学生スタッフとして参加し，参与観察を実施した。全国町並み保存連盟とは，全国の町並み保存運動の住民団体や自治体組織のネットワーク組織で，「全国町並みゼミ」とはその年次シンポジウムである。

その翌年，2002年第25回全国町並みゼミ大会の開催地が鞆の浦であった。「鞆の浦・海の子」は，1997年，新潟県村上市で開催された全国町並みゼミの総会で，鞆の浦で埋め立て・架橋計画が差し迫りつつある窮状を訴え，全国の町並み保存運動に助けを求めた。その声に応じて，全国町並み保存連盟は，小樽大会の次の全国町並みゼミを鞆の浦で開催することを決定したのである。そして全国町並みゼミを鞆の浦に誘致した「鞆の浦・海の子」のメンバーは，次回大会のホスト役として小樽大会に参加し，実際に町並みゼミがどのように運営されているのか視察に来ていたのであった。この時，小樽大会の学生スタッフとして働きながら，学生スタッフの役割や待遇などについて会話を交わしたのが，筆者と鞆の浦の保存運動に携わる人たちとの最初の接触であった。

　この時まで筆者は，鞆の浦の鞆港保存問題については片桐新自（2000）などの文献を通じて知る限りで，現地を訪れたことはなかった。小樽運河保存問題と同じように，港湾施設の保存と公有水面埋立による道路建設の是非をめぐる問題として，少なからず関心は持っていた。しかも鞆港保存問題は現在進行形である。その時点で筆者は，鞆の浦と同じように小樽でも保存が争点になったのだろうか，と両者を相似形の地域問題として捉えていたのである。そして，町並みゼミ小樽大会で，各地で取り組まれている町並み保存運動の成果を聞きながら――報告の中には行政が積極的にリーダーシップをとって地域住民と協働して町並み保存を進めている事例すらあった――，20数年前の小樽運河保存問題と同じように，開発を進める行政と保存を求める住民の対立が今でもあることに驚いたのである。

　そこで筆者は，翌年9月に開催された第25回全国町並みゼミ鞆の浦大会にも，法政大学社会学部堀川ゼミ有志6名とともに参加し，調査を実施した。町並みゼミの学生スタッフとして参与観察することで，多くの保存運動の担い手と直接コンタクトをとれること，形式ばったインタビューでは得られない本音や人間関係が見えてくることを期待したのだ。現地に向かうにあたって，事前に鞆港保存問題および鞆の浦の歴史について堀川ゼミ有志で書籍・研究論文・雑誌記事などの文献資料を収集し，研究会を重ねた。同時に地元紙である『中国新聞』を取り寄せ，新聞記事をデータベース化する作業を行い[1]，最新情報を補った。さらに，文献資料と新聞記事データベースを用いて，「鞆の浦歴史・まちづくり年表：730-2002」を独自に作成した。これを

補遺　現地調査の実際

ベースに随時更新して作成したのが，本書の巻末年表である。

こうした事前準備を経て，全国町並みゼミが開催される1ヵ月前の2002年8月，筆者は有志グループに先行して単独で現地調査を実施した。その目的は，有志グループを代表して現地の運営スタッフの方々へ事前に挨拶すること，そして鞆港保存問題に関する現地視察と聞き取り調査を実施することである。昼間は聞き取り調査をする合間に，鞆の浦の港と町をできるかぎり歩いて寺や神社，都市構造，生活の様子を観察した。鞆の浦が長い歴史を持ち，それが町並み景観にも表れていることを，文献テキストに依らず，空間に身をおくことで理解しようとしたのである。そして夜はインフォーマントの方と食事しながら話を聞いたり，全国町並みゼミ鞆の浦大会の準備会合に参加した。

鞆の浦は人口規模の小さいコミュニティであるがゆえに，調査者は地元の人から見ればよそ者であり，カメラを持って歩いているとすぐに見抜かれてしまう。よそ者が勝手に立ち入っていること，路地ですれ違う地元の人々がいつか重要なキー・インフォーマントになるかもしれないことから，会釈や挨拶を欠かさないようにした。現地調査とはそこで営まれている日々の実践に分け入って話を聞くという意味で，現地に対して謙虚な気持ちが必要である。それは現在でも同じである。

全国町並みゼミの参与観察

私たちは2002年9月に全国町並みゼミ鞆の浦大会に向かった。参与観察では，町並みゼミの運営をするために各分科会の会場で座席やマイク，映写機の準備を行い，パネリストの話や質疑応答を議事録として記録し，作業や食事の休憩時間などに，鞆の浦や福山市に住む大会協力者や地元スタッフと会話して，地元住民の声に耳を傾けたのである。

参与観察を通じて筆者は，本格的な鞆港保存問題の調査研究を行うことが必要であるという確信と意欲を持つに至った。そこで約1年間現地訪問を禁欲し，鞆港保存問題や鞆の浦の歴史に関する文献調査を実施した[2]。

フィールドワークで最初に調査すべき場所は「図書館」であるといえよう。フィールドワークというと，軽いフットワークですぐに現場に行って取材するようなイメージがあるが，けっしてそうではない。調査の現場は多くの人が日々奮闘している真剣勝負の場である。そこに割り込んで貴重な時間を割

いてもらうのであるから，事前にわかることをわざわざ現場で聞く必要はない。もちろん，文書資料で知ったことを再確認するために質問する場合もあるので，一概にはいえないのであるが。

　これは同じような目的の調査を減らし，いわゆる調査地被害をなくすことだけが目的ではない。いずれにしても，事前にできる範囲で情報を集めて事例に関する「仮説」を構築することが目標である。そして現地調査では，インフォーマントに対して，仮説として考えてきたことを伝えてみる。もし，仮説がそれなりに妥当であれば，インフォーマントはさらに詳しく話をしてくれる。もし仮説が的外れであれば，どこが違うのか教えてくれる。そしてそれを踏まえて再度仮説を組み立て，インフォーマントに尋ねる。これを繰り返していく方法でインタビュー調査を実施した。質的調査がいわゆる仮説構築型というのは，こうしたプロセスを指すのであり，まったく何もないところから聞き取りデータだけで仮説を構築するのではないと筆者は考える。本書はこうした質的調査の戦略と過程によって収集されたデータに基づいている。

現地調査の過程と手法

　このような準備期間を経て，2004年から随時，鞆港保存問題に関する現地調査を進めていった。現地調査を行った日程と対象は表補.1の通りである。

　また上記の現地調査と並行して，2007年4月より，「鞆港埋め立て・架橋計画行政手続差止訴訟」の公判を傍聴するとともに，随時，裁判関係者，原告住民への聞き取り調査を実施した。

　鞆港保存問題の聞き取り調査で，調査対象となったのは表の方々と組織である。これ以外の方々にも聞き取り調査を依頼したが，〈道路建設派〉の関係者・関係団体に断られたことも多い。そこでとくに〈道路建設派〉の住民意識については，新聞や雑誌記事などメディア情報を中心に採用している。

　鞆港保存問題は現在進行形の地域問題であり，〈鞆港保存派〉〈道路建設派〉のいずれの立場であろうとも，現場で生活する以上，個人の名前が判明することはプライバシーの問題だけではなく，社会生活において影響を及ぼすことが考えられる。そこで，本書では名前を伏せて記述した。また，ここで挙げた調査対象は，筆者が調査依頼を行い，それに応えていただいた，比較的フォーマルな聞き取り調査に限られている。このほかに，参与観察中の

補遺　現地調査の実際

表補.1 調査日程と調査対象

日程		聞き取り対象
第1回	2002年8月20～23日	「明日の鞆を考える会」関係者
第2回	2002年9月19～24日	「鞆の浦・海の子／NPO法人鞆まちづくり工房」関係者
第3回	2004年8月18～21日	「鞆を愛する会」関係者
第4回	2004年9月20～23日	「鞆の自然と環境を守る会」関係者
第5回	2004年10月12～15日	「歴史的港湾鞆港を保存する会」関係者
第6回	2005年8月30～31日	商店・飲食店経営者
第7回	2005年9月13～16日	郷土史家
第8回	2006年8月22～27日	広島県福山地域事務所建設局港湾課
第9回	2007年6月6～9日	福山市建設部港湾河川課
第10回	2008年10月14～17日	福山市教育委員会
第11回	2009年8月22～25日	マスメディア関係者
第12回	2012年8月24～25日	
第13回	2014年9月5～7日	

（注）2007年4月～2009年9月：「鞆港埋め立て・架橋計画行政手続差止訴訟」調査
　　　上記日程と別に短期的調査を随時実施している

会話や立ち話，喫茶店での雑談など，インフォーマルな聞き取り調査も行った。

　このように聞き取り調査と文献調査を調査方法として採用した理由は，次の理由による。鞆の浦は高齢者率が高く，また狭い地域に集住して生活することで濃密な人間関係を維持している。そのため，いわゆるランダム・サンプリングによる統計調査では，回答の秘密が守られない可能性が高い。また鞆港保存問題の経緯を見ると，人づきあいのなかで半ば意見を強要するような場面も生じており，どちらの意見に立つのかが，日常生活に影を落とすことが確認されている。しかも，この問題は地域最大の懸案事項となっており，両者の対立が根深い状況で，対立に巻き込まれることを恐れて沈黙する住民たちもいる。

　以上のことから，筆者は，現時点では統計調査によって得られる定量的データは，必ずしも正確な社会意識を反映したものではなく，鞆の浦の地域社会や鞆港保存問題の特性によるバイアスを排除することが難しいと判断した。また高齢者が多く，現地の負担となる統計調査を根深い意見対立の渦中で実施するのは，鞆港保存問題そのものの社会過程への影響が大きく，郵送調査でも秘密保持が難しいことから，避けるべきだと思われる。

　本書が，「埋め立て・架橋計画の賛成反対の割合」「どちらが民意を反映し

ているか」といった問題設定をしないのは、こうした方法論上の限界も関係している。さらにいえば、このような問題設定は、意見の内容を吟味せずに数の論理による意思決定を認めることにつながり、鞆港保存問題における「歴史保存とまちづくり」の意見対立を深めるだけである。

　より重要なのは、鞆の浦という地域社会は、多数決原理ではない意思決定の枠組みを持つこと（第4章、第8章）、そして何よりも、〈鞆港保存派〉〈道路建設派〉の住民が、それぞれ何を拠り所に地域社会の将来を構想しているか（第6章、第7章）である。それらを明らかにしない限り、鞆港保存問題の理解は浅薄なものとなるだろう。そこで本書では、聞き取り調査を中心としたフィールドワークを採用したのである。もちろん、統計調査、フィールドワークにかかわらず、現地調査自体が現地に多少とも影響を与えることは避けられないが、聞き取り調査を中心としたフィールドワークは、そうした影響を最小限に抑える手法として、また上記の問題関心に照らして適していると判断した。

聞き取り調査の利点と弱点

　聞き取り調査による社会意識の測定は、調査者とインフォーマントの意志疎通や意味の了解においてズレが少ないという意味で、妥当性の高い調査結果を得ることができる利点がある。現地を訪問してインフォーマントと一定の親密な関係を築きながら、インタビューを繰り返した。その際に許可を得て会話をレコーダーに記録し、再現性を高める工夫をした。

　一方でインタビューの弱点として、第三者の立ち会いがないことがある。質的調査の定性的データは調査者の属性や社会的地位、インフォーマントのおかれた社会状況などによって、同じ結果が再び得られる保証は少ない。その意味で、信頼性に欠ける手法である。

　そこで玉野（2008）を参考に、文書資史料を積極的に活用することにした。聞き取り調査によって得られた会話記録のなかで、歴史史料・文献・研究論文・雑誌記事・新聞記事などで裏づけられたものを、優先的に採用した。このように文書資史料を用いるのは、文書が人々の間に広まるなかで、インフォーマント本人がそれを利用した可能性が高く、現地で共有された経験知であることが確認できるからである。これによって信頼性の弱点を補うとともに、事実誤認やデータの解釈に対して反証可能性を確保することができる。

補遺　現地調査の実際

また，文書資史料では裏づけのできない種類のデータについては，できる限り異なる立場の証言や複数にわたる会話記録を用いた[3]。

以上のように本書は，〈鞆港保存派〉〈道路建設派〉それぞれの利害関係者（アクター）に分け入る問題設定をしたことから，信頼性に一定の限界があることを自覚した上で，妥当性の高い調査結果を得ることを優先したのである。

注

1　今でこそ大学図書館などで地方紙の記事データベースを利用することができるが，当時は新聞記事のデータベースが整備されつつある段階で，大学図書館でもデータベースの利用に限界があった。

2　具体的には，大学図書館で鞆の浦に関する記述がある文献や研究論文をチェックし，時には他大学から取り寄せてコピーした。そして文献情報から次の文献を探し，芋づる式に資料を増やしていった。また古書店のインターネット検索を利用して，古書，絶版書，行政資料・調査報告書，歴史史料，絵葉書，古地図を購入した。

3　F.エンゲルスは労働者の貧困問題を記述する際，否定的立場に立つ自由党の文書資料を用いている（Engels, 1845＝1990）。

あとがき

　本書は，2011年度に法政大学大学院社会学研究科に提出した筆者の博士論文「環境・記憶・政治の社会学的実証研究——伝統港湾都市・鞆における港湾開発問題と地域政治」を再構成して，全体的に加筆修正を行ったものである。この博士論文は以下の学術誌に掲載された論文をもとに構成されている。おもなものは，以下の通りである。

　　森久聡, 2005a, 「鞆港保存問題に関する基礎的な研究資料」『社会研究』35：74-125.
　　森久聡, 2005b, 「地域社会の紐帯と歴史的環境——鞆港保存運動における〈保存する根拠〉と〈保存のための戦略〉」『環境社会学研究』11：145-159.
　　森久聡, 2008, 「地域政治における空間の刷新と存続——福山市・鞆の浦『鞆港保存問題』に関する空間と政治のモノグラフ」『社会学評論』59-2：349-368.
　　森久聡, 2011d, 「伝統港湾都市・鞆における社会統合の編成原理と地域開発問題——年齢階梯制社会からみた『鞆港保存問題』の試論的考察」『社会学評論』62-3：392-410.

　そして本書は平成27年度京都女子大学出版助成により，出版経費の一部助成を受けて刊行したものである。

　2002年9月に初めて鞆の浦を訪れたあと，文献や資史料の収集作業などの準備を経て，2004年から本格的なフィールドワークを開始したが，それからすでに10年以上の月日が経った。筆者は今でも一人で現場を歩き，関係者への聞き取り調査を継続している。
　当初は鞆港保存問題を通じて，歴史的環境の社会的意味を明らかにすることをめざして調査を進めていったのだが，鞆の浦という地域社会が持つ長い

歴史と港町として維持されてきた社会生活の豊かさに魅了されると同時にその奥深さに触れて，この問題は一筋縄ではいかない，簡単にわかった気持ちになってはいけないと強く自戒するようになった。そして筆者の研究テーマを鞆港保存問題におくだけではなく，鞆の浦という地域社会の深みを掘り下げて描くことを最終目標に設定し，調査を重ねてきたのである。そして次第に，鞆港保存問題から「開発と保存」について日本社会の地域開発のあり方を見直し，歴史的環境とは何かを示すことができる，という確信を持つようになった。

　鞆港保存問題は時に目まぐるしく，時にゆったりと事態は推移してきた。そして，当初は開発と保存をめぐる地域問題であったが，次第に全国的な報道で取り上げられるプロセスを経て，この鞆港保存問題が日本社会にとっていかに重要な意味を持つのかが見えてきたような気がした。

　本書をまとめるにあたって，それまでのプロセスを振り返ると，実に多くの人にご協力をいただいた。最後になってしまったが，お世話になった方々に心から感謝したいと思う。

　はじめに堀川三郎先生に感謝申し上げたい。筆者は，法政大学社会学部の時代から指導教員の堀川先生のもとで社会学を学んできた。学部3年生の時，堀川先生の調査実習で小樽のフィールドワークに行ったことが，その後の進路と現在につながるきっかけになった。堀川先生にはキャンパスの中だけではなく，堀川先生のフィールドである小樽の調査を手伝うなかで，歴史的環境保存の社会学を教わった。小樽に行かなければ，おそらく今の自分はなかったと思う。そして本書のアイデアや記述の多くは堀川先生との議論を通じて生まれたものである。滞在先のホテルの一室で堀川先生と深夜まで，小樽や鞆の浦の聞き取り調査のインフォーマントの語りに耳を傾ける時間は，クリエイティブであると同時にスリリングなものであった。

　社会学部を卒業して大学院の社会学専攻に進学してからは，堀川先生に加えて副指導教員として舩橋晴俊先生にもご指導いただいた。舩橋先生も環境社会学を専門としており，独自の社会学理論をベースに公害問題や環境問題の解決過程論を展開されていた。同じ環境社会学でも歴史的環境保存の社会学とは異なる視点と立脚点から指導をしていただいたことは，研究の視野を広げる貴重な機会であった。そして実証研究からどのように理論研究へと結

あとがき

びつければよいか、などを初めとして、社会学者としての自立に必要な社会学の方法論を学ばせていただいた。

ところが舩橋晴俊先生は、2014年の夏、急逝されてしまった。博士論文を提出した後、京都女子大学に着任し、これから学会活動などを通じて舩橋先生に恩返しをしようと思っていた矢先のことであった。舩橋先生の学問、社会、教育に対する真摯な姿勢とお人柄は、学者や教育者としてだけではなく、人間として尊敬すべきものであった。今でも舩橋先生がご健在のような気がしてならないが、少しでも舩橋先生のお教えを生かして、後世に伝えていくことが残された者の務めではないかと思う。

法政大学大学院の他の専攻だけではなく、筆者は他大学のいろいろな研究室やゼミに参加してきた。単位互換制度を利用して正式に聴講生として参加することもあれば、いわゆる「モグリ」聴講生として、さまざまなゼミ文化や議論のスタイルに触れ、吸収するように努めてきた。「モグリ」を許していただいた先生方と院生のみなさまに御礼申し上げたい。

首都大学東京の玉野和志先生には、とくに記して感謝したい。玉野先生のゼミでは、社会学の古典を読み解きながら、社会学の基本的な考え方を教わった。さらに、本書の事例分析に関わる主要なアイデアは玉野ゼミで鞆の浦の研究報告をさせていただいた時の玉野先生のコメントによるところが大きい。現地調査を先行させて、それをどう分析し解釈すべきか迷っていたとき、研究の道筋を示してくださった。

もちろん指導教員、副指導教員の先生方をはじめとして、法政大学大学院社会学専攻の先生方や大学院生の先輩・後輩、堀川先生の学部ゼミ生からも多くのことを学ばせていただいた。時には調査研究や執筆作業を手伝ってもらったこともある。とくに私が大学院博士課程在籍時に堀川ゼミの学部生6名には、最初の鞆の浦調査での年表作成や資料収集に協力してもらい、一緒に鞆の浦の町並みゼミで参与観察を行った。その時に鞆の浦の方々と関係を結ぶことができたからこそ、その後も継続して調査研究を進めることができた。また筆者と同じ生年の2人の院生仲間たちとは、互いに学会誌に投稿するための論文の草稿を持ち寄っては、居酒屋で終電になるまで議論したことが強く印象に残っている。そのときに3人で議論した論文がすべて『社会学評論』に掲載されたことは大きな喜びである。ここでお世話になったすべての先輩や同輩、そして後輩の方々の名前を挙げることはできないが、こうし

た多くの方々の助言によって，本書をまとめることができた。そして現在，筆者が勤務している京都女子大学現代社会学部の先生方にも感謝を申し上げたい。東男を受け入れていただき，研究・教育を自由にさせてもらっている。本書の刊行もそうした職場環境の恩恵を受けているのは間違いない。

　また堀川先生のフィールドである小樽では，現地調査を手伝うなかで，多くのインフォーマントの方々から小樽運河保存運動と現在のまちづくり運動について教えていただいた。小樽でのご示唆は，事例として似た構造を持つ鞆港保存問題の理解にとどまらず，歴史的環境とは何か，町並み保存とは何か，まちづくりとは何か，都市とは何か，を探求するうえで，どの地域社会にも通底する普遍性を持つものであった。鞆の浦で得た観察データを理解できずに悩んでいたとき，小樽のインフォーマントの話を聞くと，その悩みを解きほぐす手がかりを得られたことが何度もあった。そして，調査者はいかに現場と向き合うべきか，という研究者として最も大事な姿勢を学んだ。鞆の浦を調査する時には，常に小樽でいただいた言葉の奥深さを思い出して，表層をなぞるだけにならないように気をつけてきたつもりである。

　そして，なによりも鞆の浦のインフォーマントの方々には，心より御礼申し上げたい。鞆の浦には地域社会を支えていこうとする住民の方々の日々の営みが堆積して存在しており，本当に多くのことを学ばせていただいた。内陸の海のない県に生まれ育ち，鞆の浦はもちろん瀬戸内海の港町の歴史について何も知らなかった筆者を温かく受け入れて下さり，ていねいに町の歴史やまちづくりの理念について語っていただいた。一度の聞き取り調査では理解できず，再度訪問すると，繰り返し説明してくださった。それにもかかわらず，これまで鞆の浦で見聞きした内容を十分に理解できていない部分も多く，知りたいこと，わからないことも多く残されている。

　お話をうかがった方の中には，すでに鬼籍に入られた方もいる。まだまだ多くのことを教わりたかったと残念でならないが，「これからは人に頼らず自分の力で勉強を続けなさい」との励ましをいただいたと感謝している。その教えに応えるためにも，そしてまた，これまで多くの方にお世話になった者の責任としても，鞆の浦の歴史文化と生活の営みをこうして描いていくことを，現場から「もう来るな」と言われるまで続けていきたいと思っている。ご迷惑かもしれないので，こちらの思い入れで勝手にライフワークと言うわけにはいかない。

あとがき

　これまで鞆の浦を訪ねて調査を重ね，多くのインフォーマントの方々の言葉の意味を筆者なりに理解し，それを研究論文というかたちで表現しようと試みたのが本書である。その試みがどれだけ成功したのかはわからないが，本書を書き上げたいま，鞆の浦という港町の奥深さをひしと感じて，次の現地調査の準備を始めている。

　2016年春

著　者

参考文献

足立重和,2004,「ノスタルジーを通じた伝統文化の継承——岐阜県郡上市八幡町の郡上おどりの事例から」『環境社会学研究』10: 42-58.

足立重和,2010,『郡上八幡 伝統を生きる——地域社会の語りとリアリティ』新曜社.

秋元律郎,1971,『現代都市の権力構造』青木書店.

青木栄一,1969,「近世港町鞆および下津井における鉄道交通の導入とその特質」『東北地理』21(4): 143-149.

Arendt, Hannah, 1958, *The Human Condition*. Chicago: University of Chicago Press. (=1973, 志水速雄訳『人間の条件』中央公論社.)

Barthel, Diane, 1996, *Historic Preservation: Collective Memory and Historical Identity*. New Brunswick, NJ: Rutgers University Press.

Barthes, Rland, 1971, "Sémiologie et Urbanisme." *L'architecture d'aujourd'hui*. (=1975, 篠田浩一郎訳「記号学と都市の理論」『現代思想』3-10: 106-117.)

Carr, E. H., 1961, *What is History?* (The George Macaulay Trevelyan Lectures delivered in the University of Cambridge January-March 1961). London: Macmillan. (=1962, 清水幾太郎訳『歴史とは何か』(岩波新書 D1) 岩波文庫.)

Castells, Manuel, 1983, *The City and the Grassroots*. London: Edward Arnold. (=1997, 石川淳志監訳『都市とグラスルーツ——都市社会運動の比較文化理論』法政大学出版局.)

Dahl, Robert A., 1961, *Who Governs?: Democracy and Power in an American City*. New Haven: Yale University Press. (=1988, 河村望・高橋和宏監訳『統治するのはだれか』行人社.)

Durkheim, Émile, [1895] 1960, *Les Règies de la méthode sociologique*. Paris: Presse Universitaires de France. (=1978, 宮島喬訳『社会学的方法の規準』(岩波文庫白214-3) 岩波文庫.)

江守五夫,1976,『日本村落社会の構造』弘文堂.

Engels, Friedrich, 1845, *Die Lage der arbeitenden Klasse in England: Nach eigner Anschauung und authentischen Quellen*. Leipzig: Otto Wigand. (=

1990，一条和生・杉山忠平訳『イギリスにおける労働者階級の状態――19世紀のロンドンとマンチェスター（上）（下）』（岩波文庫白129-0）岩波文庫).
Fischer, Claude S., 1982, *To Dwell among Friends*. Chicago: University of Chicago Press.（＝2002，松本康・前田尚子訳『友人のあいだで暮らす』未来社).
藤井誠一郎，2013，『住民参加の現場と理論――鞆の浦，景観の未来』公人社.
福田珠己，1996，「赤瓦は何を語るか――沖縄県八重山諸島竹富島における町並み保存運動」『地理学評論』 69(A)-9: 727-743.
福永真弓，2010，『多声性の環境倫理――サケが生まれ帰る流域の正統性のゆくえ』ハーベスト社.
福武直，1949，『日本農村の社會的性格』東京大學協同組合出版部.
福武直編，1965，『地域開発の構想と現実　第1～3巻』東京大学出版会.
福山市，2015，「町別人口一覧（Excel 97）」福山市ホームページ（2015年8月1日閲覧).
福山市土木部港湾河川課，2005，「第1回まちづくり意見交換会」（2009年4月20日閲覧).
福山市教育委員会，1976，『鞆の町並――福山市鞆町町並調査報告』福山市教育委員会.
福山市教育委員会，1979，『鞆の伝統産業――鉄鋼・酒造・保命酒』（鞆町民俗資料調査報告）福山市文化財協会.
福山市史編纂会，1968，『福山市史――近世編』福山市史編纂会.
舩橋晴俊，2006，「『理論形成はいかにして可能か』を問う諸視点」『社会学評論』 225: 4-24.
舩橋晴俊，2012，『社会学をいかに学ぶか』弘文堂.
舩橋晴俊・長谷川公一・畠中宗一・勝田晴美，1985，『新幹線公害――高速文明の社会問題』（有斐閣選書749）有斐閣.
舩橋晴俊・長谷川公一・飯島伸子編，1998，『巨大地域開発の構想と帰結――むつ小川原開発と核燃料サイクル施設』東京大学出版会.
舩橋晴俊・角一典・湯浅陽一・水澤弘光，2001，『「政府の失敗」の社会学――整備新幹線建設と旧国鉄長期債務問題』ハーベスト社.
布施鉄治編，1992，『倉敷・水島／日本資本主義の展開と都市社会――繊維工業段階から重化学工業段階へ：社会構造と生活様式変動の論理』東信堂.
Gans, Herbert J., [1962] 1982, *The Urban Villagers: Group and Class in the Life of Italian-Americans*. New York, NY: Free Press.（＝2005，松本康訳

『都市の村人たち――イタリア系アメリカ人の階級分化と都市再開発』ハーベスト社.)
芸備地方史研究会編, 2000a, 『芸備地方史研究222・223』(特集：失われゆく港湾都市の原像――鞆の浦の歴史的価値をめぐって (I)) 芸備地方史研究会.
芸備地方史研究会編, 2000b, 『芸備地方史研究224』(特集：失われゆく港湾都市の原像――鞆の浦の歴史的価値をめぐって (II)) 芸備地方史研究会.
Gottdiener, M., and Leslie Budd, 2005, "Preservation." *Key Concepts in Urban Studies*. London, UK: Sage Publications: 126-130.
Gratz, Roberta Brandes, 1989, *The Living City*. New York: Simon and Shuster. (＝1993, 富田靱彦・宮路真知子・訳林泰義監訳『都市再生』晶文社.)
Habermas, Jürgen, [1962] 1990, *Strukturwandel der Öffentlichkeit: Untersuchungen zu einer Kategorie der bürgerlichen Gesellschaft*. Neuwied, Berlin: Hormann Luchterhand Verlag GmbH. (＝[1973] 1994, 細谷貞雄・山田正行訳『公共性の構造転換――市民社会の一カテゴリーについての探究』未來社.)
Halbwachs, Maurice, [1950] 1968, *La Mémoire Collective*. Paris: Presses Universitaires de France. (＝1989, 小関藤一郎訳『集合の記憶』行路社.)
濱本鶴賓, 1916, 『備南之名勝――形勝第一鞆之浦備後沿岸之勝概』先憂會出版部.
Harvey, David, 1985, *The Urbanization of Capital: Studies in the History and Theory of Capitalist Urbanization*. Oxford: Basil Blackwell. (＝1991, 水岡不二雄監訳『都市の資本論――都市空間形成の歴史と理論』青木書店.)
原田伴彦ほか編, 1976, 「中村家日記」『日本都市生活史料集成七 港町篇II』学習研究社：387-482.
長谷川公一, 2003, 『環境運動と新しい公共圏――環境社会学のパースペクティブ』有斐閣.
Hayden, Dolores, 1995, *The Power of Place: Urban Landscapes as Public History*. Cambridge, MA: The MIT Press. (＝2002, 後藤春彦・篠田裕見・佐藤俊郎訳『場所の力――パブリック・ヒストリーとしての都市景観』学芸出版社.)
平山和彦, 1992, 『伝承と慣習の論理』吉川弘文館.
広島県沼隈郡役所, [1923] 1972, 『沼隈郡誌』[先憂会] 名著出版.
Hobsbawm, Eric and Ranger, Terence eds., 1983, *The Invention of Tradition*.

England: Cambridge University Press.（＝1992，前川啓治・梶原景昭ほか訳『創られた伝統』紀伊國屋書店.）

堀川三郎，1991,「大正期文化財保存をめぐる行政と民家調査——『点』としての文化財保存」川合隆男編『近代日本社会調査史（II）』慶應通信: 243-278.

堀川三郎，1994,「地域社会の再生としての町並み保存——小樽市再開発地区をめぐる運動と行政の論理構築過程」社会運動論研究会編『社会運動の現代的位相』成文堂: 95-143.

堀川三郎，1998,『歴史的環境保存と地域再生——町並み保存における「場所性」の争点化』舩橋晴俊・飯島伸子編『環境』（講座社会学12）東京大学出版会: 103-132.

堀川三郎，2000,「運河保存と観光開発——小樽における都市の思想」片桐新自編『歴史的環境の社会学』（シリーズ環境社会学3）新曜社: 107-129.

堀川三郎，2001,「景観とナショナル・トラスト——景観は所有できるか」鳥越皓之編『自然環境と環境文化』（講座　環境社会学3）有斐閣: 159-189.

堀川三郎，2010,「場所と空間の社会学——都市空間の保存運動は何を意味するのか」『社会学評論』240: 517-534.

堀川三郎，2014,「歴史的環境保存の社会学的研究——保存運動の論理と変化の制御」（博士論文）.

Hunter, Floyd, [1953] 1963, *Community Power Structure: A Study of Decision Makers*. New York: Doubleday.（＝1998　鈴木広訳『コミュニティの権力構造——政策決定者の研究』恒星社厚生閣.）

飯島伸子，1998,「総論　環境問題の歴史と環境社会学」舩橋晴俊・飯島伸子編『講座社会学12　環境』東京大学出版会: 1-42.

五十嵐敬喜，2002,『美しい都市をつくる権利』学芸出版社.

五十嵐敬喜・野口和雄・池上修一，1996,『美の条例——いきづく町をつくる』学芸出版社.

五十嵐敬喜・小川明雄，1993,『都市計画——利権の構図を超えて』（岩波新書新赤版294）岩波書店.

磯田進，1951,「村落構造の型の問題」『社会科学研究』3(2): 1-23.

五十川飛暁，2005,「歴史的環境保全における歴史イメージの形成——滋賀県近江八幡市の町並み保全を事例として」『年報社会学論集』18: 205-216.

伊東孝，2000a,「危機に瀕する江戸の港湾遺産——鞆の浦」『FRONT』12-5: 69-72.

伊東孝，2000b,『日本の近代化遺産——新しい文化財と地域の近代化』（岩波

新書新赤版695）岩波書店.
Jacobs, Jane, 1961, *The Death and Life of Great American Cities*. London, UK: Random House, Inc.（＝2010, 山形浩生訳『[新版] アメリカ大都市の死と生』鹿島出版会.）
陣内秀信, 1985, 『東京の空間人類学』（ちくま学芸文庫シ-1-1）筑摩書房.
陣内秀信・岡本哲志編著, 2002, 『水辺から都市を読む——舟運で栄えた港町』法政大学出版局.
加賀谷真梨, 2005, 「沖縄県・小浜島における生涯教育システムとしての年中行事」『日本民族学』242: 35-63.
亀地宏, 1996, 「広島県福山市鞆の航跡——竜馬の船を追いかける若者たちのロマンのドラマ（亀地宏のまちづくり紀行）」『地方財務』505: 135-148.
亀地宏, 2002, 『まちづくりロマン』学芸出版社.
金子剛, 1996, 「祭りと地域社会——埼玉県吉川町大字平沼八坂祭における祭祀集団の研究」『地域社会学年報』9: 205-231.
片桐新自, 1993, 「地域活性化の住民運動——鞆のまちおこし運動」似田貝香門・蓮見音彦編『都市政策と市民生活——福山市を対象に』東京大学出版会: 149-159.
片桐新自, 2000, 「港町の活性化と保存——鞆の浦を対象にして」片桐新自編『歴史的環境の社会学』（シリーズ環境社会学3）新曜社: 80-105.
川田美紀, 2005, 「震災地における歴史的環境の保全対象」『環境社会学研究』11: 229-240.
川西利衛, 1983, 『戦国史をななめに斬る　鞆幕府』福山商工会議所.
木原啓吉, 1982, 『歴史的環境——保存と再生』（岩波新書黄版216）岩波書店.
木原啓吉, 1984, 『ナショナル・トラスト』三省堂.
木原啓吉, 1992, 『暮らしの環境を守る——アメニティと住民運動』朝日新聞社.
木村至聖, 2009, 「産業遺産の表象と地域社会の変容」『社会学評論』239: 415-431.
來山千春, 1993, 『実録　鞆小学校昔話』來山千春（自費出版・非売品）.
倉沢進編, 1986, 『東京の社会地図』東京大学出版会.
倉沢進・浅川達人編, 2004, 『新編東京圏の社会地図　1975-90』東京大学出版会.
桑子敏雄, 1999, 『環境の哲学——日本の思想を現代に活かす』講談社.
Lefebvre, Henri, 1968, *Le droit la ville*. Paris: Anthropos.（＝1969, 森本和夫訳『都市への権利』筑摩書房.）

Lefebvre, Henri, 1970, *La Révolution urbaine*. Paris: Gallimard.（＝1974，今井成美訳『都市革命』晶文社.）

Lefebvre, Henri, 1974, *La production de l'espace*. Paris: Anthropos.（＝2000, 斉藤日出治訳『空間の生産』青木書店.）

町村敬志，1987，「都市空間の社会学・序説」山岸健編著『日常生活と社会理論――社会学の視点』慶應通信: 287-306.

町村敬志，1994，『「世界都市」東京の構造転換――都市リストラクチュアリングの社会学』東京大学出版会.

牧野厚史，1999，「歴史的環境保全における『歴史』の位置づけ――町並み保全を中心として」『環境社会学研究』5: 232-239.

牧野厚史，2002，「遺跡保存における土地利用秩序の共同性と公共性――佐賀県吉野ヶ里遺跡保存における公共性構築」『環境社会学研究』8: 181-196.

桝潟俊子，1997，「集落保全と観光開発――福島県下郷町大内・中山地区を事例として」松村和則・編『山村の開発と環境保全：レジャースポーツ化する中山間地域の課題』南窓社: 198-231.

松原治郎・似田貝香門編，1976，『住民運動の論理――運動の展開過程・課題と展望』学陽書房.

松井理恵，2008，「韓国における日本式家屋保全の論理――歴史的環境の創出と地域形成」『年報社会学論集』21: 119-130.

Mitchell, W. J. T.,［1994］2002a, "Imperial Landscape." Mitchell, W. J. T. ed., *Landscape and Power*. Chicago: University of Chicago Press: 5-34.（＝1997, 篠儀直子訳「帝国の風景」『10+1』9: 149-169.）

Mitchell, W. J. T. ed.,［1994］2002b, *Landscape and Power*. Chicago: University of Chicago Press.

宮本憲一，1989，『環境経済学』岩波書店.

宮本常一，［1965］2001，『瀬戸内海の研究――島嶼の開発とその社会形成―海人の定住を中心に』未來社.

宮本常一，1984，『忘れられた日本人』岩波書店.

宮本常一・安渓遊地，2008，『調査されるという迷惑――フィールドに出る前に読んでおく本』みずのわ出版.

宮内泰介編，2006，『コモンズをささえるしくみ――レジティマシーの環境社会学』新曜社.

森久聡，2005a，「鞆港保存問題に関する基礎的な研究資料」『社会研究』35: 74-125.

森久聡，2005b，「地域社会の紐帯と歴史的環境――鞆港保存運動における〈保

存する根拠〉と〈保存のための戦略〉」『環境社会学研究』11: 145-159.
森久聡, 2007a,「併存する鞆港保存運動とその担い手たち――担い手たちの社会層と社会的地位からみた鞆港保存運動の展開過程」舩橋晴俊・平岡義和・平林祐子・藤川賢編『日本及びアジア・太平洋地域における環境問題と環境問題の理論と調査史の総合的研究（2003-2006年度科学研究費補助金基盤研究 B・1（研究課題番号15330111・研究代表者＝帆足養右）研究成果報告書）』: 187-212.
森久聡, 2007b,「鞆港保存問題」法政大学社会学部舩橋晴俊研究室編『環境総合年表（1976-2005）準備資料2――トピック別年表（2003-2006年度科学研究費補助金基盤研究 B・1（研究課題番号15330111・研究代表者＝帆足養右）研究成果報告書）』: 78-79.
森久聡, 2008,「地域政治における空間の刷新と存続――福山市・鞆の浦『鞆港保存問題』に関する空間と政治のモノグラフ」『社会学評論』59-2: 349-368.
森久聡, 2009,「『鞆の浦』の鞆港保存運動――歴史的環境が守る地域社会」鳥越皓之・帯谷博明編『よくわかる環境社会学』ミネルヴァ書房: 133.
森久聡, 2010「鞆港保存問題」『環境総合年表――日本と世界』編集委員会編『環境総合年表――日本と世界』すいれん舎: 286.
森久聡, 2011a,「福山市・鞆の浦――歴史的環境保存運動の蓄積がもたらした画期的判決」舩橋晴俊編『環境社会学』弘文堂: 92.
森久聡, 2011b,「『話し合い』のローカリティ――鞆港保存問題にみる伝統的な地域自治の〈政治風土〉」寺田良一編『日本及びアジア・太平洋地域の環境問題, 環境運動, 環境政策の比較環境社会学的研究（2007-2010年度科学研究費補助金基盤研究 B（研究代表者＝寺田良一）研究成果報告書）』: 133-166.
森久聡, 2011c,「風景と景観」地域社会学会編『キーワード地域社会学』ハーベスト社: 366-367.
森久聡, 2011d,「伝統港湾都市・鞆における社会統合の編成原理と地域開発問題――年齢階梯制社会からみた『鞆港保存問題』の試論的考察」『社会学評論』62-3: 392-410.
森久聡, 2012a,「守ることは創ること――木原啓吉著『歴史的環境』」西城戸誠・舩戸修一編『環境と社会』人文書院: 73-79.
森久聡, 2012b,「社会的記憶を保存する都市空間の生産に向けて――ドロレス・ハイデン著『場所の力――保存と再生』」西城戸誠・舩戸修一編『環境と社会』人文書院: 210-216.

森久聡，2013a，「鞆の浦」中筋直哉・五十嵐泰正編『よくわかる都市社会学』ミネルヴァ書房：12-13.

森久聡，2013b，「歴史的町並み保存」中筋直哉・五十嵐泰正編『よくわかる都市社会学』ミネルヴァ書房：112-113.

森久聡，2014，「現代に生きる〈政治風土〉——鞆港保存問題にみる「話し合い」のローカリティ」嘉本伊都子・手塚洋輔・中田兼介・中山貴夫・霜田求編『現代社会を読み解く』晃洋書房：217-232.

森栗茂一，1985，「鞆の鍛冶集団について」『日本民俗学』157・158：70-80.

森本繁，1985，『歴史紀行　鞆の浦』（芦田川文庫4）芦田川文庫.

森岡清志，1988，「漁業組織と年齢階梯制——社会学的考察」『人文学報』203：59-80.

中野卓，1996，『鰤網の村の400年——能登灘浦の社会学的研究』刀水書房.

中野正大・宝月誠編，2003，『シカゴ学派の社会学』世界思想社.

中筋直哉，2000，「〈社会の記憶〉としての墓地・霊園——『死者たち』はどう扱われてきたか」片桐新自編『歴史的環境の社会学』（シリーズ環境社会学3）新曜社：222-244.

中山善照，1989，『出逢いの海・鞆の浦——まんが物語　福山の歴史』アド・ビジョン．

中澤秀雄，2011，「環境自治体」舩橋晴俊編『環境社会学』弘文堂：199-215.

直野章子，2010，「ヒロシマの記憶風景——国民の創作と不気味な時空間」『社会学評論』240：500-516.

西村幸夫，1997，『環境保全と景観創造——これからの都市風景へ向けて』鹿島出版会.

西村幸夫，2004，『都市保全計画——歴史・文化・自然を活かしたまちづくり』東京大学出版会.

西村幸夫，2005，「岩波講座都市の再生を考える7　コモンズとしての都市」植田和弘・神野直彦・西村幸夫・間宮陽介編『公共空間としての都市』岩波書店：5-27.

似田貝香門・蓮見音彦編，1993，『都市政策と市民生活——福山市を対象に』東京大学出版会.

野田浩資，1996，「〈歴史的環境〉というフィールド——平泉町柳之御所遺跡の保存問題をめぐって」『環境社会学研究』2：21-37.

野田浩資，2000，「歴史都市と景観問題——『京都らしさ』へのまなざし」片桐新自編『歴史的環境の社会学』（シリーズ環境社会学3）新曜社：51-78.

野田浩資，2001，「歴史的環境の保全と地域社会の再構築」鳥越皓之編『自然

環境と環境文化』（講座　環境社会学3）有斐閣：191-215．
Nolan, Jr., James L. and Buckman, Ty F., 1998, "Preserving the Postmodern, Restoring the Past: The Cases of Monticello and Montpelier." *Sociological Quarterly*, 39-2: 253-270.
岡正雄，1996，『異人その他　他十二篇』岩波書店．
岡夕記子・初沢敏生，2001，「つくられる「伝統行事」——須賀川松明あかし」『地域社会学年報』13：169-186．
奥田道大，1983，『都市コミュニティの理論』東京大学出版会．
荻野昌弘，2000，「負の歴史的遺産の保存：戦争・核・公害の記憶」片桐新自編『歴史的環境の社会学』（シリーズ環境社会学3）新曜社：199-220．
荻野昌弘編，2002，『文化遺産の社会学——ルーヴル美術館から原爆ドームまで』新曜社．
沖浦和光，1998，『瀬戸内の民俗誌——海民史の深層をたずねて』（岩波新書新赤版569）岩波書店．
沖浦和光・谷川健一，2000，「対談　瀬戸内に生きた漁民たち」『自然と文化』62：4-21．（財）日本ナショナルトラスト．
大林太良，1996，「社会組織の地域類型」ヨーゼフ・クライナー編『地域性からみた日本——多元的理解のために』新曜社：13-37．
大牟田章，1962，「ギリシャの軍事組織——その形成と発展」石母田正ほか編『古代史講座5　古代国家の構造（下）——財政と軍事組織』学生社：119-227．
Rawls, John, [1971] 1999, *A Theory of Justice*. Cambridge, MA: Harvard University Press.（＝2010，川本隆史・福間聡・神島裕子訳『正義論　改訂版』紀伊國屋書店．）
Relph, Edward, 1976, *Place and Placelessness*. London: Pion.（＝1999，高野岳彦・阿部隆・石山美也子訳『場所の現象学』筑摩書房．）
利光三津夫・森征一・曽根泰教，1980，『満場一致と多数決——ものの決め方の歴史』日本経済新聞社．
Ruskin, John, 1849, *The Seven Lamps of Architecture*. Sunnyside Orpington, Kent: George Allen.（＝1997，杉山真紀子訳『建築の七燈』鹿島出版会．）
Said, Edward W., [1994] 2002, "Invention, Memory, and Place." Mitchell, W. J. T. ed., *Landscape and Power*. Chicago: University of Chicago Press: 241-259.
齋藤純一，2000，『公共性』岩波書店．
関礼子，1999，「自然保護の行為と価値——織田が浜運動を支えた『故郷』と

いう関係性」社会運動論研究会編『社会運動研究の新動向』成文堂: 63-87.

Soja, Edward, 1996, *Thirdspace: Journeys to Los Angeles and Other real-and-imagined Places.* Cambridge, MA: Blackwell.（=2005，加藤政洋訳『第三空間――ポストモダンの空間論的転回』青土社.)

鈴木智香子・中島直人，2006,「歴史的港湾都市・鞆の浦――再生の『まちづくり』の生成」『10+1』45: 107-112.

鈴木博之，1998,『東京の地霊（ゲニウス・ロキ）』（文春文庫す-10-1）文藝春秋.

高橋統一，1958,「日本における年令集団組織の諸類型――社会人類学的覚書」『東洋大学紀要』12: 131-140.

高橋統一，1994,『村落社会の近代化と文化伝統――共同体の存続と変容』岩田書院.

高橋統一，1998,『家隠居と村隠居――隠居制と年齢階梯制』岩田書院.

高橋里香，2002,「歴史的環境の法的保護の可能性――序説」『早稲田法学会誌』52: 195-249.

武田尚子，2002,『マニラへ渡った瀬戸内漁民――移民送出母村の変容』御茶の水書房.

武田尚子，2010,『瀬戸内海離島社会の変容――「産業の時間」と「むらの時間」のコンフリクト』御茶の水書房.

竹元秀樹，2008,「自発的地域活動の生起・成長要因と現代的意義――宮崎県都城市「おかげ祭り」を事例に」『地域社会学年報』20: 89-101.

玉野和志，1987,「生活構造の自立性と『地域』の意味――伝統型消費都市・松阪を事例として」『社会学評論』149: 42-59.

玉野和志，1990,「都市祭礼の復興とその担い手層――『小山両社祭』を事例として」『都市問題』90-8: 25-38.

玉野和志，1996,「都市社会構造論再考」『日本都市社会学会年報』14: 75-91.

玉野和志，2004a,「魅力あるモノグラフを書くために」好井裕明・三浦耕吉郎編『社会学的フィールドワーク』世界思想社: 62-96.

玉野和志，2004b,「都市社会研究の技法」園部雅久・和田清美編『都市社会学入門――都市社会研究の理論と技法』（社会学研究シリーズ―理論と技法―3）文化書房博文社: 251-278.

玉野和志，2005,『東京のローカル・コミュニティ――ある町の物語一九〇〇－八〇』東京大学出版会.

玉野和志，2008,『実践社会調査入門』世界思想社.

田村明, 1987, 『まちづくりの発想』(岩波新書黄版393) 岩波書店.
田村明, 1999, 『まちづくりの実践』(岩波新書新赤版615) 岩波書店.
谷沢明, 1991, 「鞆の町並み」『瀬戸内の町並み――港町形成の研究』未來社: 259-305.
東京大学都市デザイン研究室有志編, 2000, 『鞆雑誌2000――まちづくりってなんだろう?』東京大学都市デザイン研究室有志.
東京大学都市デザイン研究室有志編, 2001, 『鞆雑誌2001――まちづくりってなんだろう?』東京大学都市デザイン研究室有志.
東京大学都市デザイン研究室有志編, 2008, 『鞆雑誌2008――まちづくりってなんだろう?』東京大学都市デザイン研究室有志.
鞆を愛する会, 2005, 『新たな時代へ向けた鞆町のまちづくり――活力ある地域再生と心豊かなまちを目指して(改訂版)』鞆を愛する会.
鳥越皓之, 1982, 『トカラ列島社会の研究――年齢階梯制と土地制度』御茶の水書房.
鳥越皓之, 1997, 『環境社会学の理論と実践――生活環境主義の立場から』有斐閣.
鳥越皓之, 2001, 「市民計画の合意方法――協労と自己決定としてのワークショップ」『地域社会学年報』13: 57-76.
鳥越皓之編, 1989, 『環境問題の社会理論――生活環境主義の立場から』御茶の水書房.
鳥越皓之・嘉田由紀子編, 1984, 『水と人の環境史――琵琶湖報告書』御茶の水書房.
鳥越皓之・帯谷博明編, 2009, 『よくわかる環境社会学』ミネルヴァ書房.
Touraine, Alain, 1980, *L'après socialisme*. Paris: B. Grasset. (=1982, 平田清明・清水耕一訳『ポスト社会主義』新泉社.)
Tuan, Yi-Fu, 1977, *Space and Place: The Perspective of Experience*. Minneapolis: University of Minnesota Press. (=1993, 山本浩訳『空間の経験――身体から都市へ』筑摩書房.)
土屋雄一郎, 2008, 『環境紛争と合意の社会学――NIMBYが問いかけるもの』世界思想社.
鶴見和子・川田侃編, 1989, 『内発的発展論』東京大学出版会.
Urry, John, 1990, *The Tourist Gaze: Leisure and Travel in Contemporary Societies*. London: Sage Publications. (=1995, 加太宏邦訳『観光のまなざし――現代社会におけるレジャーと旅行』(りぶらりあ選書) 法政大学出版局.)

Urry, John, 1995, *Consuming Places*. UK: Routledge.（＝2003，吉原直樹・大澤善信監訳『場所を消費する』（叢書ウニベルシタス769）法政大学出版局.）

和歌森太郎，1981，『和歌森太郎著作集10　歴史学と民俗学』弘文堂.

Weber, Max, 1904, *Die „Objektivität" sozialwissenschaftlicher und sozialpolitischer Erkenntnis*.（＝1998，富永祐治・立野保男訳，折原浩補訳『社会科学と社会政策にかかわる認識の「客観性」』岩波書店.）

山本真希，2004，「まち並み保存運動と空き家」広島女学院大学文学部人間・社会文化学科平成15年度卒業論文.

吉原直樹，2002，『都市とモダニティの理論』東京大学出版会.

吉兼秀夫，1996，「フィールドから学ぶ環境文化の重要性」『環境社会学研究』2: 38-49.

吉兼秀夫，2000，「遺跡保存と住民生活──明日香村の古都保存」片桐新自編『歴史的環境の社会学』（シリーズ環境社会学3）新曜社: 27-48.

湯浅陽一，2005，『政策公共圏と負担の社会学──ごみ処理・債務・新幹線建設を素材として』新評論.

『造景』編集部，2002，「歴史的港湾都市『鞆』の町並み保存」『造景』36: 33-56.

Zorbaugh, Harvey Warren, 1929, *The Gold Coast and the Slum: A Sociological Study of Chicago's Near North Side*. Chicago: The University of Chicago Press.（＝1997，吉原直樹・桑原司・奥田憲昭・高橋早苗訳『ゴールド・コーストとスラム』（シカゴ都市社会学古典シリーズ2）ハーベスト社.）

鞆の浦・鞆港保存問題・まちづくり年表 730-2016

年月日			行政	地元住民
西暦	和暦	月日		道路建設に向けた動き
730年	天平2	12月		
1600年	慶長5			
	江戸期			
	江戸初期			
1640年	寛永17			
1659年	万治2			
1791年	寛政3			
1811年	文化8			
1859年	安政6			
1891年	明治24			
1913年	大正2			
1950年		6月26日	鞆町が都市計画道路・県道関江の浦線（現：県道関松永線）ほか4路線（計5路線）を策定．	
1956年		9月30日	沼隈郡鞆町が福山市と合併．	
1955〜65年	昭和30-40			
1975年			文化財保護法改正によって，伝統的建造物群保存地区制度が発足．	
			福山市教育委員会が「鞆の町並み保存対策委員会」設置．	
1983年	昭和58	10月	広島県福山港地方港湾審議会が埋立計画を承認，埋立面積は4.6ha.	
1985年	昭和60	3月	広島県が1985年度予算に鞆港港湾整備事業費を計上するが，漁業者の反発で3年間据置．	
1987年	昭和62	2月		
1988年	昭和63	5月		
1990年	平成2	9月		「鞆町内会連絡協議会」が福山市長に早期の県道整備を陳情．
1991年	平成3		福山市長選挙で，三好章氏が当選．	
1992年	平成4			
		12月		

地元住民 鞆港保存を求める動き	地元以外の市民団体・大学研究室	歴史的事項・その他	出典
		大伴旅人が九州の大宰府から都に帰る途中鞆に立ち寄り，歌3首を詠む．	谷沢（1991：259）松下編（1994：172）
		領主・福島正則が鞆城を築く際に海を埋め立て大可島が陸続きに．町立てを行う（現：道越町）	谷沢（1991：269）
		江の浦が，船釘や農具の生産で知られる鍛冶屋発祥の地に．	谷沢（1991：266）
		港町，福山藩の軍事上の要衝として鞆をまちづくり．	谷沢（1991：271）
		大可島に燈亭建設，鞆港整備始まる．	谷沢（1991：267）
		西町の中村家が保命酒を製造販売．江戸時代中期から福山藩の御用酒となり，現在の保命酒に．	谷沢（1991：278）
		大可島から長さ50間の波止，淀姫神社から20間の波止を築く．	谷沢（1991：267）
		築港工事で名高い工楽松右衛門を幡州高砂から招き，本格的改修工事．現在に至る鞆港の基礎形成．	谷沢（1991：267）
		鞆港南端の高燈籠を再建，現在に至る．	谷沢（1991：267）
		山陽鉄道が笠岡をへて尾道まで延長．陸路の幹線を外れる	谷沢（1991：280）
		鞆-福山間に鞆軽便鉄道開通．	谷沢（1991：290）
			福山市都市部都市計画課（1998：34）
			福山市史編纂会（1978：1103）
		海を埋め立て5万5千坪の鉄鋼団地造成．鍛冶町の鍛冶屋が移転．	谷沢（1991：269）
			片桐（2000：86）
			片桐（2000：86）
			『造景』編集部（2002：46）
			『造景』編集部（2002：46）片桐（2000：91）
「鞆クラブ」のO氏と「鞆観光事業研究会」のM氏が中心となり「鞆鉄鋼青年部」を巻き込み「鞆を愛する会」結成．			片桐（2000：87）
「いろは丸」を引き上げるための潜水調査開始．			片桐（2000：89）
			芸備地方史研究会（1995a：30）
「鞆の自然と環境を守る会」「歴史的港湾鞆港を保存する会」「鞆の浦・海の子」がそれぞれ発足．			山本（2004）
「愛する会」が埋め立て・架橋計画に反対し，山側トンネル案を盛り込んだ提言書「21世紀をめざす鞆のまちづくり」を県と市に提出．			片桐（2000：91）『造景』編集部（2002：46）

年月日			行政	地元住民
西暦	和暦	月日		道路建設に向けた動き
1993年	平成5	2月	広島県鞆地区道路港湾計画検討委員会が埋め立て・架橋案を了承．埋立面積を当初の約半分（2.32ha）とする．	「鞆港整備並びに県道建設期成同盟会」が「鞆町内会連絡協議会」会長，「鞆鉄鋼協同組合連合会」理事長，「鞆医師会」代表，鞆町各町内会長一同など連名で，4,393人分の署名（鞆住民以外を含む8,178人）を市に提出．
		10月		
		11月	広島県知事選挙で，藤田雄山氏が当選．	
1994年	平成6	2月		広島県の「検討委員会」が提案した計画を鞆の浦漁協が内諾．
		5月9-12日		
		6月		〈道路建設派〉〈鞆港保存派〉住民
		9月4・5日		
		10月		町民運動会役員に「愛する会」メンバーがいることを理由に，3町内会が運動会をボイコット．
		10月		
		12月		「鞆港整備並びに県道建設期成同盟会」が県知事に計画の早期実施を陳情．
		12月		「明日の鞆を考える会」発足．
1995年	平成7	1月17日	福山市長が鞆地区町内会長22名の賛同を得て，計画早期着工を広島県知事に要望．	
		1月28日	広島県副知事が，計画推進，反対両派の住民の意見聴取．懇談会を開催．	
		2月21日	福山市長が計画の早期実現を広島県に要望．広島県知事が福山市長に鞆地区のマスタープラン策定を要請．	
		4月		県福山港地方港湾審議会が埋立面積を当初の約半分とする埋め立て・架橋案を承認．「明日の鞆を考える会」結成大会で県の変更案を推進決議．
		10月	福山市鞆地区まちづくりマスタープラン策定委員会が初会合．	
1996年	平成8	1月30日	広島県鞆地区道路港湾景観検討委員会が「鞆地区景観形成基本方針案」をまとめる	
		3月	福山市が鞆地区まちづくりマスタープランを策定．	
1997年	平成9			
		5月		
1998年	平成10	3月	鞆地区道路港湾景観検討委員会が，埋め立て・架橋の最終デザイン案を提出．「迎賓都市」として建設推進を提示．	
		5月	広島県教育委員会が埋立部分の一部について，近世港湾施設「焚場」である可能性が高いとの調査結果を発表．	
		7月		
		10月		

地元住民 鞆港保存を求める動き	地元以外の市民団体・大学研究室	歴史的事項・その他	出典
			片桐 (2000:94)
「歴史的港湾鞆港を保存する会」が学者,文化人500人分の署名を国,県,市に提出.「愛する会」「守る会」「海の子」も署名6,821人分(鞆住民以外を含む)を福山市に提出.			片桐 (2000:91-92)・『造景』編集部 (2002:46)
			片桐 (2000:94)
	池田武邦氏らと住民団体が会合.計7回,12団体のべ144名参加.		池田 (1998:58-59)
が第1回住民集会を開催.			鞆の浦を世界遺産にする会 (2004/11/20)
	池田武邦氏らと住民団体が会合.計2回,参加のべ64名.		池田 (1998:58-59)
			片桐 (2000:94)
〈鞆港保存派〉住民が第2回住民集会を欠席.			鞆の浦を世界遺産にする会 (2004/11/20)
			芸備地方史研究会 (1995a: 30-31)
			『造景』編集部 (2002: 46)
			芸備地方史研究会 (1995b:53)
			『造景』編集部 (2002: 46),芸備地方史研究会 (1995b:53)
			『造景』編集部 (2002: 46),芸備地方史研究会 (1995b:53)
			『造景』編集部 (2002: 46)
			『造景』編集部 (2002: 46)
			池田 (1998:58)
			『造景』編集部 (2002: 46)
「鞆の浦・海の子」が全国町並み保存連盟に加入.			『造景』編集部 (2002: 46)
「鞆の浦・海の子」が第20回全国町並みゼミ村上大会に参加.	第20回全国町並みゼミ村上大会で鞆港埋め立て・架橋計画反対決議		『造景』編集部 (2002: 46)
			長谷川 (2001:78)
			長谷川 (2001:78)
「鞆の浦・海の子」が第1回鞆の浦歴史探訪の旅「中世に見る武士と町民の町鞆の浦を歩く」を開催			山本 (2004)
「鞆の浦・海の子」が第21回全国町並みゼミ東京大会に参加.	第21回全国町並みゼミ東京大会で鞆埋め立て・架橋計画の反対決議		『造景』編集部 (2002: 46)

年月日			行政	地元住民
西暦	和暦	月日		道路建設に向けた動き
1999年	平成11	2月17日	県知事が鞆町内会連絡協議会や福山市長に, 鞆港の埋立面積縮小案(2ha)を提示. 焚場遺構の8割保存に計画変更.	
		6月	県港湾福山土木事務所が地元説明会を開催.	
		8月		
		10月頃	福山市が, 1950年の都市計画道路・県道関江の浦線の代替道路として, 埋め立て・架橋と道路建設が必要, 代替道路なければ重伝建地区を申請しないと表明.	
		12月		
		12月	広島県港湾福山土木事務所が, 鞆町内会連絡協議会, 鞆の浦漁協, 鉄鋼連合会, 「明日の鞆を考える会」と個別の会合を開催.	
2000年	平成12	1月		
		2月4日	広島県福山地方港湾審議会が計画縮小案を承認	
		2月		
		3月5日		
		6月		
		8月		
		10月		
		12月		
2001年	平成13	6月24日		
		7月		
		7月28日		
		8月8日	福山市が第3回鞆町住民全体説明会を開催. 町民約450名参加.	
		8月5日		
		9月23日		
		9月18日		鞆の浦漁協が鞆港埋め立てに同意.
		10月11日		

地元住民 鞆港保存を求める動き	地元以外の市民団体・大学研究室	歴史的事項・その他	出典
			『造景』編集部（2002: 46）
			『造景』編集部（2002: 46）
	日本大学・伊東研究室が第1回港湾施設を調査.		『造景』編集部（2002: 46）
			長谷川（2000:84）
「鞆の浦・海の子」が第2回鞆の浦歴史探訪の旅「紀行文に見る鞆の浦を歩く」開催.			山本（2004）
			山本（2004）
「愛する会」「保存する会」「守る会」「海の子」が港湾計画変更の諮問中止を求める要望書を県知事など4者に提出.			『造景』編集部（2002: 46）
			長谷川（2000:83）
〈鞆港保存派〉4団体が，県福山地方港湾審議会が承認した計画案の事業化に反対する要望書を県知事など4者に提出.			『造景』編集部（2002: 46）
	芸備地方史研究会がシンポジウム「失われゆく港湾都市の原像―鞆の浦の歴史的価値をめぐって」を鞆公民館で開催．100名超参加．		芸備地方史研究会（2000c:54）
	東京大学・西村研究室有志が鞆調査を実施.		『造景』編集部（2002: 46）
「鞆の浦を世界遺産に」の街頭署名を福山駅前で集める.	日大・伊東研究室が第2回鞆港施設（焚場）調査，東大・西村研究室有志が鞆調査を実施.	共産党国会議員20名余が，鞆港を視察.	『造景』編集部（2002: 46）
	東大・西村研究室，鞆の浦の調査結果を発表する「T-HOUSE」開催.		『造景』編集部（2002: 46）
「鞆の浦・海の子」が第3回「鞆の浦歴史探訪の旅」開催．約90名参加.	日大鞆班，調査のため来鞆.		『造景』編集部（2002: 46）
「鞆の浦海の子」が第1回鞆学校「クイズdeウォークラリー」開催.			第25回全国町並みゼミ　鞆の浦大会実行委員会（2003: 23）
元町住民ほか〈鞆港保存派〉が，元町地区住民説明会の申入れ書を県知事と市長に提出.			『造景』編集部（2002: 46）
「鞆の浦・海の子」が第2回鞆学校「御手火祭り～祭りの由来と習慣～」開催.			第25回全国町並みゼミ　鞆の浦大会実行委員会（2003: 23）
第3回鞆町住民全体説明会の冒頭で，〈鞆港保存派〉江の浦元町一町内会長が地元への事前説明がなかったと抗議．元町住民らが抗議文を渡し，退出.	日本科学者会議開催．シンポジウム「瀬戸内再生灯台　鞆の浦」．		『造景』編集部（2002: 46），長谷川博史（2001: 79）
「鞆の浦・海の子」が第3回鞆学校「鞆の魅力発見：石組みを描く」開催.			第25回全国町並みゼミ　鞆の浦大会実行委員会（2003: 23）
「鞆の浦・海の子」が第4回鞆学校「町なかのお宝探し！港の生きものと遊ぶ」開催			第25回全国町並みゼミ　鞆の浦大会実行委員会（2003: 23）
			『造景』編集部（2002: 46）
		世界文化遺産財団World Monument Watchの選定決定.	『造景』編集部（2002: 46）

年月日			行政	地元住民 道路建設に向けた動き
西暦	和暦	月日		
2001年	平成13	10月21日		
		10月31日		鞆町内会連絡協議会などが，事業推進の決起大会を鞆公民館で開催．約500名参加．
		11月14日		鞆町内会連絡協議会などの代表5名が，決起大会の決議文を県に手渡し，早期着工を要求．
		11月25日		
		11月28日		
		12月		
2002年	平成14	1月25日	第5回福山市伝統的建造物群保存地区保存審議会で，重伝建地区選定に向けた鞆地区保存計画案を報告．保存地区の範囲は8.6ha．	
		1月27日		
		1月31日		
		2月		
		4月14日		
		5月12日		
		5月29日		
		6月3日	福山市議会文教経済委員会で，福山市が重伝建地区選定申請の目標を2002年12月に延長意向．	
		6月30日		
		7月14日		
		7月28日	市教育委員会が「鞆・町並み保存講演会」を鞆公民館で開催．講演者は三浦正幸・広島大学大学院教授．地元住民約70名参加．	
		7月31日		
		8月25日		

地元住民 鞆港保存を求める動き	地元以外の市民団体・大学研究室	歴史的事項・その他	出典
「鞆の浦・海の子」が第5回鞆学校「鞆の『縁の下の力持ち』大工さんに学ぼう～大工さんと巡る・つくる～」開催.	東大生主催「T-HOUSE」同時開催.		第25回全国町並みゼミ 鞆の浦大会実行委員会（2003：23）
			『造景』編集部（2002：46）
			『造景』編集部（2002：46）
「鞆の浦海の子」が第6回鞆学校，第4回鞆の浦歴史探訪の旅を開催.			第25回全国町並みゼミ 鞆の浦大会実行委員会（2003：23）
江の浦元町一町内会が，埋め立て・架橋計画の白紙撤回を県と市に要望.			『造景』編集部（2002：46）
		埋め立て・架橋計画実施のための配水管利用，境界線確定の同意が必要な土地のうち，「鞆町鞆江浦町浦方組」名義の共有地で，埋立事業許可の条件である全員合意がないことが判明.	『造景』編集部（2002：46）
			『造景』編集部（2002：46）
「鞆の浦海の子」が第7回鞆学校「お宝発見！探そう，自分だけの宝」開催.			第25回全国町並みゼミ 鞆の浦大会実行委員会（2003：23）
江の浦元町一町内会が裏方組の土地境界確定同意に異議申し立て.			山本（2004）
「鞆の浦・海の子」が第8回鞆学校「お弓行事見学と長老のお話」開催.			第25回全国町並みゼミ 鞆の浦大会実行委員会（2003：23）
「鞆の浦・海の子」が第9回鞆学校「春の鞆を描く」開催.			第25回全国町並みゼミ 鞆の浦大会実行委員会（2003：23）
「鞆の浦・海の子」が第10回鞆学校「町なかのお宝さがし！春の港の生きものと遊ぶ」開催.			第25回全国町並みゼミ 鞆の浦大会実行委員会（2003：23）
		World Monument Watchが鞆の浦を視察. 福山市に鞆港保全の技術的，経済的支援を申し出.	中国新聞2002年5月30日
			中国新聞2002年6月26日
「鞆の浦・海の子」が第11回鞆学校「茅の輪くぐりと長老のお話」開催.			第25回全国町並みゼミ 鞆の浦大会実行委員会（2003：23）
「鞆の浦・海の子」が第12回鞆学校「鞆の地図をつくろう！～お店屋さん編～」開催.			第25回全国町並みゼミ 鞆の浦大会実行委員会（2003：23）
			中国新聞2002年7月29日
江の浦元町一町内会が，裏方組の土地境界確定同意に異議申し立ての記者会見.			山本（2004）
「鞆の浦・海の子」が第13回鞆学校「鞆の地図をつくろう！鞆の町名の由来を聞く」開催.			第25回全国町並みゼミ 鞆の浦大会実行委員会（2003：23）

年月日			行政	地元住民 道路建設に向けた動き
西暦	和暦	月日		
2002年	平成14	9月3日	広島県,県教育委員会,福山市などが「全国町並みゼミ鞆の浦大会」を後援しないことを決定.「大会で計画への反対意見が出る可能性もあり,後援することで地域を混乱させかねない」と説明.	
		9月20-22日		
2003年	平成15	1月23日		
		1月		
		4月20日		
		6月1日		
		8月		
		9月2日	福山市長,計画同意を拒否している地権者の説得を断念したことを明らかにする.	
2004年	平成16	5月28日		
		6月10日		〈道路建設派〉 4団体の「鞆地区道路港湾整備早期実現期成同盟会」が,福山市と県福山地域事務所に4,161人分の署名と計画実現を求める要望書を提出.
		9月5日	福山市長選挙で,前市助役で鞆出身の羽田皓氏が初当選.	
		9月6日	福山市長,公有水面埋立法の解釈の変更を広島県・国に求める方針を表明.	
		9月6日		
		10月17日		
2005年	平成17	1月26日	福山市長が,国土交通省に排水権の完全同意なしの事業推進を要望.	
		1月26日	国土交通省港湾局長「(同管理課は)排水権同意が揃わなくても事業を推進できるが,円滑に進めるにはある方が望ましい」.	
		6月16日	福山市が,地元住民を対象にした意見交換会を鞆公民館で開催.	〈道路建設派〉 4団体11人が意見交換会出席.
		7月29日		
		7月	福山市・広島県が,埋立免許の願書を整えるための環境影響調査に着手.	
		8月22日		
		8月27日	福山市が〈鞆港保存派〉の要望書に「予定通り開催」と回答.	
		8月30日	福山市が「鞆町まちづくり意見交換会」を鞆公民館で開催.約130人参加.市長,担当部局,計13名出席.	
		10月14日	福山市が埋め立て・架橋計画を推進するサイト「鞆町のまちづくり」開設.	
		10月24日		

地元住民 鞆港保存を求める動き	地元以外の市民団体・大学研究室	歴史的事項・その他	出典
			中国新聞2002年9月4日
全国町並みゼミ鞆の浦大会開催.			朝日新聞2002年9月21日
「鞆の浦・海の子」がNPO法人「鞆まちづくり工房」に改組,設立総会を開催.			山本（2004）
「鞆まちづくり工房」がWorld Momument Watchの「危機に瀕している文化遺産」リストの登録更新を申請.			朝日新聞2003年9月26日
「鞆まちづくり工房」が第14回鞆学校「空き家から交差点へ 其の一」開催.			山本（2004）
「鞆まちづくり工房」が第15回鞆学校「空き家から交差点へ 其の二」開催.			山本（2004）
「鞆まちづくり工房」が,坂本龍馬が滞在した「旧魚屋萬蔵宅」を買い取る.			日経新聞2004年2月11日
			朝日新聞2003年9月3日
		アメリカン・エキスプレスが「鞆まちづくり工房」の空き家保存・修復事業に10万ドル拠出を発表.	日経新聞2004年5月29日
			中国新聞2004年9月7日
			日経新聞2004年9月7日
			中国新聞2004年9月7日
「鞆まちづくり工房」が「第2回港町ネットワーク・瀬戸内」を鞆町で開催.			鞆まちづくり工房ホームページ
「鞆まちづくり工房」が,ICOMOS-CIAVの鞆の浦訪問ツアーでコーディネーター役を務める.		ICOMOS-CIAVが鞆の浦を訪問. 愛媛県で年次会議終了後,ポストカンファレンスツアー.	ICOMOS Thailand (2005/1/23)
			中国新聞2005年1月27日
			中国新聞2005年1月27日
〈鞆港保存派〉4団体が意見交換会欠席「開催趣旨が明確でない」「事業推進を前提とした話し合いは参加できない」.			中国新聞2005年6月17日
	「水中考古学研究所」が「いろは丸」第4次調査をスタート.		中国新聞2005年8月30日
			中国新聞2006年2月2日
〈鞆港保存派〉5団体が3回目の意見交換会について,開催方法,趣旨などの変更を求める要望書を市に提出.			中国新聞2005年8月26日
			中国新聞2005年8月29日
〈鞆港保存派〉2団体が「鞆町まちづくり意見交換会」出席. 別の2団体は抗議書を渡し,退席.			中国新聞2005年8月31日
			中国新聞2005年10月15日
		ICOMOSが中国・西安市の総会で,国・広島県・福山市に埋め立て・架橋計画の放棄を求める決議を採択したと発表.	中国新聞2005年10月25日

年月日			行政	地元住民 道路建設に向けた動き
西暦	和暦	月日		
2005年	平成17	10月		
		11月1日	福山市長がICOMOS決議文に対して計画推進を表明「鞆町の課題を解決し,港湾施設なども保存できる」.	
		11月4-6日		
		11月28日		
2006年	平成18	1月19日		
		2月6日	福山市は,市に寄せられた埋め立て・架橋計画に関する意見などの報告会を鞆公民館で開催.約130名参加.市助役,建設局長など10名出席.	
		2月		
		3月2日	広島県は,全排水権利者の同意が得られないまま,埋立免許出願を視野に準備の方針を表明.	
		6月20日		
		10月		
		11月14日		
		11月29日		
		11月	県と市が事業説明パンフレット作成.埋め立て・架橋計画完成予想図の合成写真を20枚掲載.	
		12月1日	福山市長「早期に道路計画に着手したい」.鞆町の町並み保存基金創設の方針も決定.	
2007年	平成19	1月25日	県と市が,埋立免許申請に向けて,鞆港西側の国有地の測量調査を実施.	
		2月		
		3月16日		

地元住民 鞆港保存を求める動き	地元以外の市民団体・大学研究室	歴史的事項・その他	出典
「鞆まちづくり工房」「鞆を愛する会」など〈鞆港保存派〉9団体が，埋め立て・架橋計画の見直しを求めるホームページ開設．			中国新聞2005年10月21日
			中国新聞2005年11月2日
	東大院・都市デザイン研究室と日大・伊東研究室が「鞆まちづくり博覧会」で各研究室の調査結果を公表．		中国新聞2005年11月5日
	ＩＣＯＭＯＳ前野まさる委員が県と市を訪問，計画見直しを求める要望書を提出．		中国新聞2005年11月29日
「福山まちづくり円卓会議」が「瀬戸内海を世界遺産にしよう会」を設立．発足時の会員数約70名．			中国新聞2006年1月12日，朝日新聞2006年11月25日
〈鞆港保存派〉3団体が市の報告会不参加．「鞆の自然と環境を守る会」参加．			中国新聞2006年2月7日
「鞆まちづくり工房」のプロジェクトによって，鞆町内の空き家を利用した店舗2軒がオープン．空き家再生の実績は計8軒．			中国新聞2006年2月13日
			中国新聞2006年3月2日
〈鞆港保存派〉9団体が計画の再考を求める1万2,680人分の署名を市，県，国交省中国地方整備局に提出．署名は，鞆町の約3割，鞆港周辺では約半数の世帯に及ぶという．			朝日新聞2006年6月21日
「鞆まちづくり工房」が「鞆・町家エイド」基金を設立．映画監督宮崎駿氏，大林宣彦氏，作家C・W・ニコル氏ら呼びかけ人．寄付目標1億円．東洋文化研究家A・カー氏「鞆を壊すのは日本に文明がない証拠」．			朝日新聞2006年10月20日，朝日新聞2007年2月10日
「瀬戸内海を世界遺産にしよう会」準備委員会が，市内で5度目のセミナー開催．県内外約80名参加．会員約300名．			朝日新聞2006年11月25日
	ＩＣＯＭＯＳが各種委員会などの国際会議を広島市で開催．埋め立て・架橋計画の放棄と代替策の検討を求める勧告を採択．		朝日新聞2006年11月30日
			中国新聞2006年11月15日
			朝日新聞2006年12月2日34面 中国新聞2006年12月2日
県と市の測量調査に，江の浦元町一町内会の住民ら約20名が強く抗議．			朝日新聞2007年1月26日24面
		古都保存財団など「美しい日本の歴史的風土100選」に選定．	朝日新聞2007年4月25日28面
〈鞆港保存派〉9団体が「鞆の世界遺産実現と活力あるまちづくりをめざす住民の会」を結成．	学者・文化人が「鞆の世界遺産実現と活力あるまちづくりをめざす住民の会」を支援する会を結成．映画監督・大林宣彦氏，伊東孝・日本大学教授，池田武邦・日本設計名誉会長，ＩＣＯＭＯＳ国内委員長前野まさる・東京芸大名誉教授が記者会見．作家C.W.ニコル氏，東洋文化研究家アレックス・カー氏，陣内秀信・法政大教授，フンク・カロリン・広島大助教授ほか呼びかけ人．		朝日新聞2007年3月17日28面 鞆の世界遺産実現と活力あるまちづくりをめざす住民の会ホームページ

年月日			行政	地元住民
西暦	和暦	月日		道路建設に向けた動き
2007年	平成19	3月17日		
		4月24日		
		5月23日	広島県・福山市が，埋め立て・架橋計画の埋立免許許可を県知事に申請．	
		7月2日	埋め立て・架橋計画差し止め訴訟で，広島県が差し止めの根拠となる損害は発生しないなど，原告の訴え却下を求める答弁書を提出．争う姿勢を示す．	
		7月18日	福山市が町並み保存補助事業の再開を，町内会連絡協議会に通知．市教委の担当者が協議会総会に出席し説明．	
		7月26日		
		8月1日		
		9月2日		
		9月6日		
		9月	福山市長が，鞆町の町並み保存のため，重伝建地区選定めざして具体的手続きを進めると表明．	
		9月12日		「期成同盟会」が，埋め立て・架橋計画の早期完成を求める請願書，4,105人分の署名，鞆町内の事業所で働く1,020人分の署名を福山市議会議長に提出
		9月15日		
		9月19日	福山市議会が，埋め立て・架橋計画の早期完成を求める「期成同盟会」の請願を賛成多数で採択．	
		9月24日		
		9月25日	広島県議会で県土木部長「（福山市議会の計画実現の請願採択を）地元の大多数の住民が，埋め立て・架橋の実現を望んでいる」計画推進を改めて回答．	
		9月26日		
		11月22日	県が原告に反論．「埋立地域は名勝に指定されておらず公有水面埋立法に反しない，鞆港は自然海浜ではなく「自然破壊」にならない」．福山市が訴訟に補助参加．	
		11月		
		12月3日		

地元住民 鞆港保存を求める動き	地元以外の市民団体・大学研究室	歴史的事項・その他	出典
	平山郁夫氏が埋め立て・架橋計画について懸念。「進めるのなら文化遺産を破壊するという覚悟でやらねばならない」.		朝日新聞2007年3月18日28面
地元住民ら163人が，県知事を相手に，埋立免許を県も市に交付しないよう求める訴訟（鞆の浦埋め立て・架橋計画差し止め訴訟）を広島地裁に起こす.			朝日新聞2007年4月25日28面
			朝日新聞2007年5月24日28面
差し止め訴訟の原告団長O氏が意見陳述「港町の原風景と一体となって織りなす浜辺の生活の姿があることが私たち鞆の浦の住民の誇りだ」.		広島地裁埋め立て・架橋計画差し止め訴訟第1回口頭弁論.（能勢顕男裁判長）.	朝日新聞2007年7月3日28面
			中国新聞2007年7月19日28面
「鞆の世界遺産実現と活力あるまちづくりをめざす住民の会」4名が広島県免許申請書の縦覧で，事業の損益比較の書類がないことに抗議.			中国新聞2007年7月27日24面
「鞆の世界遺産と活力あるまちづくりをめざす住民の会」が1,770人分の埋め立て・架橋計画反対の意見書を県に提出.			中国新聞2007年8月8日28面
	「瀬戸内海の環境を守る連絡会」などが，埋め立て・架橋計画を考える集会開催．鞆公民館．中国・四国・関西から約60名参加.		中国新聞2007年9月2日29面
埋め立て・架橋計画差し止め訴訟原告が，計画に反対するICOMOS報告書を証拠として広島地裁に提出.		広島地裁埋め立て・架橋計画差し止め訴訟第2回口頭弁論.	フィールドノーツ
			朝日新聞2006年11月25日35面
			中国新聞2007年9月13日28面
「鞆の自然と環境を守る会」が広島ユネスコ協会の文化講座に参加.	広島ユネスコ協会が文化講座開催．広島国際学院大学．文化遺産としての鞆の浦の価値を学ぶ．同協会会員ら約40名参加.		朝日新聞2007年9月16日26面
「鞆の世界遺産と活力あるまちづくりをめざす住民の会」が，埋め立て・架橋計画の中止と世界遺産登録の準備を求める陳情書を，福山市議会議長に提出.			中国新聞2007年9月19日28面
「鞆の世界遺産と活力あるまちづくりをめざす住民の会」ほか市内の住民6団体が，伝統的建造物群保存地区選定の範囲拡大の要望書を文化庁，県，市に提出.			中国新聞2007年9月26日23面
	ICOMOS国内委員会が，伝統的建造物群保存地区選定手続きについて，慎重に範囲を決定するように求める要望書を，文化庁，県，市に提出.		朝日新聞2007年9月26日24面・中国新聞2007年9月26日23面
鞆町住民らが埋立免許交付の仮差し止めを申し立てる原告団を結成，広島地裁に訴訟を起こす（仮差し止め請求訴訟）.			朝日新聞2007年9月27日28面
仮差し止め請求訴訟の原告陳述．西村幸夫・東大教授の意見書をもとに「埋立は町並みや後背地の山を含む鞆の景観を損なう」と主張.		広島地裁埋め立て・架橋計画差し止め訴訟第3回口頭弁論.	中国新聞2007年11月23日
「鞆まちづくり工房」が旧魚屋萬蔵宅を一般公開.			朝日新聞2007年11月25日32面
「住民による鞆町交通量調査」実行委員会が，調査結果を公表．「交通渋滞そのものが存在しない」と結論.			朝日新聞2007年12月4日28面

年月日			行政	地元住民
西暦	和暦	月日		道路建設に向けた動き
2007年	平成19	12月21日	福山市議会で，公有水面埋立法に基づく埋立免許交付手続きにおいて，埋立に異議がない旨を知事に回答するための議案提出．45人中39人賛成，可決．	
		12月26日	広島県港湾管理室が「鞆の世界遺産実現と活力あるまちづくりをめざす住民の会」提出の1万2,700人分の計画反対意見書を不適正と判断，不採択．	
		12月27日		
		12月28日	福山市長が，市議会で可決された議決の写しと埋立に異議がない旨の回答書を県知事に提出．	
2008年	平成20	1月16日		
		2月18日		
		2月28日		
		2月29日		
		3月14-16日		
		3月19日		
		3月21日		
		3月31日	福山市は鞆中心部（8.6ha）を伝統的建造物群保存地区に指定．新築や改築様式を条例で規制する一方，費用の一部を助成．	
		3月	広島県は，福山市の伝統的建造物群保存地区の指定に伴い，県道関松永線の都市計画道路の事業廃止を決定．	
		4月18日		
		4月24日		
		5月27日		
		6月19日	福山市長が市議会で，「登録要件を満たしていない」と世界遺産認定に消極的．	
		6月23日	広島県知事が公有水面埋立免許許可を国交相に申請．福山市長「鞆町のまちづくりに向けて一日も早い認可を願う」．	「明日の鞆を考える会」会長「ようやくここまで来たのかと安堵している．国には早く認可してもらいたい」．

地元住民 鞆港保存を求める動き	地元以外の市民団体・大学研究室	歴史的事項・その他	出典
			朝日新聞2007年12月22日32面
			中国新聞2007年12月1日
		広島地裁埋め立て・架橋計画差し止め訴訟第4回口頭弁論.	フィールドノーツ
			朝日新聞2007年12月29日29面
「世界遺産登録をめざすまちづくりプロジェクト」が世界遺産登録と計画中止を求める署名活動を開始. 「鞆まちづくり工房」「瀬戸内海を世界遺産にしよう会」準備委員会など, 市内外約20名参加			朝日新聞2008年1月16日28面
「鞆の世界遺産実現と活力あるまちづくりをめざす住民の会」は, 福山市が2008年度当初予算案に埋立関連事業費約4900万円を計上したことに抗議し, 撤回を求める申入れ書を市に提出.			中国新聞2008年2月18日
		広島地裁埋め立て・架橋計画差し止め訴訟第5回口頭弁論.	フィールドノーツ
仮差し止め請求訴訟の原告団長「訴訟却下は残念だが, 多くの主張が認められている」と評価.		広島地裁が, 仮差し止め請求を「緊急の必要性があるとはいえない」と却下. 原告団163人中160人に原告適格, 鞆港周辺住民に景観利益を認める. また, 原告98人全員の排水権, 67人中63人の景観利益を認める.	朝日新聞2008年3月4日30面 中国新聞2008年3月4日
	東大院・都市デザイン研究室有志と日大・理工学部都市環境計画研究室が「港町交叉展」開催. 鞆町内, 瀬戸内海の港町の歴史や町並みの調査結果を発表.		中国新聞2008年3月15日
「鞆の世界遺産実現と活力あるまちづくりをめざす住民の会」の原告14人が, 広島県空港港湾部の担当者と面会. 広島地裁の決定を受け止め, 埋立免許を交付しないよう求める要望書を提出.			中国新聞2008年3月20日
	文化財保存全国協議会は鞆港埋め立て・架橋計画の中止などを求める要望書を県知事, 市長に提出.		中国新聞2008年3月21日
			中国新聞2008年4月1日
			中国新聞2008年4月1日
「世界遺産登録をめざすまちづくりプロジェクト」の計画中止と世界遺産登録を求める署名が6万人分超.			中国新聞2008年4月18日
		広島地裁埋め立て・架橋計画差し止め訴訟第6回口頭弁論.	フィールドノーツ
「鞆まちづくり工房」が修復作業を進めていた「旧魚屋萬蔵宅」が旅館「御舟宿いろは」としてオープン.			朝日新聞2008年5月30日30面
「世界遺産登録をめざすまちづくりプロジェクト」の計画中止と世界遺産登録を求める署名が8万人分超.		広島地裁埋め立て・架橋計画差し止め訴訟第7回口頭弁論. 裁判長が進行協議の一環として鞆町視察の方針を表明.	中国新聞2008年6月20日
差し止め訴訟原告団長「国への認可申請は想定内のことだが, 係争中に手続きだけを一方的に進めるのは問題」.			朝日新聞2008年6月24日32面

年月日			行政	地元住民
西暦	和暦	月日		道路建設に向けた動き
2008年	平成20	6月24日		
		7月10日		〈道路建設派〉4団体がＩＣＯＭＯＳ国内委員会の抗議声明を遺憾として，(1)鞆が世界遺産に値するのか，(2)世界遺産登録のメリットなど，公開質問状を送付．
		7月14-18日	福山市教育委員会が，伝統的建造物群保存地区内の住民対象の町並み保存説明会を計4回開催．初回約20人参加．	
		7月28日		
		8月10日	福山市長選挙で，現職の羽田皓氏が再選．埋め立て・架橋計画の推進などを公約．有権者数37万1499人，投票率29.34%(前回48.19%)．	
		8月27日		
		8月28日	差し止め訴訟被告の県が準備書面で反論．「景観の保全が何事にも優先するかのような景観至上主義は取らない」など．	
		8月	国交省中国地方整備局は，埋立免許の認可申請に関して，関係権利者の全同意を満たさない異例のケースとして，8分野30数項目の補足説明を求める質問書を広島県に送る．	
		10月4日		
		10月16日	差し止め訴訟被告の県と補助参加の市が，車が離合できない県道の狭さなどを裁判官に主張．視察後，県と市担当者ら7人が鞆公民館で記者会見．「道路の混雑状況を見てもらえた．地元が抱える課題は理解してもらえた」．市土木部次長「できれば朝夕のラッシュ時の状況も見てもらいたかった」．	
		10月17日	ＩＣＯＭＯＳ勧告決議について広島県議会建設委員会で，県空港港湾部長「計画が鞆の価値を損なうと先入観で見られて非常に困る」．	
		10月20日	県知事「人が住んでこその鞆の町で，無人の町に価値はない，(部外者である)学者たちの意見を聞く必要は全くない」「(計画実現すれば)海から町並みや常夜燈を見てもらえる」「(雁木は)こんなのはどこにでもある」「どういう観点から物を見ていくかが重要」．	
		10月30日		
		11月4日	ＩＣＯＭＯＳ勧告決議について福山市長「鞆の価値が高く評価された」「(世界遺産登録は)架橋反対の錦の御旗として部外者や地元の少数の人によってつくられた」「大多数の住民の思いは計画の早期実現だ」．	

地元住民 鞆港保存を求める動き	地元以外の市民団体・大学研究室	歴史的事項・その他	出典
差し止め訴訟原告団と住民団体が、県知事の国交相への埋立免許認可申請に、連名で抗議声明を提出.	前野まさるICOMOS国内委員長が行政へ抗議声明.「支援する会」池田武邦代表、西村幸夫東大教授ら4人も同様の声明発表.		中国新聞2008年6月25日
			中国新聞2008年7月12日 中国新聞2008年7月29日
			中国新聞2008年7月15日
	ICOMOS国内委員会が〈道路建設派〉公開質問状に回答.鞆の歴史的町並みは文化遺産として高い価値があり「世界遺産級」と指摘.世界遺産に登録されれば、行政の支援を受けて次世代に伝えることができると説明.		中国新聞2008年7月29日
		中国新聞意識調査で、埋め立て・架橋計画「賛成」「どちらかといえば賛成」52人、「反対」「どちらかといえば反対」48人.市議会46人中41人賛成.	中国新聞2008年8月11日
	ICOMOS国内委員会が埋立免許不認可の要望書を国交省に提出.「世界遺産級の文化遺産が破壊される」「認可した場合、国際的批判は避けられない」と強調.		中国新聞2008年8月28日
差し止め訴訟原告が意見陳述「鞆まちづくり工房」I氏「守りたい景観とは、町並みや景色だけでなく、その中で日々繰り広げられる素朴な人間らしい営み」.		広島地裁埋め立て・架橋計画差し止め訴訟第8回口頭弁論.	朝日新聞2008年4月12日38面
			中国新聞2009年3月3日
	ICOMOSはケベックでの総会で、埋め立て・架橋計画の撤回を求める2度目の勧告決議を採択.勧告文で、計画を撤回し、代替案を再検討するよう要請.		中国新聞2008年10月17日
差し止め訴訟原告が架橋イメージ写真を裁判官に示す.架橋位置にブイを設置して景観への影響を説明.原告団長「素晴らしい景観を実感してもらえたのではないか.鞆の将来のため正しい評価をしていただけることを期待している」「世界の中で孤立しないように県、市には重く受けとめてもらいたい」.		埋め立て・架橋計画差し止め訴訟の裁判長ら3人が現場協議（現地視察）.原告団、広島県担当者、弁護士ら計24人と「御舟宿いろは」、県道鞆松永線、常夜燈など9地点を40分視察.原告団長、県・市担当者から鞆港の歴史や景観の意義、完成時の橋の位置など説明を受ける.	朝日新聞2008年10月17日28面
			中国新聞2008年10月18日
			中国新聞2008年10月21日
		広島地裁埋め立て・架橋計画差し止め訴訟第9回口頭弁論.	フィールドノーツ
			中国新聞2008年11月5日

年月日			行政	地元住民 道路建設に向けた動き
西暦	和暦	月日		
2008年	平成20	11月5日		
		11月12日		
		12月5日	都市基盤整備促進議員連絡会議が、埋立免許の早期認可を求める要望書を、国交省中国地方整備局に提出.	「期成同盟会」64名が、埋立免許の早期認可を求める要望書を、国交省中国地方整備局に提出.
		12月11日	ICOMOS勧告決議について福山市長「提案にあたっては事業の内容や住民の意向を把握すべきだ」．事前に市や住民に説明がなかったことを疑問視.	
		12月18日		
		12月25日	県知事が金子国交相と面会、埋め立て・架橋計画に理解を求める．都市基盤整備促進議連代表7名が、計画推進の要望書を国交省に提出．国交省、反対派との対話や架橋以外のまちづくり全体の提言を進めるよう助言.	
		12月26日	国交相「鞆の浦は次の世代に残すべき大事な歴史、文化を持っている」．「（利便性に理解を示す一方）強い反対の声を踏まえた対応が必要」解決に関与する姿勢.	
2009年	平成21	1月6日	福山市長「〈鞆港保存派〉住民との対話の場を設ける考えはない」と改めて表明．大半の市議の賛成を理由に、住民投票も否定.	
		1月7日	福山市長と県副知事らが、国交省中国地方整備局に面会、早期認可を要請．局長「県外の文化人や識者らにも事業の必要性を訴えるべき」	
		1月13日	金子国交相が衆院国土交通委員会で「利便性の向上と町並み保全を両立させる方法を探るよう県知事に求めた」と回答.	
		1月15日	広島県「〈鞆港保存派〉住民との対話の場を設ける考えはない、これまで市と地元説明会を繰り返し開いてきた」.	
		1月28日	福山市長が国交相と面会．事業推進を要請.	
		1月30日	国交相は計画への国民的合意の必要性を強調し、福山市長に「反対派との対話を進めない限り計画の認可は難しい」と伝える．計画見直しの可能性にも言及.	
		1月31日		「明日の鞆を考える会」会長「大臣は現地に来たこともないのに無責任．このままでは鞆のまちづくりが頓挫する」.
		2月2日	福山市長が不快感を表明「（国土交通相との）面会の場では聞いていない」．計画見直しの可能性を否定．架橋計画の認可後、まちづくりの場で対話は可能との見方を示す.	
		2月3日	国土交通相が市長の批判に反論「それでは物事が前に進まなくなる」幅広い合意形成に向けて県の調整に期待.	
		2月12日		
		2月18日	福山市は2009年度から「鞆まちづくり推進担当」を都市部都市計画課に設ける方針を表明.	
		2月18日	広島県は、国交省中国地方整備局に補足説明の一部について文書で回答.	

地元住民 鞆港保存を求める動き	地元以外の市民団体・大学研究室	歴史的事項・その他	出典
「鞆の世界遺産実現と活力あるまちづくりをめざす住民の会」ほか住民団体と差し止め訴訟原告が，埋立免許を認可しないよう求める要望書を，国交省中国地方整備局に提出．			中国新聞2008年11月6日
	ICOMOSのG.アローズ代表が計画の再検討を求める手紙を国交相，県知事，福山市長に送る．「国，広島県，市が計画を再考し，鞆独自の調和を損なわないよう願う」と要望．		中国新聞2008年12月3日
			中国新聞2008年12月6日
			中国新聞2008年12月12日
		広島地裁め立て・架橋計画差し止め訴訟第10回口頭弁論．	フィールドノーツ
			中国新聞2008年12月26日
			中国新聞2008年12月27日
			中国新聞2009年1月6日
			中国新聞2009年1月7日
			中国新聞2009年1月14日
			中国新聞2009年1月16日
			中国新聞2009年1月30日
			中国新聞2009年1月30日
「鞆まちづくり工房」代表「（国交相は）一地域の問題ではなく，国として鞆の歴史遺産や文化を考えていく姿勢を表明してくれた」．	前野まさるICOMOS国内委員長「鞆の動向に国際的な関心が集まっている．国民的同意が必要との（国交相の）指摘は正しい」．		中国新聞2009年1月31日
			中国新聞2009年2月3日
			中国新聞2009年2月4日
		広島地裁め立て・架橋計画差し止め訴訟第11回口頭弁論．公判結審．	中国新聞2009年2月13日
			中国新聞2009年2月19日
			中国新聞2009年3月3日

年月日			行政	地元住民 道路建設に向けた動き
西暦	和暦	月日		
2009年	平成21	2月19日	福山市長が埋立免許手続きを進めるために，国交省，広島県との三者協議の場を設ける．（鞆港保存派）住民との話し合いはしないと表明．	
		2月25日	県知事は，計画の妥当性を強調し，地域再生策として情報発信に努め，計画推進の決意表明．	
		3月26日		
		3月27日	福山市長が「鞆まちづくり」担当が指針をまとめる時点で〈鞆港保存派〉住民と対話可能と示唆．	
		4月30日	福山市「鞆地区まちづくり推進調整会議」第1回会合．市幹部職員と広島県担当者2名計27名出席．	
		4月		
		5月1日	福山市長は，鞆の総合的なまちづくり方針をまとめるなかで，反対派住民とも対話する可能性があるとの見解．	
		6月8日		「期成同盟会」など〈道路建設派〉」が国交省中国地方整備局と広島県を訪れ，埋立免許の早期認可を求めて質問状を提出．
		6月9日	福山市長「国交省が計画不認可の時は理由を明確にする必要がある」．広島県が国に申請して1年近く経つ現状に不快感．	
		6月14日		
		6月22日	国交省中国地方整備局が〈道路建設派〉の質問状に回答．「国交大臣が『鞆の浦の貴重な歴史・文化を踏まえて鞆全体のまちづくりを進めるとともに，計画に反対の方も含め，広く話し合いの機会を持つことが重要』と考える」．	
		6月26日		
		7月1日	広島県が埋め立て・架橋計画の必要性を説く説明板を町内に立てる．	
		7月17日		「期成同盟会」など〈道路建設派〉が，国交省中国地方整備局の回答を公表．〈鞆港保存派〉との対話を市や広島県の判断に委ねると表明．
		7月31日	福山市「鞆地区まちづくり推進調整会議」会合．埋め立て・架橋計画を踏まえた総合的整備方針の素案を固める．	
		8月	福山市の景観に関する市民アンケートで，46.5％が保護や創出が必要と考える景観区域として鞆の浦を挙げる．	
		9月11日	福山市長は市議会で，地元住民は世界遺産登録を望んでおらず，登録基準を満たさないと取り組む考えがないことを表明．	
		10月1日		
		10月6日		
		10月9日		「期成同盟会」が県庁を訪問，控訴を文書で申入れ．会長「道路が狭く，緊急車両も通れないのは死活問題．景観だけが争点の判決は承服できない」．

地元住民 鞆港保存を求める動き	地元以外の市民団体・大学研究室	歴史的事項・その他	出典
			中国新聞2009年2月20日
			中国新聞2008年2月26日
「鞆の世界遺産実現と活力あるまちづくりをめざす住民の会」は，約12万人分の反対署名を持参して県庁を訪れ，知事との直接対話を求める要望書を提出した．			中国新聞2008年3月27日
			中国新聞2009年3月28日
			中国新聞2009年5月1日
	映画監督・宮崎駿氏が埋め立て・架橋の事業効果に懐疑的．鞆が「崖の上のポニョ」の舞台と初めて認め，代替方法があると見る．		中国新聞2009年4月21日
			中国新聞2009年5月2日
			中国新聞2009年6月9日
			中国新聞2009年6月10日
「環瀬戸内海会議」が鞆町で総会．「鞆まちづくり工房」が埋め立て・架橋計画の現状を説明．瀬戸内海埋め立て禁止へ国の法改正働きかけなどを確認．			中国新聞2009年6月16日
			中国新聞2009年7月18日
「鞆の世界遺産実現と活力あるまちづくりをめざす住民の会」が，埋立免許の認可申請取り下げの要望書を県に提出．			中国新聞2009年6月27日
			中国新聞2009年7月2日
			中国新聞2009年7月18日
			中国新聞2009年8月1日
			中国新聞2009年8月17日
			中国新聞2009年9月12日
		広島地裁が埋め立て・架橋計画差し止め訴訟判決．広島県知事に埋立免許交付差し止め命令．	朝日新聞2009年10月1日
「鞆の世界遺産実現と活力あるまちづくりをめざす住民の会」が県庁を訪問，控訴断念を文書で申入れ．会代表「判決を謙虚に受け止めてほしい．知事とひざを交えて議論したい」．			朝日新聞2009年10月7日
			朝日新聞2009年10月10日

年月日			行政	地元住民
西暦	和暦	月日		道路建設に向けた動き
2009年	平成21	10月15日	広島県が広島高裁に控訴．理由は(1)地裁判決の景観利益の範囲や内容があいまい，(2)埋立は「重大な損害」に当たらない，(3)免許の可否を判断する知事の裁量権を不当に狭く解釈している，など．	
		10月16日	福山市長は広島県の控訴と別に「まちづくり整備方針案」の地元説明会などの継続を表明．景観利益を「地元も納得できる基準がいる」と批判．説明会の再開時期は明言せず．	「期成同盟会」会長「一審判決には交通混雑など住民の暮らしが考慮されていない．二審で機会があれば，こうした声を届けたい」．
		11月8日	広島県知事選挙で，湯崎英彦氏が当選．埋め立て・架橋計画に慎重な姿勢．	
		11月30日	湯崎知事が，計画推進の方針を転換し，住民などを対象とした対話集会を開催すると表明．計画の是非を判断する手順や具体的な手法を示す方針．	
		12月21日	県知事と市長が会談．知事は対話集会を開催し，双方の住民がある程度納得するまで事業を推進しない方針．集会に「立場を保留して臨む」．	
2010年	平成22	1月11日	県知事が初めて鞆町を視察．非公開で計画推進・反対両派の住民代表から1時間ずつ主張を聞く．視察後，「合意形成は不可能ではない」と第三者を交えた対話集会開催を示す．	鞆町内会連絡協議会会長が，町並み地区に県知事を案内．狭い県道で車が離合できず渋滞に遭遇．生活環境整備の遅れで下水道がなく，生活排水が海に垂れ流されていると説明．
		2月1日	福山市長は対話集会について「要請があれば計画推進の立場から，鞆のまちづくりの考え方を説明する」．	
		2月14日		
		3月10日	福山市長は渋滞緩和の社会実験を「現実的でない」．埋め立て・架橋計画が抜本的な解決策と強調．	
		3月31日	広島県知事「早期に住民協議の開催できるよう調整を進めたい」．	
		5月15日	「鞆地区地域振興住民協議会」初会合．市鞆支所で非公開．知事，副知事出席．福山市担当者が傍聴．弁護士2名が仲介者．	鞆町内会連絡協議会会長ら（道路建設派）6人が住民協議会に出席．
		6月9日	福山市教委が鞆町の補完調査の住民説明会を鞆公民館で開催．住民約50名参加．調査範囲は町の南東29・4ha．住民に調査協力を要請するも，要望や批判が続出．市教委は範囲拡大しないと回答．	
		7月2日		鞆町内会連絡協議会会長「県の対応は非常に残念だ．早期に裁判を進めてほしい」．住民協議会は「裁判とは別物．きっちり切り離して臨む」．
		7月3日	「鞆地区地域振興住民協議会」第2回会合．市鞆支所．仲介役の弁護士が課題を6項目に分けた論点整理表を提示．	鞆町内会連絡協議会会長が住民協議会について「まだ入口だが，互いに意見を交わせたのは一定の前進」．
		8月22日	「鞆地区地域振興住民協議会」第3回会合．市鞆支所．住民代表計11名と副知事らが出席し，交通問題を議論．	（道路建設派）の出席者「離合場所は土地の確保が必要」「町全体の課題は解決しないが，われわれにとっても共通認識だ」．
		9月26日	「鞆地区地域振興住民協議会」第4回会合．市鞆支所で非公開．広島県が挙げた交通混雑対策は(1)車の離合の改善，(2)離合の排除，(3)安全・安心の確保，(4)交通量の抑制，の4分野15項目．	町中心部の交通混雑解消策として，車の離合場所の確保と緊急車両の小型化の2点検討で合意．
		10月4日	福山市長は記者会見で，町内道路の車の離合場所確保は，架橋計画実現が前提と強調．	
		10月15日		

地元住民 鞆港保存を求める動き	地元以外の市民団体・大学研究室	歴史的事項・その他	出典
			朝日新聞2009年10月15日
	ＩＣＯＭＯＳ前野まさる国内委員長「控訴は残念．鞆の歴史的，文化的な景観は国際的に重要で，保存すべきだ」．引き続き原告団を支援すると表明．		朝日新聞2009年10月16日
			朝日新聞2009年12月1日
			朝日新聞2009年12月1日
			朝日新聞2009年12月22日
「鞆の世界遺産実現と活力あるまちづくりをめざす住民の会」代表が，景観地を中心に県知事を案内．小型艇から港を視察し，宮崎駿監督が滞在した高台の家から眺望を確認．			中国新聞2010年1月12日
			中国新聞2010年2月1日
	福山大学・小林正明講師の研究グループが交通混雑解消のために，混雑度や離合場所を電光掲示板で知らせる実験を行う．		中国新聞2010年2月16日
			中国新聞2010年3月11日
訴訟原告団が163名から転居や死去などで133名になったと発表．原告団事務局長は「できることなら裁判をせずに収めたい．対話集会で解決の道筋を見いだしてほしい」と述べる．		広島高裁で控訴審開始．被告の広島県が，計画推進・反対両派住民の合意形成をめざす対話集会「鞆地区地域振興住民協議会」のゆくえを「見守りたい」と申入れ．原告も了承．	中国新聞2010年4月1日
「鞆まちづくり工房」代表など〈鞆港保存派〉6人が住民協議会に出席．			中国新聞2010年5月16日
			中国新聞2010年6月10日
訴訟原告団長「鞆の将来を住民協議会で慎重に話し合いたい」．訴訟と住民協議会の分離を求める福山市の姿勢に「県との温度差を感じる」．		広島高裁で控訴審の進行協議．「鞆地区地域振興住民協議会」のゆくえを当面見守ることで再び一致し，控訴審理を先送り．	中国新聞2010年7月3日
「鞆まちづくり工房」代表が住民協議会について「渋滞や過疎，環境などの課題を共有できたことは大きな成果」．			中国新聞2010年7月4日
〈鞆港保存派〉の出席者「時差式信号や離合場所を設けては」と提案．「建設的な議論ができたのはよかった」と評価．			朝日新聞2010年8月23日備後版21面
			中国新聞2010年9月27日
			中国新聞2010年10月5日
		広島高裁で控訴審の進行協議．期日の決定を再度先送り．	福山市「鞆町のまちづくり」(11/01/31)

年月日			行政	地元住民
西暦	和暦	月日		道路建設に向けた動き
2010年	平成22	10月24日	「鞆地区地域振興住民協議会」第5回会合，市鞆支所．下水道問題など生活環境上の課題や今後の議論の進め方を中心に議論．	〈道路建設派〉の出席者「今までは議論の先行きが霧に包まれたようだったが，今回で道筋が示されたと思う」．
		11月28日	「鞆地区地域振興住民協議会」第6回会合，市鞆支所．観光など地場産業の振興などを議論．	〈道路建設派〉の出席者「議論がどれだけ前進したかわかりにくい」．
		12月23日	「鞆地区地域振興住民協議会」第7回会合，市鞆支所．下水道整備について県の報告．離合場所確保は景観を改変しない方向で「引き続き検討する」．	
2011年	平成23	1月23日	「鞆地区地域振興住民協議会」第8回会合，鞆町内．下水道の整備手法などを議論．	〈道路建設派〉の出席者「工事による住民への負担が大きい．騒音などで夜間工事も困難ではないか」．
		1月27日	県知事「控訴の趣旨や住民協議の状況などをふまえて判断する」．福山市長「申請を取り下げるべきではない」．	
		2月27日	「鞆地区地域振興住民協議会」第9回会合，鞆町内．弁護士2名，副知事らが出席．〈道路建設派〉〈鞆港保存派〉がまちづくりの考え方を説明．	住民協議会で〈道路建設派〉が「過疎化対策として定住環境の整備」を主張．町内の道路渋滞が深刻な現状や過去の署名で賛成が多数に上るなどを強調．
		3月8日		「期成同盟会」が県庁を訪問，計画推進と控訴審開始などを求める要望書を県知事に提出．
		3月21日	「鞆地区地域振興住民協議会」第10回会合，鞆町内．渋滞問題を議論．仲介役は互いに共通意見や解決策も探るよう住民側に求める．	
		3月24日	県が「住民協議会のゆくえを見守りたい」と差し止め訴訟原告の提案への回答を保留．	
		4月24日	「鞆地区地域振興住民協議会」第11回会合，鞆町内．交通問題を議論．	鞆町内会連絡協議会O氏「今までの議論の繰り返し．共通認識は得られるのか」住民協議会の進行に疑問．
		4月28日	市教委の調査委員会が，町並み保存に対する住民意識調査の結果を報告．約半数が伝統建築の保存を望むが，道路事情の改善など定住しやすい環境整備を求める意見も．	
		5月20日	市長が住民協議会について「互いが理解できる状況をつくるのは，なかなか難しいのではないかと思っている」	
		5月22日	「鞆地区地域振興住民協議会」第12回会合，鞆町内．歩行者の安全確保や防災対策が議論される．車と歩行者を分離するなど対策の必要性で認識が一致．	住民協議会で〈道路建設派〉が津波に備える防波堤整備を架橋計画と合わせて提案．
		5月30日	県は住民協議会のめどを「わからない．ゆくえを見守りたい」と回答．	
		6月15日	狭い道を通行できる小型高規格救急車を福山地区消防組合鞆出張所に配備．	
		6月16日	県が対向車の待避所設置工事を開始．	〈道路建設派〉「住民協議会の合意が日の目を見た．一定の成果だ」．
		6月26日	「鞆地区地域振興住民協議会」第13回会合，鞆町内．道幅の狭さや車の混雑について，交通安全の視点から議論．	〈道路建設派〉「安全とは言い難く，バイパス道路を造れば安全になる」．
		7月24日	「鞆地区地域振興住民協議会」第14回会合，鞆町内．混雑解消のためにバイパス道路が必要か議論．	〈道路建設派〉が主張「沼隈半島全体が活性化」．
		8月22日	「鞆地区地域振興住民協議会」第15回会合，鞆町内．バイパス道路の必要性とパーク・アンド・ライド方式を議論．	〈道路建設派〉が意見「駐車場に適した土地がない」．
		9月12日		
		9月19日	「鞆地区地域振興住民協議会」第16回会合，鞆町内．バイパス道路と町並み景観の関係を議論．	

地元住民 鞆港保存を求める動き	地元以外の市民団体・大学研究室	歴史的事項・その他	出典
〈鞆港保存派〉の出席者「計画賛成派と鞆の景観の文化的価値認識を共有するため，第三者的な立場の専門家を招いて説明を聞く機会も必要」．			朝日新聞2010年10月25日備後版21面
〈鞆港保存派〉の出席者「観光振興の必要性は一致するが，具体論がかみ合わない」			朝日新聞2010年11月29日備後版25面
			中国新聞2010年12月24日
〈鞆港保存派〉の出席者「水道管などで過去に夜間工事もあった．住民同士が話し合えば道は開ける」．			朝日新聞2011年1月24日
差し止め訴訟原告が，県と市が埋立免許申請の手続きを取り下げれば，訴訟を取り下げると提案．		広島高裁で控訴審の進行協議（小林正明裁判長）．裁判長が県に，次回進行協議で原告の提案受入れ可否の回答を要請．	朝日新聞2011年1月28日
住民協議会で〈鞆港保存派〉が，港町の風景や伝統行事の映像を上映．歴史的景観を町の活性化に活用するよう主張．護岸整備による高潮対策の効果も批判．			朝日新聞2011年2月28日
			朝日新聞2011年3月8日
			朝日新聞2011年3月22日
		広島高裁で控訴審の進行協議．	朝日新聞2011年3月25日
〈鞆港保存派〉が住民の協議会と専門家会議の設置による早期解決を求める要望書を県知事に提出．「まちづくりの共通認識を持たないと本当の意味で議論は進まない」			朝日新聞2011年4月25日
			朝日新聞2011年4月29日
			朝日新聞2011年5月21日
住民協議会で〈鞆港保存派〉がハード整備に頼らず，住民への防災知識の啓発を重視すべきと意見．			朝日新聞2011年5月23日
原告が裁判長に意見「住民協議会は進展がない．裁判所が主導権を持って方向性を示してほしい」．		広島高裁で控訴審の進行協議．裁判長が進行協議が続く現状に苦言．	朝日新聞2011年5月31日
			朝日新聞2011年6月16日
〈鞆港保存派〉「実現は大きな一歩．不慣れな観光客も通りやすくなる」．			朝日新聞2011年6月23日
〈鞆港保存派〉「住民の譲り合いの精神で大きな事故は起きていない」．			朝日新聞2011年6月27日
〈鞆港保存派〉の訴え「バイパス整備で車が町を通りすぎてしまい，寂れた地域もある」．			朝日新聞2011年7月25日
〈鞆港保存派〉「駐車場を確保できる見通しあり」			朝日新聞2011年8月23日
		広島高裁で控訴審の進行協議．	朝日新聞2011年9月13日
			朝日新聞2011年9月20日

年月日			行政	地元住民
西暦	和暦	月日		道路建設に向けた動き
2011年	平成23	10月23日	「鞆地区地域振興住民協議会」第17回会合,鞆町内. 県は埋め立て・架橋案,海底トンネル案,山側トンネル2案を提示.	〈道路建設派〉「山側トンネル案が増えたといっても,新しさはない」. 19年前の委員会と同様の案に「今までの議論は何だったのか」.
		10月26日		
		11月4日	福山市長「鞆の将来や生活上の課題を総合的に解決できる手法は,架橋計画以外にない」と改めて強調.	
		11月28日	「鞆地区地域振興住民協議会」第18回会合,鞆町内. 県は家屋移転のない山側トンネル案を追加提示.	〈道路建設派〉「〈鞆港保存派〉と〈道路建設派〉の主張は平行線」.
2012年	平成24	1月9日	「鞆地区地域振興住民協議会」初の住民説明会を,鞆小学校体育館で開催. 住民約400名参加. 仲介者の弁護士,副知事,両派住民各6名が経過報告.	鞆町内会連絡協議会会長「県が仲介者に任せすぎて,なかなか表に出てこないことへの怒りが出た. 仲介者がどんなとりまとめをするのか注目したい」.
		1月29日	「鞆地区地域振興住民協議会」第19回会合（最終回）鞆町内. 県知事が出席. バイパス道路の建設,港湾整備,下水道整備など両派の認識や意見が共通する8項目を確認.	鞆町内会連絡協議会会長「（8項目の共通認識は）ぼんやりとした方向性だけで,達成感はない」「安心できる暮らしを実現するのは県の役目. それを果たせば溝が埋まる可能性はある」.
		2月4日		
		2月15日	県知事と福山市長が市役所内で会談. 県知事が山側トンネル案を提示. 市長は同意せず.	
		4月21日		
		4月27日		「期成同盟会」が,県と市の協議公開を求める要望書を,県と市に提出.
		5月9日		
		6月25日	広島県知事が,埋め立て・架橋計画撤回を正式に表明. 山側トンネルを提案し,駐車場整備や景観保護の基金設立など地域振興策も提示.	
		7月3日		〈道路建設派〉約150人が県庁で副知事ら県幹部に抗議. ボードや旗を掲げ「トンネル反対」とシュプレヒコール.
		7月5日	福山市長は,市は県知事の山側トンネル案に積極的に協力しないと表明.	
		7月9日	広島県が埋め立て・架橋計画撤回と山側トンネル案の説明会開催,鞆町内で. 住民120名参加. 県知事が出席して説明.	「期成同盟会」が住民説明会欠席. 抗議文を渡して退出.
		7月17日	差し止め訴訟控訴審で,被告の県が埋立免許交付申請を取り下げる意向を示す.	
2013年	平成25	2月7日	県知事が〈道路建設派〉の「明日の鞆を考える会」と会談. 「埋め立てはしない」知事の意向と平行線.	「明日の鞆を考える会」が県知事と会談. 埋め立て・架橋計画の推進を要望.
		7月11日	県知事が〈道路建設派〉と鞆町内で会合. 山側トンネル案を説明するが,平行線.	〈道路建設派〉「（知事との会談で計画）撤回の経緯がさっぱり納得できない」.
		10月6日	県知事が〈道路建設派〉と鞆町内で会合. 話し合いは平行線.	〈道路建設派〉「代替案で架橋の機能を満たせるのか」.
2014年	平成26	10月26日		
		12月6日	県が地元住民との会合で「まちづくり基金」「退避所の設置」「無電柱化」「立体駐車場の確保」の他に,沿岸部に管理道路を含む護岸施設整備案を提示.	「鞆町内会連絡協議会」など〈道路建設派〉が「道路整備が優先」と主張.
2015年	平成27	1月14日	県が沿岸部3町内会の住民と鞆町内で会合. 沿岸部に管理道路を含む護岸施設整備案.	
		1月18日	県が22町内会代表と鞆町内で会合. 護岸施設整備案を議論.	

地元住民 鞆港保存を求める動き	地元以外の市民団体・大学研究室	歴史的事項・その他	出典
〈鞆港保存派〉「話し合いを踏まえた案」「山側トンネル案がすべての条件を満たす．話し合いは終わりに近づいていく」と評価と期待．			朝日新聞2011年10月24日
		広島高裁で控訴審の進行協議．	朝日新聞2011年10月26日
			朝日新聞2011年11月5日
〈鞆港保存派〉「もっと早く検討案を示してもらいたかった．歴史的価値を認識すれば埋め立て・架橋はあり得ない」．			朝日新聞2011年11月28日
原告団の一人「立場の違いを越えて話し合う協議会の意義が十分理解されなかったのは残念．ただ，推進派の人たちの不満の原因を正しく理解し，解決策を考えるべきだ」．			朝日新聞2012年1月10日
「鞆まちづくり工房」代表「まちづくりを考えるなかで，住民協議会は有意義な時間だった」「鞆には世界遺産級の景観が残る．架橋ではない，世界にアピールできるまちづくりを考えてほしい」．			朝日新聞2012年1月30日
		広島高裁で控訴審の進行協議．裁判長は知事の判断待つ意向．	朝日新聞2012年2月4日
			朝日新聞2012年2月17日
		広島高裁で控訴審の進行協議．引き続き知事の判断を待つと合意．	朝日新聞2012年4月21日
			朝日新聞2012年4月28日
「鞆の世界遺産実現と活力あるまちづくりをめざす住民の会」が，県と市の協議公開を求める要請書を，県と市に提出．			朝日新聞2012年5月10日
			朝日新聞2012年6月26日
			朝日新聞2012年7月4日
			朝日新聞2012年7月6日
			朝日新聞2012年7月10日
差し止め訴訟控訴審で，原告が訴えを取り下げる姿勢を伝える．		広島高裁で控訴審の進行協議．	朝日新聞2012年7月18日
			朝日新聞2013年2月8日
			朝日新聞2013年7月12日
			朝日新聞2013年10月7日
	ICOMOSのG.アローズ会長が鞆の浦を訪問．埋め立て・架橋計画に改めて懸念を示す．		朝日新聞2014年10月27日
			朝日新聞2014年12月7日 朝日新聞2015年1月10日
差し止め訴訟原告の町内会住民「山側の土砂崩れ対策の方が急務」「埋め立て・架橋と変わらない．白紙にすべき」．			朝日新聞2015年1月15日
			朝日新聞2015年1月19日

年月日			行政	地元住民
西暦	和暦	月日		道路建設に向けた動き
2015年	平成27	1月26日		
		1月29日		
		5月14日		
		7月10日	県が沿岸部3町内会の住民と鞆町内で会合．護岸施設整備案の原案と住民意見に回答．	
		8月12日	県が22町内会代表と鞆町内で会合．護岸施設整備案の4案提示．	
		10月14日	控訴審の進行協議で，被告の県が協議の継続を要請．	
		10月31日		
		12月20日	県が鞆町内会連絡協議会などと会合．県道を一部広げて歩行者専用道を設置する護岸施設整備案を提示．	
2016年	平成28	2月15日	控訴審の進行協議で，県が埋立免許交付申請を取り下げる意向を示す．	

出典文献・サイト

第25回全国町並みゼミ鞆の浦大会実行委員会，2003，『第25回全国町並みゼミ鞆の浦大会報告書』，第25回全国町並みゼミ鞆の浦大会実行委員会．
福山市「鞆町のまちづくりの経緯」
http://www.city.fukuyama.hiroshima.jp/soshiki/toshikeikaku/908.html
福山市都市部都市計画課，1998，『福山市の都市計画』福山市．
福山市史編纂会編，1978，『福山市史―近代・現代編』福山市史編纂会．
芸備地方史研究会，1995a，「鞆の浦問題について」『芸備地方史研究』194: 28-31.
芸備地方史研究会，1995b，「鞆の浦問題について」『芸備地方史研究』195・196: 53.
芸備地方史研究会，2000c，「鞆の浦問題について」『芸備地方史研究』219: 52-54.
長谷川博史，2000，「鞆の浦埋め立て・架橋問題について」『地方史研究』288: 83-85.
長谷川博史，2001，「鞆の浦埋め立て・架橋問題の現状」『日本史研究』471: 77-80.
ICOMOS Thailand http://www.icomosthai.org/News/CIAV.pdf
池田武邦，1998，「岐路に立つ鞆」『地域論叢』16: 38-60.
片桐新自，2000，「港町の活性化と保存――鞆の浦を対象にして」片桐新自編『歴史的環境の社会学』（シリーズ環境社会学3）新曜社: 80-105.
松下正司編，1994，『埋もれた港町――草戸千軒・鞆・尾道』（よみがえる中世8）平凡社．
谷沢明，1991，「鞆の町並み」『瀬戸内の町並み――港町形成の研究』未來社: 259-305.
鞆まちづくり工房 http://www.vesta.dti.ne.jp/~npo-tomo/top/index.html
鞆の世界遺産実現と活力あるまちづくりをめざす住民の会 http://npo-tomo.jp/jyumin/syuisyo.html
鞆の浦を世界遺産にする会 http://www.sawasen.jp/tomonoura/tomonoura/suii.html
山本真希，2004，「まち並み保存運動と空き家」広島女学院大学文学部人間・社会文化学科平成15年度卒業論文．
『造景』編集部，2002，「歴史的港湾都市『鞆』の町並み保存」『造景』36: 33-56.

地元住民 鞆港保存を求める動き	地元以外の市民団体・大学研究室	歴史的事項・その他	出典
差し止め訴訟原告団が，護岸施設整備案に詳細な調査検討を求める要望書を県に提出．「景観に大きな影響を与える行為で，慎重かつ合理的な調査検討が求められる」．			朝日新聞2015年1月27日
	西村幸夫ＩＣＯＭＯＳ国内委員長が，護岸施設整備案を「極めて憂慮するべき事態が迫りつつある」と声明．		朝日新聞2015年1月31日
		広島高裁で控訴審の進行協議（野々上友之裁判長）．裁判長が埋立免許交付申請と原告の訴えの同時取り下げによる終結案を提案．	朝日新聞2015年5月15日
県の高潮や津波対策に一定の理解．砂浜に道路を伴う構造物を設ける原案に撤回要請．			朝日新聞2015年7月11日
			朝日新聞2015年8月13日
		広島高裁で控訴審の進行協議．	朝日新聞2015年10月15日
	ＩＣＯＭＯＳのＧ．アローズ会長ら約20人が鞆の浦を訪問．会長「埋め立て・架橋計画の中断をうれしく思う」護岸施設整備案は「結論の前にどのような影響があるか調査する必要がある」．		朝日新聞2015年11月1日
			朝日新聞2015年12月21日
控訴審の進行協議で，原告団が県の免許交付申請を取り下げる意向に応じて，訴えを取り下げる意向を示す．口頭弁論の裁判長の発言に応じて，裁判の目的は達成されたと訴えを取り下げる．		広島高裁で控訴審の進行協議と口頭弁論．口頭弁論で裁判長が「県が免許交付申請を取り下げる意向を示した」と発言．	朝日新聞2016年2月15日

人名索引

あ行
足立重和　32, 42, 168
アーリ, J.　213
アルヴァックス, M.　146, 165, 168
アレント, H.　57-59, 179
飯島伸子　25
五十嵐敬喜　18
五十川飛暁　29, 45
伊東孝　16, 78, 154
ヴェーバー, M.　27, 201, 207
江守五夫　49-52, 85, 92
大伴旅人　72, 75
大林太良　51-52, 90
沖浦和光　71, 129-131
荻野昌弘　37-38
奥田道大　47

か行
カステル, M.　33-35, 122, 192, 194, 196
片桐新自　10-11, 153
金子一義　114
川田美紀　31
ガンズ, H.　20, 36
木原啓吉　24, 202
木村至聖　38
グラッツ, R.　18-19, 190

さ行
サイード, E.　46
坂本龍馬　96, 133-135, 198
ジェイコブス, J.　18-19, 190
陣内秀信　14-15
鈴木博之　15
関礼子　167
ソジャ, E.　34
ゾーボー, H.　35-36

た行
高橋統一　49-52, 85, 92, 174
武田尚子　54
玉野和志　34-35, 46, 48, 63, 122, 184
土屋雄一郎　61
デュルケム, E.　201-202

鳥越皓之　17, 24, 27, 29, 41, 57, 62-63

な行
中筋直哉　164-166
中野卓　54
西村幸夫　16-17, 24, 122
野田浩資　31-32, 41-42, 165-166, 168

は行
ハイデン, D.　19-21, 23-24, 34, 121, 144, 190
ハーヴェイ, D.　34
パーク, R.　35
長谷川公一　60
羽田皓　101, 115, 138, 204-205
ハーバマス, J.　57, 61, 179
バルト, R.　45
平山和彦　56, 59, 64
福田珠己　27, 165
藤田雄山　99-100, 114
舩橋晴俊　41, 60-61, 185, 215
ホブスボウム, E.　45
堀川三郎　28-29, 40-41, 163-166, 168, 202, 212, 217-218
ホワイト, W.　36

ま行
牧野厚史　45, 165-166
町村敬志　35
松井理恵　30-31, 45
マルクス, K.　34, 48, 201
ミッチェル, W.　37, 46
宮崎駿　74
宮本憲一　25
宮本常一　10, 50, 55-56, 64, 174-175
三好章　100, 157
森岡清志　53-55

や行
湯浅陽一　61
湯崎英彦　115
吉兼秀夫　165-166

ら行
ラスキン, J.　146, 199-200
ルフェーヴル, H.　32-35, 145, 190-194

事項索引

あ行
空き家バンク　158-159
「明日の鞆を考える会」　103-105, 116, 127, 168
意見対立（争点）　103-113, 193
ICOMOS　104-105, 108, 206
いろは丸引き揚げプロジェクト　96, 133-134
埋め立て・架橋計画（鞆地区道路港湾整備事業）　2-3, 95-117, 123-143, 153-163, 176-178, 192-193, 204-205, 213
埋め立て・架橋計画差し止め訴訟　101-117, 176, 200, 205
江の浦町　86-87, 89, 98, 176
大波止　1, 71, 77-78
小樽運河保存問題（運動）　28-29, 40, 163-164, 212, 217-218
親分・子分関係　90-91, 128, 138, 178-179
「御舟宿いろは」　158-159, 198

か行
科学的客観性　208
〈学術的価値・希少性〉　154-156, 162
『崖の上のポニョ』　74
鍛冶屋（職人）　84, 86, 127-128, 178-179
価値　27, 31, 39-40
仮差し止め請求訴訟　102, 114
雁木　1, 70, 76-77
環境（空間）　1, 39, 45, 122, 146, 194-199
環境社会学　4, 10-11, 23, 25-28, 39-42, 60-62, 190, 192-193, 215
観光業／観光開発　72, 110-113, 141, 207, 212-213
記憶の保存／継承　37-38, 43-44, 200-201
規範意識　171, 178
旧魚屋萬蔵宅　158-159, 161
旧朝鮮総督府　24, 30
行政手続きの不備　99, 142, 156
行政の失敗　210-212
漁撈　174-175, 180
空間と場所　28, 40, 199
空間的記憶　5, 121-125, 144-146
空間の社会学　33-35
空間の社会理論　4, 33-35, 190, 194
空間の保存　19-20, 28-29, 199-200
景観権　17, 22
景観利益　101
原告適格　102
建築史　14-16, 189-190
現地調査　217-223
合議制　52-53, 58-60, 91-92, 174-184
構築主義　31-32, 41-42
公有水面埋立事業許可／免許申請　99-103, 114-116
港湾施設（遺産群）　1, 76-78
港湾整備事業　124-129, 177

さ行
参与観察　219-220
シカゴ学派　35-36, 46, 190
市民的公共圏（論）　4, 57-63, 179-183
社会構造　41-42
社会人類学　49-52, 91, 171, 191
社会層　122-125, 145, 171, 191-193
社会的記憶　20, 23
社会的連帯　144, 164-167, 201
集合的記憶　28, 37-38, 146, 168-169, 196
重伝建地区制度（重要伝統的建造物群保存地区制度）　96, 106-108, 155
常夜燈　1, 70, 73, 76-77
女性・主婦層　142-143, 153, 192
伸鉄　84, 128
スクラップ＆ビルド型の都市開発政策　18, 200, 214
生活環境主義　29-31, 41, 62
生業（構造）　9, 52, 72-74, 86, 89, 123, 174, 184
〈政治風土〉　55, 62-64, 142-146, 173-183, 192, 209-210
正統性　12, 22, 58-59, 64-65, 138
正当性　41, 58-59, 64-65, 138
世界遺産　108, 198, 206, 213
瀬戸内海　1, 49, 69-79, 85-86, 161, 174-175, 198-199
全会一致　181
全国町並みゼミ　154, 217-219
全国町並み保存連盟　154, 198, 217
村落構造論（分析）　4, 42, 47-55, 64, 91, 171, 191

事項索引

た行

鯛網　86-87, 93
焚場　1, 71, 77-78, 87
地域開発　4, 48, 173-174, 177, 200, 204-207
地域指導者層　90, 127-129, 134-138, 192-193, 205-206
地域社会学　4, 11, 26, 32-36, 40, 48, 57, 190
地域社会の紐帯　161-163, 166-168
地域的伝統　4-5, 47-65, 85, 182, 195
地域問題　2, 63, 171-174, 191
地域類型論　50-52
地方名望家商業者層　125, 139-141
朝鮮通信使　72, 79
町内会　87, 89, 98-100, 176, 184
創られた伝統　27, 45
鉄鋼（加工）業　74, 80, 83-85, 126, 132-133
〈伝統的なもの〉　47-48, 56, 182-183
動態保存　16-17
当屋　88, 91, 184
〈道路建設派〉　2, 98-117, 122-131, 144-146, 160, 172-173, 176, 209-211
都市計画論　14-17, 21-22, 189-190
都市社会学　43, 47-48, 191
都市論　18-20, 21, 23, 190
鞆／鞆の浦／鞆町　1-6, 44-45, 69-117, 127-147, 191-201
「鞆が鞆でなくなってしまう」　3, 203
鞆軽便鉄道　69, 82, 125
鞆港　1-2, 70-71, 74-82, 86, 121-145, 152-163, 177, 193-199
鞆港保存問題　2-6, 44-45, 95-117, 163-167, 171-179, 183-184, 191-199, 207-212
鞆港保存運動　3, 149-163, 168, 192-194
〈鞆港保存派〉　2, 98-116, 122-123, 131-146, 160-161, 172, 176, 209-211
鞆商人　74-75, 79-82, 125-128, 139-141
鞆地区地域振興住民協議会　115-117, 172, 200
鞆地区まちづくりマスタープラン　99, 172
鞆町内会連絡協議会　98, 103-105, 127, 146
鞆町まちづくり意見交換会　101, 117, 172, 174, 185
鞆鉄鋼協同組合連合会（鉄鋼連合会）　98, 103-105, 127-129, 138, 178
鞆鉄鋼団地　69, 84, 126-128, 177-178, 206
「鞆の浦・海の子」　5-6, 104-105, 142-143, 152-163, 167, 192-199
鞆の価値　160-162, 164
「鞆の自然と環境を守る会」　98, 104-105, 153
「鞆まちづくり工房」　72, 104-105, 152, 157-163
「鞆を愛する会」　96-98, 104-105, 116, 131-138, 147, 173
トラスト運動　157-159, 164

な行

二重統治　195
日本鋼管　83
沼隈郡　71, 78, 80, 85-88
年長者尊重　173-174, 184
年齢階梯制（社会）　4-5, 49-55, 85-93, 171-185, 191-192

は行

排水権　99-100, 156-157
場所性　164, 166, 168
場所の力　19, 23, 34
話し合い　55-57, 63, 172-177, 209-210
原港／原町　71, 80, 89
PTA会長　90, 131-133, 140
平港／平町／平地区　71, 80, 84, 89, 93, 103-104, 129-131, 193, 210-212
広島県　2, 95-117, 168, 194-195, 200, 205
広島地裁　2, 101-102, 105, 114, 205
フィールドワーク（聞き取り調査）　217-223
風土　9-10, 64
4W1H［Why, Who, What, When, How］　4, 12-14, 20-23, 26, 39-40, 149-152, 189-191
福山市　2, 83-84, 95-99, 95-117, 126, 154-157, 168, 194-195, 204-207
船番所　2, 71, 77-78
負の集合的記憶　37-38
文化社会学　4, 11, 36-40, 43-44, 190
変化しないこと　1, 10-11, 47, 201-202
変化すること（新しさ）　47-48, 201
法学・行政学　17-18, 21-22, 190
封建遺制　181-182
保命酒　72, 80-81, 139
保存か開発か　144-145, 149-150
〈保存する根拠〉　5, 150-151, 160-163, 166-

277

168, 192-193
〈保存のための戦略〉　5, 150-151, 155, 162, 166-168, 192-193
保存の論理　150-159, 163-167, 193
ポリス　58-59, 179-180

ま行

まちおこし運動　96-98, 116, 131-136
まちづくり　4, 6, 10-11, 25-32, 189-190, 198-200, 213-214
まちづくりの不在　210-212
町並み景観　1, 3, 10-11, 14-18, 31, 73-74, 81, 95-96, 110-111, 154-155, 199-200
町並み保存（運動）　2-3, 30-31, 45, 149-163, 168, 199-200
まちの記憶　196-197, 199
港町　1, 69-93, 106-111, 125-126, 154-155, 161-162, 197-199, 214
「港町ネットワーク・瀬戸内」　161, 198
民主化／民主主義　63, 179-183, 185
民俗学　4, 55-56, 91, 171, 191
村寄合　4, 56-60, 179-182

や行

山側トンネル案　98, 111, 116, 135-136

ら行

リハビリテーション型の地域開発　200, 214
利便性　14, 44, 129-130, 136, 214
歴史的環境（保存）　3-4, 9-11, 23-43, 149-150, 161-167, 184, 200-204
歴史的環境（保存）の社会学　40-41, 62-63, 150, 163-167, 190, 193
「歴史的港湾鞆港を保存する会」　98, 104-105, 139-141, 147
歴史的定点　17, 29-30, 41
（歴史）文化的価値　14, 44, 114, 135-136, 141, 214
歴史保存　4, 10-23, 25-46, 189-190
ローカル・ポリティクス（地域政治）　64, 122, 144-145, 179, 183-184, 193

わ行

若手男性経営者層　131-138
若者組・若衆宿　52, 88, 180, 184
World Monuments Fund　158, 198

著者紹介

森久　聡（もりひさ　さとし）

1976年　埼玉県生れ
2008年　法政大学大学院社会科学研究科社会学専攻博士後期課程
　　　　単位取得満期退学
2012年　法政大学より博士（社会学）学位取得
現　在　京都女子大学現代社会学部准教授
専　攻　環境社会学，都市・地域社会学，社会調査法
論　文　「環境社会学における労働災害研究の現代的意義と可能性——
　　　　三池炭塵爆発CO中毒事故の飯島伸子調査データの二次分析から」
　　　　『環境社会学研究』第19号，2013
　　　　「伝統港湾都市・鞆における社会統合の編成原理と地域開発問題——
　　　　年齢階梯制社会からみた『鞆港保存問題』の試論的考察」『社会学評
　　　　論』第62巻3号，2011
　　　　「地域政治における空間の刷新と存続——福山市・鞆の浦『鞆港保存
　　　　問題』に関する空間と政治のモノグラフ」『社会学評論』第59巻2号，
　　　　2008　ほか

〈鞆の浦〉の歴史保存とまちづくり
環境と記憶のローカル・ポリティクス

初版第1刷発行　2016年7月15日

　　著　者　森久　聡
　　発行者　塩浦　暲
　　発行所　株式会社　新曜社
　　　　　　101-0051　東京都千代田区神田神保町3-9
　　　　　　電話 03(3264)4973(代)・FAX 03(3239)2958
　　　　　　E-mail : info@shin-yo-sha.co.jp
　　　　　　URL : http://www.shin-yo-sha.co.jp
　　印　刷　星野精版印刷
　　製　本　イマヰ製本所

ⒸSatoshi Morihisa, 2016　Printed in Japan
ISBN978-4-7885-1473-7 C3036

―――― 社会学ブックリスト ――――

東北学院大学震災の記録プロジェクト　金菱清(ゼミナール) 編
呼び覚まされる 霊性の震災学
3.11生と死のはざまで　　　　　　　　　　　　四六判並製200頁・2200円

3.11慟哭の記録
71人が体感した大津波・原発・巨大地震　　　　四六判上製560頁・2800円

金菱　清
震災メメントモリ
第二の津波に抗して　　　　　　　　　　　　　四六判上製272頁・2400円

生きられた法の社会学
伊丹空港「不法占拠」はなぜ補償されたのか　　　四六判上製264頁・2500円

足立　重和
郡上八幡 伝統を生きる
地域社会の語りとリアリティ　　　　　　　　　四六判上製336頁・3300円

竹元　秀樹
祭りと地方都市
都市コミュニティ論の再興　　　　　　　　　　Ａ５判上製384頁・5800円

荻野　昌弘
開発空間の暴力
いじめ自殺を生む風景　　　　　　　　　　　　四六判上製256頁・2600円

長谷川公一
脱原子力社会の選択　増補版
新エネルギー革命の時代　　　　　　　　　　　四六判上製456頁・3500円

町村敬志・佐藤圭一 編
脱原発をめざす市民活動
3.11社会運動の社会学　　　　　　　　　　　　四六判上製264頁・2900円

三浦　倫平
「共生」の都市社会学
下北沢再開発問題のなかで考える　　　　　　　Ａ５判上製464頁・5200円

関西学院大学先端社会研究所
叢書　戦争が生みだす社会　全Ⅲ巻
　Ⅰ　戦後社会の変動と記憶　荻野昌弘 編　四六判上製320頁・3600円
　Ⅱ　引揚者の戦後　　　　　島村恭則 編　四六判上製416頁・3300円
　Ⅲ　米軍基地文化　　　　　難波功士 編　四六判上製296頁・3300円

―――― 表示価格は税抜 ――――